HZ BOOKS

华 章 图 书

一本打开的书，一扇开启的门，
通向科学殿堂的阶梯，托起一流人才的基石。

华章程序员书库

C#编程魔法书

施懿民 著

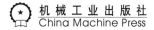
机械工业出版社
China Machine Press

图书在版编目（CIP）数据

C# 编程魔法书 / 施懿民著 . -- 北京：机械工业出版社，2021.7
（华章程序员书库）
ISBN 978-7-111-68578-4

I. ① C… II. ①施… III. ① C 语言 – 程序设计 IV. ① TP312.8

中国版本图书馆 CIP 数据核字（2021）第 129548 号

C# 编程魔法书

出版发行：机械工业出版社（北京市西城区百万庄大街 22 号 邮政编码：100037）

责任编辑：董惠芝　　　　　　　　　　　　　　　　责任校对：殷 虹

印　　刷：大厂回族自治县益利印刷有限公司　　　　版　　次：2021 年 7 月第 1 版第 1 次印刷

开　　本：186mm×240mm　1/16　　　　　　　　　印　　张：22.5

书　　号：ISBN 978-7-111-68578-4　　　　　　　　定　　价：99.00 元

客服电话：（010）88361066　88379833　68326294　　投稿热线：（010）88379604

华章网站：www.hzbook.com　　　　　　　　　　　读者信箱：hzit@hzbook.com

前　　言

为什么要写这本书

C# 是一门上手容易且功能强大的编程语言，支持很多编程场景。在很长一段时间内，C# 与 .NET 框架只能运行在 Windows 平台上，所以在移动互联网时代到来后很多公司选择了可以在开源 Linux 平台上运行的 Java 语言，因此很多程序员认为 C# 不适合互联网开发。

随着 .NET Core 平台的发布以及微软开放源代码，在 Linux、macOS 等系统上也可以运行 C# 程序了，这样就大大扩展了 C# 的使用场景。

- □ 互联网后端程序：可基于 ASP.NET MVC 或者 ASP.NET Web API 等框架开发。
- □ 窗体程序：可基于 Windows 平台的 Winform 和 WPF 等框架，Linux 平台的 Mono 和 Avalonia 等框架，以及针对 macOS Visual Studio 开发。
- □ 桌游、手游等游戏程序：可基于 Unity3D 开发。
- □ 物联网开发：使用 C# 比其他编程语言更为便利。
- □ 人工智能编程：微软提供了开源的跨平台框架 ML.NET，并且提供了 TensorFlow 框架的开源 .NET 版本。

出于对 .NET 框架和 C# 的热爱，笔者决定写一本关于 C# 的书。本书主要以互联网后端编程的应用场景为例介绍 C# 语言的各种特性，书中的示例代码尽量只使用 .NET 框架实现。

读者对象

本书采取由浅入深的编写思路，适合的读者对象包括：
- □ 零基础的编程爱好者

❑ 有其他语言编程经验的开发工程师

❑ 中级以下 C# 开发工程师

❑ 开设相关课程的大专院校师生

本书特色

很多 C# 相关参考书中的代码示例仅仅局限于要讲解的知识点，而且大多数例子非常简单，让读者学完后不知如何实践，因此笔者在写作开始就将示例代码与实际业务场景结合作为第一考量因素。本书主要通过高频交易程序和交易所撮合引擎两个示例程序来配合介绍 C# 编程，内容由浅入深，示例程序的功能也是逐渐丰富的，相信会让读者受到启发。

如何阅读本书

本书共有 8 章，各章的主要内容如下。

第 1 章介绍在 Windows 和 Linux 平台安装和使用 .NET 框架并进行编程的方法。

第 2 章介绍常用的 .NET 框架的基本类库，让读者能够配合 C# 的语法编写一些基本的文件处理、编码国际化等程序。

第 3 章通过封装交易所接口的实际案例，介绍面向对象、依赖注入等常见的编程思想。

第 4 章介绍反射技术、代码生成和 C# 对动态语言的支持。由于近几年人工智能的快速发展，Python 这样的动态语言受到了越来越多的关注。笔者希望通过本章内容向读者展示 C# 语言对动态语言这种编程范式的强大支持。而代码生成技术使用得当可以大大提高开发效率。

第 5 章介绍 C# 读写数据库的方法，特别是从代码反向生成数据库的方法，并介绍了在后续版本迭代中自动对数据库结构执行升级、降级操作的方法。

第 6 章通过多线程版的高频交易程序来介绍多线程编程、同步机制、无锁编程等概念。

第 7 章主要介绍并行编程的技巧及其与多线程编程的异同。

第 8 章介绍如何使用消息队列进行简单的分布式处理，并通过一个交易所撮合引擎案例介绍分布式编程的基本技巧。

在示例代码的头部注释里，笔者添加了相关的编译和运行命令，有一些较为复杂的配置和编译步骤附在源码目录文件夹的 README.md 文件中。读者可以从 GitHub（https://

github.com/shiyimin/csharpmagic）下载本书的示例代码。

由于篇幅限制，笔者对原稿做了一些裁减，并会将这部分内容上传到 GitHub 仓库，存放在名为"裁减章节"的文件夹中。

勘误和支持

需要特别说明的是，笔者开始写作时 C# 最新版本是 7.1，完稿时 C# 9.0 版已经发布了，因此本书未能及时引入 C# 8.0 和 C# 9.0 的功能特性。值得欣慰的是，C# 新版本的功能在微软的官方文档中有详细描述，因此新版本的发布并不影响读者通过本书深入了解 C# 的丰富特性。

.NET 框架的功能非常强大，本书只介绍了其在互联网后台进行开发的场景。对于其他编程场景，有兴趣的读者可以添加微信 shi_yi_min（备注 "C# 编程魔法书读者"）或发送邮件至邮箱 shiyimin@vowei.com 来与我一起讨论。由于笔者水平有限，书中难免会出现一些错误或者表述不准确的问题，恳请读者批评指正。

致谢

从 2017 年 12 月底高婧雅编辑联系我写作本书开始，到 2020 年 12 月 27 日完稿，本书历时 3 年。感谢在这么长的时间内一直支持我的高婧雅编辑以及我的家人，特别感谢我的爱人。

谨以此书献给我最亲爱的家人，以及众多热爱 C# 和 .NET 编程的朋友们！

目　录

第3章　C#面向对象编程　/64

第8章 分布式编程 /309

第1章

快速认识 C#

C#（读音 See Sharp）是一种可以跨平台运行的语言，除了在 Visual Studio 里通过拖拉操作生成窗体以外，还涵盖了动态语言、函数式语言等多种编程特性。微软提供了免费的集成开发环境 Visual Studio Community 供个人开发者使用。本书大部分示例代码就是使用 Visual Studio Community 编写并执行的。大家可以根据如下步骤下载并安装 Visual Studio。

1）访问 Visual Studio 官网 https://www.visualstudio.com/zh-hans/vs/。

2）截至本书写作完成时，最新的 Visual Studio 2017 已经有 macOS 版本，点击"下载 Visual Studio"下拉按钮并选择 Community 2017，网页会自动根据你当前的操作系统下载合适的网络安装程序，如图 1-1 所示。笔者写作用的操作系统是 Windows 10，因此本书大部分示例代码是在 Windows 版本的 Visual Studio Community 2017 下编写完成的，有些命令在 macOS 版本上可能稍有不同，这会在文中提示。

3）浏览器下载的网络安装程序，一般默认以 vs_community 作为前缀，双击刚刚下载的安装程

图 1-1 下载 Visual Studio Community

序，等待一段时间，安装程序会显示产品安装列表。如果 C 盘空间足够大，可以考虑安装所有的产品，否则请至少选择以下选项。

  ❑ .NET 桌面开发：用来编写和运行本书大部分示例代码，按图 1-2 所示勾选右边"摘要"面板上的可选组件。

  ❑ .NET Core 跨平台开发：用来编写和运行本书中适用于 Linux 和 macOS 系统的示例代码。

如果硬盘还有空间，可以考虑安装 ASP. NET 和 Web 开发，它们用来开发网站应用程序。

4）选择好产品后，点击"安装"按钮，接下来就是漫长的下载并安装的过程了，网络速度快的话，需要两三个小时完成安装。

本章从写一个最简单的 helloworld 程序并在命令行中运行它开始，以帮助读者理解 .NET 程序的基本编写和运行方法，然后说明如何使用集成开发环境 Visual Studio 来创建同样的程序，并介绍集成开发环境是如何简化开发工作的。由于 C# 是跨平台编程语言，接下来在 Linux 系统下开发和运行

图 1-2   选择 Visual Studio 产品

C# 程序。最后，本章通过对编译后 IL 程序的说明来帮助读者理解 C# 程序跨平台实现的原理，以便对 C# 程序的组成有一个初步的印象。

1.1   创建 helloworld

1.1.1   使用文本编辑器和命令行编译器创建

我们先使用 Windows 自带的记事本程序编写第一个 C# 程序并使用命令行编译器编译它，以帮助理解 C# 开发的基本流程。使用记事本（notepad.exe）创建一个新文件，键入（或复制）如代码清单 1-1 所示的代码，并将文件保存为以 .cs 后缀结尾的文件名 helloworld.cs。

代码清单 1-1　helloworld.cs

```
 1: using System;
 2:
 3: namespace Com.ChinaPub.CSharpMagic
 4: {
 5:     class HelloworldApp
 6:     {
 7:         static void Main()
 8:         {
 9:             /* 第一个 C# 程序 */
10:             Console.WriteLine("Hello,world!");
11:         }
12:     }
13: }
```

编译 C# 源文件需要有 .NET SDK，Visual Studio Community 安装过程中会自动安装 .NET SDK，否则需要单独到微软官网下载 .NET SDK 安装包。在解释 helloworld.cs 的代码之前，先依照如下步骤编译并运行。

1）在开始菜单中找到 Visual Studio 2017，展开后选择 " VS 2017 的开发人员命令提示符"（英文版：Developer Command Prompt for VS2017），如图 1-3 所示。

输入 cd 命令，将当期工作目录切换到 helloworld.cs 所在的文件夹，如果 helloworld.cs 所在的驱动器不在 C 盘，需要加 /d 选项进行驱动器切换操作，如笔者的示例代码在 D 盘，使用下列命令可切换工作目录：cd /d D:\workspace\ 华章写书 \C# 编程魔法书 \src\ 示例代码 \ 第一章。

图 1-3　打开 VS 命令行

2）编译 C# 源文件的程序是 csc.exe，它可以同时编译多个源文件，还支持通过很多选项来修改编译过程。这里我们使用最基本的命令编译程序：

```
csc helloworld.cs
```

3）编译成功的话，除了编译器默认输出的版本和版权信息外，不会有任何其他消息出现。成功后生成的 helloworld.exe 保存在当前文件夹，也就是 helloworld.cs 所在的文件夹，输入如下命令可执行程序：

```
helloworld.exe
```

4）如果一切顺利的话，你应该可以看到图 1-4 所示结果。

图 1-4　helloworld 程序的运行结果

5）如果源文件有编译错误，csc.exe 编译器会报告错误的位置，如图 1-5 所示。

图 1-5　helloworld 编译过程常见错误

第 1 行错误消息 "helloworld.cs(9,21)：error CS0117……" 指明了发生编译错误的源文件是 helloworld.cs，错误代码具体的位置是第 9 行第 21 列。紧跟在后面的 CS0117 是错误消息代码，使用搜索引擎搜索这个错误代码可以查到 C# 官方文档上对该错误的解释和相应的解决方案。错误代码后面的则是具体的错误消息，说明出现编译错误的原因。

第 2 行错误消息没有指明发生错误的源文件和相应的源码位置，这是因为 csc.exe 编译 C# 代码分两个过程：编译和链接。第 1 行的错误发生在编译过程中，也叫编译错误，编译器 csc.exe 有具体的源码信息；第 2 行的错误发生在链接过程，编译器 csc.exe 已经没有源码信息了，只能报告具体的错误，但是无法给出行号。编译过程和链接过程将分别在后文探讨。

C# 语言是大小写敏感的语言，初学者很容易犯的错误是将大小写混用，如 Main 方法写成了 main，WriteLine 方法写成了 Writeline。单词拼写错误也是初学者容易犯的错误，如果编译过程编译器报告错误，请检查是否犯了这里说的两个错误。

1.1.2 使用 Visual Studio Community 创建

记事本和命令行编译器 csc.exe 等工具只适合编写极小规模的程序，要编写商业化应用，推荐读者使用 Visual Studio 这样的集成开发环境，以简化日常的开发工作。本节介绍使用 Visual Studio Community 创建 helloworld 程序的方法。

1）启动 Visual Studio 2017，并依次点击菜单栏中的"文件"→"新建"→"项目"命令，打开"新建项目"对话框。

2）在"新建项目"对话框左侧的"已安装"树形列表中选择 Visual C#，接下来在右侧的列表中选择"控制台应用"(.NET 框架)，然后在下侧的"名称"文本框里输入工程名 helloworldvs，并在"位置"下拉框里选择保存工程的文件夹，如图 1-6 所示。

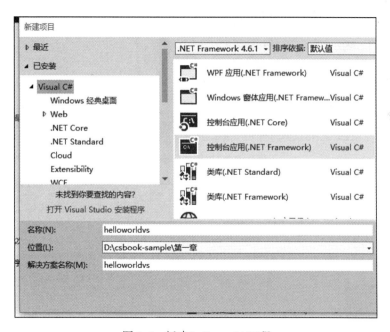

图 1-6　新建 helloworld 工程

3）点击"确定"按钮创建工程，将默认 Program.cs 文件中的内容替换成代码清单 1-1 中所示的代码。

4）在代码的第 10 行的最左侧灰色区域点击一下，设置一个断点，再点击工具栏中的"启动"按钮，或者按键盘上的 F5 按钮启动编译并执行生成后的程序，如图 1-7 所示。

5）程序运行起来后，会自动切换回 Visual Studio，并在第 10 行中断执行，点击工具栏的"继续"按钮继续执行程序直到退出，如图 1-8 所示。

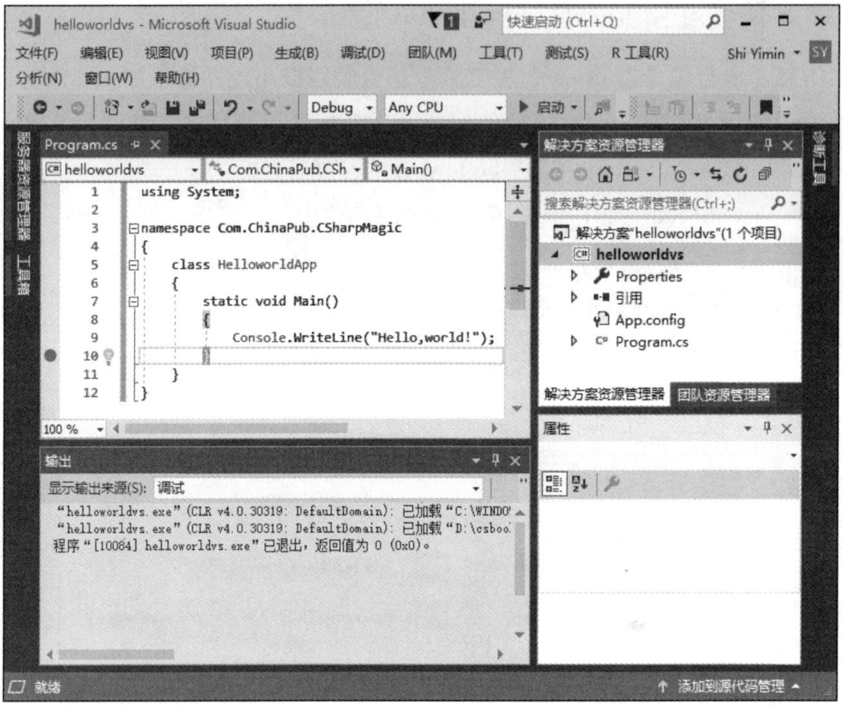

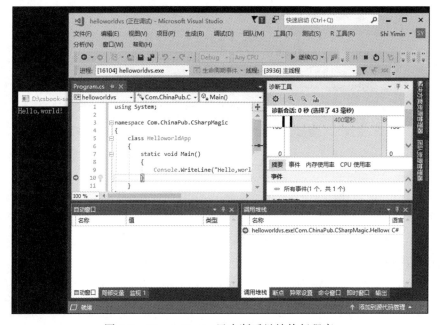

图 1-7　设置断点并执行代码

图 1-8　Visual Studio 里中断后继续执行程序

6）因为程序只是打印一行文字，这个过程对于计算机来说太快了，所以前面通过设置断点的方式中断程序执行，以便读者看到程序运行效果。Visual Studio 还提供了另外一种执行方式：同时按下键盘上的 Ctrl + F5 组合键，可以在程序执行完毕后不关闭命令行窗口，以便开发人员看到运行效果，然后按下任意键即可关闭打开的命令行窗口并回到 Visual Studio 界面。

1.1.3　helloworld 源码解读

C# 命令行程序必须包含唯一的主入口方法。它是整个程序的入口和结束的地方，在主入口方法里可以创建对象并调用其他方法来完成代码执行，这一点与 C、C++ 和 Java 等语言类似。这个方法的名称默认是 Main，必须定义在一个类型或者结构体里，且是一个静态方法。

1）代码清单 1-1 中第 3 行使用 namespace 关键字定义了一个名为 Com.ChinaPub.CSharpMagic 的命名空间。命名空间是可选的，其作用类似域名——为程序定义一个全球唯一的名字。如前面我们使用记事本团队开发的程序编写代码，而记事本开发团队又依赖 Windows 团队开发的 Windows 文件管理模块将代码保存到磁盘上，接下来我们又使用编译器团队开发的编译器将文本形式的代码转换成可执行的二进制程序。每个程序都有一个名字，众多开发团队编写的程序难免有重名，这样使用命名空间来避免重名就显得很有必要。一般来说，命名空间的命名规则跟域名类似，只不过是倒过来的，如开发团队（公司）的网站域名是 china-pub.com，那命名空间一般会定义成 Com.ChinaPub，这里单词字母的大小写依据的是 C# 的编码规范，在第 3 章会讲解 C# 的编码规范。

2）代码清单 1-1 中第 5 行定义了一个类型：HelloworldApp，程序的 Main 方法就包含在这个类型里。如果读者有 Java 编程经验，会注意到 C# 与 Java 稍有不同，C# 不像 Java 那样要求源文件名必须和类型名相同，这在编写代码时给程序员提供了一些便利。第 6 行至第 11 行两个大括号包含起来的代码定义了类型 HelloworldApp 的主体，其只包含一个成员——Main 方法。

3）代码清单 1-1 中第 7 行定义了入口 Main 方法，这里再次请读者注意，特别是有 C/C++ 和 Java 背景的读者，C# 语言里的入口方法名是 Main（大写的 M），而不是 main（小写的 m）。static 关键字设定的 Main 方法是一个静态方法。静态方法与其他方法的区别将在第 2 章说明。void 关键字指明了 Main 方法没有返回值，Main 方法也可以返回一个整型数值。例如，当 Main 方法返回整型数值时，一般是在外部环境，特别是在启动 C# 进程的进程返回程序中。在 Developer Command Prompt for VS2017 控制台程序里执行外部进程也可以在启动 C# 进程时传递一些数据（参数）。

4）代码清单 1-1 中第 8 ~ 11 行的大括号包含 Main 方法的代码——向命令行输出一行文字：Hello，world!。程序使用了微软 .NET 开发团队提供的封装了命令行功能的 Console 类型，其 WriteLine 方法的作用就是在命令行输出一行指定的字符串文本。Console 类型在命名空间 System 里定义。要想在程序里使用它，需在第 1 行通过 using 关键字将其引入。

1.1.4　C# 脚本语言

Visual Studio 里附带了程序 csi.exe，允许用户采用交互的工作方式执行 C# 代码，达到类似脚本语言的所见即所得效果。

1）打开"VS 2017 的开发人员命令提示符"，输入 csi 命令。

2）在看到">"提示符后，键入代码清单 1-2 的代码。

代码清单 1-2　解释执行 helloworld.csi 代码

```
System.Console.WriteLine("Hello,world!");
```

3）敲回车完成代码执行，如图 1-9 所示。

图 1-9　使用 csi 解释执行 C# 代码

4）按下 CTRL + C 组合键关闭 csi 程序。

5）将代码清单 1-2 的代码保存到文件 helloworld.csi 中，使用 csi.exe 执行 C# 代码，如图 1-10 所示。

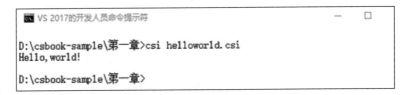

图 1-10　使用 csi.exe 执行 C# 代码

1.2　C# 语言特性

C# 是一个支持多种编程范式的编程语言，它涵盖了强类型、面向对象、组件化、泛型、动态语言和函数式编程等多种范式。

C# 是一种编译性语言，即需要使用编译器将 C# 的源文件转换成二进制程序才能运行。其派生于 C 语言家族，因此语法与 C、C++、Java 和 JavaScript 非常类似。C# 还是一个跨平台的编程语言，如在 Windows 上编写的 C# 程序可以直接在 Linux 上运行。与 Java 语言的跨平台运行功能类似，C# 源文件也需要由编译器编译成名为 MSIL 的中间语言程序，然后由 .NET 框架提供的解释器将 MSIL 代码翻译成机器代码完成执行过程。

Visual Studio 2015 Update 1 开始提供 C# 命令行"解释器"——csi.exe，供程序员在交互式环境试验和执行一小段 C# 代码。这里之所以给"解释器"打引号，是因为实际上 csi.exe 是实时编译输入的 C# 代码并执行，实现了脚本语言解释器的效果。

C# 是一个面向对象的编程语言，而且 C# 是面向组件的编程语言。应用程序一般由很多组件组成，且不断迭代升级。如果程序在运行过程中不需要重新设计，只需更换部分组件就能达到更好的性能，那么这对于后续的运维和升级都是非常方便的。就好比一辆汽车使用过程中在不需要变更其他零件的基础上，通过简单更换一些零件，如功率更强大的发动机或更耐磨的轮胎，就达到更高的行驶速率。而面向组件或者说组件化编程的核心是组件可以自包含和自描述。自包含是指组件包含了运行它所要求的所有信息，如所有的外部依赖、可执行代码等；自描述是指当前组件包含了自身与其他组件交互的描述信息，不需要其他的配置文件或额外信息来描述。

现代程序往往会长时间运行，C# 提供了一系列机制来辅助编写具有高健壮性的代码。

1）垃圾回收机制：C# 会自动将不再使用的对象占用的内存回收，以便有足够的内存供新的对象使用。

2）异常处理机制：长时间运行的程序不可避免地会发生种种意外，C# 提供了结构化的机制来报告和处理这些意外情况。

3）类型安全机制：野指针、缓冲区溢出等是 C/C++ 程序里经常犯的错误。野指针是指访问一段已删除的对象或访问了受限内存区域的指针。与空指针不同，野指针无法通过判断是否为 NULL 避免。野指针的危害就好比买了一个不存在的公司的股票，股票代码看起来是真实的，但是背后的公司可能已经注销或者根本不存在。缓冲区溢出是程序对接收到的数据没有进行有效的边界检测，向缓冲区内存填充数据时超过了缓冲区本身的容量，而导致数据溢出到分配空间之外的内存空间，使得溢出的数据覆盖了其他内存空间的数据。C# 语言通过类型安全机制保证了程序无法读取未初始化的内存，不允许未加检测的类型转化，进而避免了野指针的问题；也不允许数组索引超过数组的上下边界，避免了缓冲区溢出问题。

C# 提供了一套统一类型的系统，所有类型（包括 int、double 等原始类型）都继承自 object 类型，因此所有类型都有一套通用的操作，而且任何类型的数据都采用统一的方法存储。但与 Java 不同，出于性能的考虑，C# 支持值类型和引用类型，我们将在第 2 章讨论这两种类型。

随着时间的推移，组件也会不断升级，这时新老版本组件的兼容性就显得很重要了。很多编程语言对兼容性的处理不够重视，导致升级某个组件到最新版本却引发程序不能正常使用。C# 提供了一套版本控制设计手段，如使用 virtual 和 override 关键字、函数重载的规则、显式接口成员定义等方法来支持兼容性设计，我们将在第 4 章讨论这些特性。

C# 还支持一些函数式编程范式，如将函数当作值处理、闭合、偏函数、模式匹配等多种函数式语言概念，我们将在后续章节讨论这些语言特性。

1.3　C# 与 .NET 框架

经常有人将 C# 和 .NET 框架混淆，C# 是编程语言，而 .NET 框架是一个完整的编程框架。.NET 框架除了提供 C# 编程语言之外，还提供了一系列函数库与工具集，以辅助程序员更快地开发程序。它们的关系如图 1-11 所示。

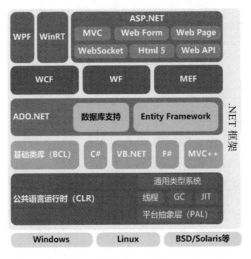

图 1-11　C# 与 .NET 框架的关系

.NET 框架里包含很多独立的模块，大致可以分成三大类型：公共语言运行时（Common Language Runtime，CLR）、编程语言和代码库。

1. 公共语言运行时

公共语言运行时模块类似 Java 语言里的虚拟机（JVM）。公共语言运行时负责执行托管代码（Managed Code），C# 只是支持编译生成托管代码的众多编程语言之一。托管代码一般以装配件（Assembly）的形式打包，作为可执行文件（.exe 后缀）和代码库（.dll 后缀）存放在文件系统里。

托管代码以 MSIL 中间语言，而不是机器代码保存在装配件中。除此之外，装配件还保存了关于代码的元数据信息，如定义在其内的类型、函数、事件、属性、安全要求等信息。有了这些信息，当 CLR 加载并准备执行托管程序时，会准备一个托管运行环境来执行类型安全验证、安全策略验证、数组访问边界检查、异常处理和内存垃圾回收等操作，从而避免程序的一些安全漏洞或者稳定性问题。

与托管代码对应的就是非托管代码，非托管代码一般是指 C/C++ 等直接编译成机器代码的代码，因为在编译过程中缺失了大量关于程序信息的元数据，所以 CLR 无法控制程序的执行。

CLR 有一个完整的规范——公共语言基础架构（Common Language Infrastructure，CLI）。只要基于这个规范，托管程序就可以无缝移植到新的操作系统上。

2. 编程语言

CLR 本身是语言中立的，只负责执行 MSIL 形式的代码。C#、Visual Basic.NET 和 Managed C++ 等多种编程语言的编译器只需要将源代码编译成 MSIL 代码，具体的执行工作由 CLR 完成。这样不仅能跨平台运行 .NET 程序，而且不同编程语言编写的程序可以互相调用。

3. 代码库

仅有编程语言是不能完成程序的编写工作的，还需要代码库的支持。这就好比建造一栋楼房，仅有水泥（编程语言）是不够的，还需要砖头（代码库）才能实施。.NET 框架自带非常丰富的代码库，这里做一个简单的介绍。

1）基础类库（Basic Class Library，BCL）：跟 C/C++ 语言里的标准库类似，其是 .NET 框架的基础类库，也是 CLI 的一部分。其提供了表现 CLI 内置数据类型（如 int、double 等）的类、基本的文件处理、I/O 流、字符串处理等最基本的功能。

2）ADO.NET：.NET 自带对自家 SQL Server、Access 等数据库的支持，其他主流数据库（如 Oracle、DB2、MySQL 等 SQL 数据库）以及 MongoDB 等 NoSQL 数据库都提供了相应的 ADO.NET 驱动，以便 .NET 程序访问。Entity Framework 类库基于 ADO.

NET 提供的数据访问功能，实现了现代编程中常用的对象关系映射（Object Relational Mapping，ORM）功能。

3）Windows 通信开发平台（Windows Communication Foundation，WCF）：整合了原有 Windows 通信平台上的 .net remoting Web 服务、Socket 等远程跨进程通信机制，并融合了 HTTP 和 FTP 等相关技术，是 .NET 上开发 SOA 程序的重要框架。

4）Windows 工作流开发平台（Windows Workflow Foundation，WWF）：编程流程化业务系统的重要框架，提供了描述工作流中顺序执行每个节点和节点之间相互依赖关系的方法，可以用来实现很多商业流程（如审批流程）的开发。

5）托管可扩展性编程框架（Managed Extensibility Framework，MEF）：.NET 平台下的一个扩展管理框架，便于程序员在对已有代码产生最小影响的前提下对应用程序进行扩展。

6）Windows 界面开发框架（Windows Presentation Framework，WPF）：在 Windows 平台下构建桌面程序的重要框架。

7）WinRT：统一 Windows 平台（Universal Windows Platform，UWP）的核心，为应用程序提供了跨多种 Windows 设备的统一编程接口。这些 Windows 设备是指 PC、平板、HoloLens、Windows Phone、Xbox 等所有运行 Windows 操作系统的设备。

8）ASP.NET：.NET 平台上开发网站应用的框架，支持如 Web 网站、WebSocket、Web 服务、RESTful API 等多种形式的网络应用的开发。

> 🔖 注意：.NET 框架，包括 CLR、C# 编译器、ASP.NET 等多种模块都已经开放源码，而且随着源码开放的还有丰富的文档，有兴趣的读者可以去官网（http://www.dotnetfoundation.org/）学习。

1.4   多操作系统支持

前文说过，只要在新的操作系统上按照 CLI 规范实现 .NET CLR 虚拟机，即可无缝执行 .NET 托管程序。从 2004 年 6 月开始，由 Novell（由 Xamarin 发起）和微软赞助的开源项目 Mono 第一版发布，其支持在大多数 Linux 发行版、BSD、macOS、Solaris 和 Windows 等操作系统上运行 .NET 托管程序。从 2016 年 6 月开始，微软也发布了跨平台、支持在 Windows、macOS 和 Linux 等操作系统上执行 .NET 托管程序的 .NET Core，代码也在 GitHub 上开源。在本节中，我们先了解 .NET Core 的使用方法，再了解 Mono 的使用方法。笔者使用 Ubuntu 14.04 作为开发环境讲解这两个项目的使用。由于篇幅限制，本节不再讲解其在其他操作系统上的安装和使用方法，有兴趣的读者请浏览官网文档自行尝试。

Mono 和 .NET Core 都是开源项目，它们的官网和源码地址如下。

❑ Mono 官网：http://www.mono-project.com/。

❑ Mono 源码：https://GitHub.com/mono/mono。

❑ .NET Core 官网：https://dotnet.GitHub.io/。

❑ .NET Core 源码：https://GitHub.com/dotnet/core。

1.4.1　在 Ubuntu 14.04 上安装和使用 .NET Core

本节只讲解在 Ubuntu 14.04 上安装 .NET Core 的步骤，不同 Ubuntu 版本略有不同，使用其他 Ubuntu 版本的读者请参照官网文档操作（地址：https://www.microsoft.com/net/learn/get-started/linuxubuntu）。

1）要在 Ubuntu 上安装 .NET Core，需要先添加 .NET 产品源（如代码清单 1-3 所示），每台机器只需要操作一次即可。

代码清单 1-3　添加 .NET 产品源

```
# 将微软签名密钥注册到 apt 安装包可信密钥列表中
curl https://packages.microsoft.com/keys/microsoft.asc | gpg --dearmor > microsoft.gpg
sudo mv microsoft.gpg /etc/apt/trusted.gpg.d/microsoft.gpg

# 注册微软产品源
sudo sh -c 'echo "deb [arch=amd64] https://packages.microsoft.com/repos/
microsoft-ubuntu-trusty-prod trusty main" > /etc/apt/sources.list.d/dotnetdev.list'
```

2）按照代码清单 1-4 中的步骤安装 .NET SDK。

代码清单 1-4　在 Ubuntu 上安装 .NET SDK

```
# 安装 .NET SDK
sudo apt-get update
sudo apt-get install dotnet-sdk-2.0.2
```

3）等待安装程序执行完毕后，键入下面的命令创建一个新的 dotnet core 工程，并将 helloworld 文件夹中的 Program.cs 的内容更换成代码清单 1-5 所示的代码。

代码清单 1-5　在 Ubuntu 上新建 dotnet core 工程

```
# 创建新的 dotnet core 程序
dotnet new console -o helloworld
cd helloworld
```

4）最后按代码清单 1-6 中的做法，输入 dotnet run 命令就可以启动编译并执行生成的程序了。

代码清单 1-6　在 Ubuntu 上编译并执行 dotnet core 程序

```
# 运行程序
dotnet run
```

5）也可以只执行生成的程序，也就是不进行编译，如代码清单 1-7 所示。

代码清单 1-7　在 Ubuntu 上执行 dotnet core 程序

```
# 只运行生成的程序
cd bin/Debug/netcoreapp2.0
dotnet helloworld.dll
```

6）最后结果如图 1-12 所示。

图 1-12　在 Ubuntu 上执行 dotnet core 程序

1.4.2　跨平台运行 .NET Core 程序

.NET Core 是跨平台的，而且 Visual Studio 2017 内置了对 .NET Core 的支持。我们可以在 Windows 上使用 Visual Studio 开发好 .NET Core 程序，然后将其部署到 Linux 或者 macOS 机器上运行。

1）启动 Visual Studio 2017，依次点击菜单栏上的"文件"→"新建"→"项目"命令，打开"新建项目"对话框，选择 Visual C# 模板列表，然后在右侧选中"控制台应用"（.NET Core）选项，在"名称"文本框中输入 helloworlddotnetcore，在"位置"下拉列表框里输入工程的保存位置，点击"确定"按钮创建工程，如图 1-13 所示。

2）新建的工程默认是一个 helloworld 工程，依次点击菜单栏上的"生成"→"生成解决方案"，或者同时按键盘上的 Ctrl + Shift + B 键编译代码。生成的程序保存在当前工程所在目录的 bin\Debug\netcoreapp2.0 文件夹中。

3）在 Windows 开发机器上将 netcoreapp2.0 文件夹复制到 Ubuntu 机器上，在 netcoreapp2.0 文件夹中使用如下 dotnet 命令执行生成的程序：

```
dotnet helloworlddotnetcore.dll
```

图 1-13　在 Visual Studio 中新建 dotnet core 工程

4）执行结果如图 1-14 所示。

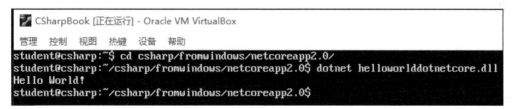

图 1-14　在 Ubuntu 上运行 Windows 上生成的 dotnet core 程序

1.4.3　在 Ubuntu 14.04 上安装和使用 Mono

与安装 .NET Core 类似，安装 Mono 也需要先注册 Mono 产品源，然后使用 apt-get 命令安装 Mono 环境。

1）添加并注册 Mono 产品源，如代码清单 1-8 所示。

代码清单 1-8　添加 Mono 产品源

```
# 添加 Mono 产品源
sudo apt-key adv --keyserver hkp://keyserver.ubuntu.com:80 --recv-keys 3FA7
E0328081BFF6A14DA29AA6A19B38D3D831EF
echo"deb http://download.mono-project.com/repo/ubuntu trusty main" | sudo
tee /etc/apt/sources.list.d/mono-official.list
sudo apt-get update
```

2）输入代码清单 1-9 中的命令，使用 apt-get 命令安装 Mono。

代码清单 1-9   安装 Mono

```
# 安装 Mono
sudo apt-get install mono-devel
```

3）Mono 实现了一个 C# 编译器，名为 mcs.exe。其可以直接在 Linux 环境下编译 C# 源码。安装好 Mono 后，使用 Linux 上的文本编辑器，如 vi 或者 nano，将代码清单 1-10 所示的代码保存到 hello.cs 文件中。msc.exe 的使用方法与 csc.exe 类似，直接将需要编译的 C# 源文件作为参数传递给它即可编译。

代码清单 1-10   使用 msc.exe 编译 hello.cs

```
mcs hello.cs
```

4）使用 Mono 运行生成的 hello.exe 可执行程序，如代码清单 1-11。

代码清单 1-11   使用 Mono 在 Ubuntu 上执行 .NET 程序

```
mono hello.exe
```

5）安装最新版 Mono 时，我们可以将 .NET 程序当作原生 Linux 程序执行，即可以使用命令 "./hello.exe"（注意，hello.exe 前面的点号和斜杠）直接执行生成的 .NET 程序。

6）Mono 实现了很多 .NET 框架的功能，因此在 Windows 上开发的 .NET 程序（注意，不是 .NET Core 程序）可以直接使用 Mono 执行。如在 Windows 上将代码清单 1-11 编译生成的 helloworldvs.exe 复制到 Ubuntu 机器上，使用 Mono 执行，效果如图 1-15 所示。

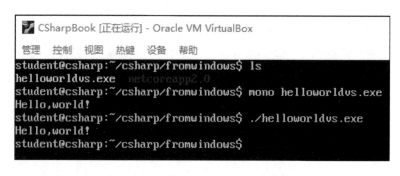

图 1-15   在 Ubuntu 上执行 Windows 上生成的 .NET 程序

1.5　本章小结

　　本章通过经典的"Hello,world"程序演示了在多个操作系统编译并运行 C# 程序的方法，还介绍了 C# 伪脚本语言的使用方式。C# 每个版本都在之前版本的基础上新增了重要功能。这些新特性与之前版本是补充和改进的关系，而不是替代。本书后续章节将会通过几个例子从特性的维度介绍 C# 语法，而不是从版本的维度逐步说明。在介绍特性的时候，笔者会指明特性在哪个版本之后可用，因此请读者在使用示例程序的时候，一定要安装 Visual Studio 2017 及以上版本。

第**2**章

C# 编程基础

编程好比搭建房子，一座房子至少需要砖头和混凝土才能建造完成。编程语言的语法好比混凝土，而编程语言自身和第三方提供的编程类库好比砖头，编程过程类似将多个类库通过各种语法组合在一起。第 1 章探讨了 C# 的基础语法，这些语法已经足够开发 C# 基础应用了。本章将讨论编程过程中常用的基础类库。

2.1　字符串操作

字符串在内存中是一个由字符数组组成的数据结构。字符串操作是最基础的应用。我们已经见过其中一个应用——在命令行中打印一条信息。字符串有以下几个特性。

1）它是引用类型，因此可以用 null 给它赋值。

2）字符串是不可变的，因此不能在代码中更改字符串里的内容。无论是增加还是删除字符，实际上是在原先的字符串基础上重新创建一个字符串实例，而老的字符串会等到没有代码引用后，由 CLR 的垃圾回收模块清理。

了解这几个基本特性后，接下来我们看一下字符串的常用操作。

2.1.1　格式化字符串输出

前面章节中的很多例子都使用 Console.WriteLine 方法输出内容。WriteLine 有多种重载方法，其中一个重载方法的定义如下：

```
public static void WriteLine (string format, params object[] arg);
```

这个重载方法很典型。

- 第一个参数 format 是一个字符串，其指定了输出字符串的格式样本，里面通过嵌入"{0}"占位并使用 arg 数组的值填充，中间的 0 是参数在 arg 数组的索引号。
- 第二个参数 arg 是一个不定长参数数组，其长度必须和 format 参数中占位符的最大索引值匹配，否则会抛出 InvalidOperationException 异常。

Console.WriteLine 方法内部实际上是调用了 String.Format 方法来格式化字符串，这两个方法接收的参数是一样的。format 参数的格式如下。

```
{index[,alignment][:formatString]}
```

format 参数说明如下。

- index：指明 arg 参数中用来替换格式占位符的索引，是 format 参数中必备的部分。如果对应的参数值为 null，则使用空字符串填充。
- alignment：可选部分，是一个整数值，用来处理对齐，指明填充占位符的总长度，如果对应的 arg 参数中字符串长度不够，则用空格填充。正数表示右对齐，负数表示左对齐。
- formatString：可选部分，指定对应的 arg 参数中字符串展现形式，默认使用的是 object.ToString 方法输出字符串。如果指定了 formatString 部分，则使用 IFormattable.ToString(string, IFormatProvider) 重载方法，也就是说只要类型实现了 IFormattable 接口，都可以通过这个方法自定义格式。.NET 自带的格式字符串的类型可参考表 2-1。

表 2-1　.NET 自带的格式字符串的类型

类型	支持的格式
数字	□ 标准数字格式（https://docs.microsoft.com/zh-cn/dotnet/standard/base-types/standard-numeric-format-strings） □ 自定义数字格式（https://docs.microsoft.com/zh-cn/dotnet/standard/base-types/custom-numeric-format-strings）
日期	□ 标准日期格式（https://docs.microsoft.com/zh-cn/dotnet/standard/base-types/standard-date-and-time-format-strings） □ 自定义日期格式（https://docs.microsoft.com/zh-cn/dotnet/standard/base-types/custom-date-and-time-format-strings）

（续）

类型	支持的格式
枚举	枚举格式（https://docs.microsoft.com/zh-cn/dotnet/standard/base-types/enumeration-format-strings）
TimeSpan	❑ 标准格式（https://docs.microsoft.com/zh-cn/dotnet/standard/base-types/standard-timespan-format-strings） ❑ 自定义格式（https://docs.microsoft.com/zh-cn/dotnet/standard/base-types/custom-timespan-format-strings）
GUID	可使用的格式（https://docs.microsoft.com/zh-cn/dotnet/api/system.guid.tostring）

代码清单 2-1 列举了几种常见类型的格式化方式，其中第 9 行使用 DateTime 类型的 ToString 方法得到类型的默认字符串输出格式，其余使用 DateTime 类型的 IFormattable 接口中的 ToString（String，IFormatProvider）方法得到类型的不同输出格式。下面看一下清单 2-1 中的格式处理。

1）第 13 行演示了分别打印 DateTime 的日期和时间，第 18 行则演示了对齐打印的调用方法。

2）第 25 行使用 yyyy 自定义日期打印格式，指明只打印日期的年份部分。数字 8 表示占用 8 个字符，不足的部分使用空格补齐。12:N2 表示结果占用 12 个字符，N 表示打印整数和小数、组分隔符和小数分隔符，2 则是精度说明符。数字 123456 的格式化结果是 123,456.00。14:P1 中的 P 表示打印结果是百分比，1 是精度，说明只保留 1 位小数。

3）第 29 行和第 31 行分别演示了直接调用 IFormattable 接口中的 ToString 方法，第 29 行与第 25 行一样也采用了 N2 格式。123.456 的打印结果是 123.46，说明 String.Format 里的 formatString 部分是直接传递给 IFormattable.ToString 方法的，另外可以看到输出时会自动对数字执行四舍五入操作。

4）一些特殊字符在 C# 字符串中的转义方式与 C/C++ 等语言类似，如第 35 行中的 "\n" 转义字符表示输出一个换行符，由于大括号 "{}" 在 String.Format 中是参数占位符的标志，因此单独输出大括号字符时需要使用额外的大括号字符来转义，如第 35 行中的 "{{" 和 "}}"，输出转义字符 "\" 也是类似的，要使用 "\\" 进行输出。

5）第 36 行演示了 C# 提供的一个语法糖，但字符串的前缀是 "@" 字符时，可以将 "\" 作为普通字符串输出。

代码清单 2-1　String.Format 使用示例

```
1 // 源码位置: 第 2 章 \StringFormatDemo.cs
2 // 编译命令: csc StringFormatDemo.cs
3 using System;
4
```

```
5 class StringFormatDemo
6 {
7     static void Main()
8     {
9         var str = String.Format(
10            "当前时间：{0}，温度是：{1}° C。", DateTime.Now, 24.5);
11        Console.WriteLine(str);
12        Console.WriteLine(
13            "当前日期：{0:d}，时间：{0:t}", DateTime.Now);
14
15        int[] years = { 2013, 2014, 2015 };
16        int[] population = { 1025632, 1105967, 1148203 };
17        Console.WriteLine(
18            "{0,6}{1,15}", "Year", "Population");
19        for (int i = 0; i < years.Length; i++)
20            Console.WriteLine(
21                "{0,6}{1,15:N0}",
22                years[i], population[i]);
23
24        Console.WriteLine("");
25        Console.WriteLine("{0,-12}{1,8:yyyy}{2,12:N2}{3,14:P1}",
26            "BeiJing", DateTime.Now, 123456, 0.32d);
27
28        // 标准数字格式
29        Console.WriteLine(123.456m.ToString("N2"));
30        // 自定义数字格式
31        Console.WriteLine(123.4.ToString("00000.000"));
32
33        char c1 = '{', c2 = '}';
34        Console.WriteLine(
35            "打印大括号用法相同：\n {{ 和 }}\n {0} 和 {1}", c1, c2);
36        var path1 = @"c:\china-pub\C#\sample-code";
37        var path2 = "c:\\china-pub\\C#\\sample-code";
38        Console.WriteLine(
39            "两个路径是相同的：\n{0}\n{1}", path1, path2);
40    }
41 }
```

2.1.2 $ 符号：字符串内插

String.Format 方法要求在格式化模板里采用索引的方式指明参数的位置。从 C# 6.0 开始添加了字符串内插的语法糖，有点类似 Perl、PHP 甚至 Bash 这些脚本语言的字符串格式化方法。当字符串使用"$"作为前缀时，可以实现与 String.Format 同样的效果。而且 formatString 里的参数占位符索引可以直接用参数本身，或者使用一个合法的 C# 表达式来替代。

代码清单 2-2 中第 10 行演示了字符串内插的基本用法，既可以在大括号中直接使用参数输出，也可以直接使用结构体和类型的字段。第 14 行演示了 "$" 和 "@" 两个前缀字符可以混用。第 17 行演示了内插表达式的用法，只要是合法的表达式都允许，包括三目运算符等看起来比较复杂的表达式，不过要求表达式的计算结果是一个变量。

代码清单 2-2　字符串内插示例

```
1 // 源码位置: 第 2 章 \StringInterpolationDemo.cs
2 // 编译命令: csc StringInterpolationDemo.cs
3 using System;
4
5 class StringInterpolationDemo
6 {
7     static void Main()
8     {
9         var degree = 24.5d;
10        var str = $"当前时间: {DateTime.Now}, 温度是: {degree}° C。";
11        Console.WriteLine(str);
12
13        var lang = "C#";
14        str = $@"c:\china-pub\{lang}\sample-code";
15        Console.WriteLine(str);
16
17        Console.WriteLine($"使用表达式: {degree * 2 / 3}");
18    }
19 }
```

2.1.3　字符串比较

C# 中字符串类型是引用类型，也就意味着使用 "==" 操作符应该是对比两个变量的引用是否相同，而不是对比两个变量实际的值是否相同。但如果运行代码清单 2-3 的代码，会发现第 16 行和第 17 行的对比是按值比较的，而不是按引用比较的，这是因为 String 类型重载了 "==" 操作符，具体可以参见 .NET String 类型的源码[一]。

与大部分语言类似，C# 字符串也支持互相比较——String.Compare 方法可用于比较两个字符串的大小，当第 1 个字符串大于第 2 个字符串时，返回值大于 0；当第 1 个字符串小于第 2 个字符串时，返回值小于 0；当两个字符串相同时，返回值为 0。

对于有大小写字母的字符，如英文，String.Compare 支持忽略大小写进行字符对比，如代码清单 2-3 中的第 19 ~ 21 行演示了 Compare 的用法。同时，C# 中的字符串是基于 Unicode 编码的，因此除了包含 ANSI 字符以外，还可以容纳全球大部分语言文化的文

　⊖　.NET String 类型源码：https://referencesource.microsoft.com/mscorlib/system/string.cs.html。

字，而不同文化对相同字符有着不同的比较方法和理解。

随着国内 IT 公司纷纷出海，国际化问题越来越受到重视。.NET 框架内置了丰富的
国际化支持方法。Compare 方法就有一个接收 CultureInfo 类型参数的方法重载，这个类
型参数可以根据具体的文化和区域设置来比较两个字符串。如代码清单 2-3 中第 23 ~ 28
行的三种比较，运行程序会发现第 26 行使用 zh-CN（即中文简体文化设置）、第 28 行使
用 en-US（即美国英文的文化设置）比较相同的两个字符串，第 26 行比较的结果是 –1，
第 28 行比较的结果则是 1。而第 24 行采用的是无 CultureInfo 参数的重载版本，采用操
作系统默认的区域文化设置做比较，如果操作系统是中文版且是中文区域设置，则和英
文版操作系统的运行结果不一致。

代码清单 2-3　字符串比较示例

```
1  // 源码位置：第 2 章 \StringCompareDemo.cs
2  // 编译命令：csc StringCompareDemo.cs
3  using System;
4  using System.Globalization;
5
6  class StringCompareDemo
7  {
8      static void Main()
9      {
10         object a = 1, b = 1;
11         // Console.WriteLine(a == 1);
12         Console.WriteLine(a == (object)1);
13         Console.WriteLine(a == b);
14
15         string c = "1", d = "1";
16         Console.WriteLine(c == d);
17         Console.WriteLine(c == "1");
18
19         Console.WriteLine(string.Compare("1", "2"));
20         Console.WriteLine(string.Compare("a", "A"));
21         Console.WriteLine(string.Compare("a", "A", true));
22
23         Console.WriteLine(string.Compare(
24             "财经传讯公司", "房地产及按揭"));
25         Console.WriteLine(string.Compare(
26             "财经传讯公司", "房地产及按揭", false, new CultureInfo("zh-CN")));
27         Console.WriteLine(string.Compare(
28             "财经传讯公司", "房地产及按揭", false, new CultureInfo("en-US")));
29     }
30 }
```

2.1.4　修改字符串

与 C/C++ 等编程语言不同的是，C# 的字符串是不可修改的，即字符串在 C# 中是一个只读的字符数组。C# 的字符串也不是以常见的 "\0" 字符结尾，字符串长度保存在字符串前面的位置，如图 2-1 所示。

可选填充补齐	SyncBlock-Index	MethodTable	DWORD（长度）	DWORD（长度）	字符 1（WCHAR）	字符……（WCHAR）	NULL（WCHAR）

可以作为非托管字符串处理

图 2-1　字符串的内存表现形式

在 C 语言中，很多初学者容易犯的错误是使用 "+" 操作符来连接两个字符串。.NET 中字符串是对象，原本也不能使用 "+" 来连接字符串。其通过在 String 类型里重载 "+" 操作符来实现连接功能。字符串创建之后不可修改，因为针对字符串对象的任何修改都会导致一个新的字符串实例被创建，致使这个操作符重载经常被误用。如代码清单 2-4 的第 8 行中，每次使用 "+" 操作符执行连接操作后都会生成一个新的字符串对象。而 C# 是基于垃圾回收机制的编程语言，一方面新创建的无用对象只有等到下一次垃圾回收才能释放内存空间，另一方面内存里有太多的垃圾对象，会频繁触发垃圾回收机制，影响程序执行效率。

代码清单 2-4　使用 "+" 号操作符连接字符串

```
// 源码位置：第 2 章 \ModifyStringDemo.cs
// 编译命令：csc /main:ModifyStringDemo ModifyStringDemo.cs
1 var value = string.Empty;
2 for (var i = 0; i<loops; ++i)
3 {
4     // 大于 1MB 就删除掉
5     if (value.Length > 1024 * 1024)
6         value = string.Empty;
7
8     value = value + i.ToString();
9 }
```

对于少量的字符串连接操作，使用 "+" 操作符处理可以在不影响程序执行效率的同时，提高代码的可读性。但如果需要频繁执行字符串连接或者修改操作，.NET 提供了一个更好的方案——StringBuilder。StringBuilder 类型定义在 System.Text 命名空间，其内部保存了一个字符数组作为缓存，提供了类似编辑数组元素的方案来修改字符串。

代码清单 2-5 实现了与代码清单 2-4 相同的字符串连接功能。

代码清单 2-5　使用 StringBuilder 连接字符串

```
// 源码位置：第 2 章 \ModifyStringDemo.cs
// 编译命令：csc /main:ModifyStringBuilderDemo ModifyStringDemo.cs
1 var sb = new StringBuilder();
2 for (var i = 0; i<loops; ++i)
3 {
4     // 大于 1MB 就删除掉
5     if (sb.Length > 1024 * 1024)
6         sb.Clear();
7
8     sb.Append(i.ToString());
9 }
```

图 2-2 展示了以两种方法执行 10000 次字符串连接操作的性能对比。可以看到，StringBuilder 方案的性能大大超过直接使用 "+" 操作符的性能。

```
shiyimindeMacBook-Pro:第三章  shiyimin$ dotnet ModifyStringDemo.exe 10000
String 用时：
47.788
shiyimindeMacBook-Pro:第三章  shiyimin$ csc /main:ModifyStringBuilderDemo ModifyStringDemo.cs
Microsoft (R) Visual C# Compiler version 2.6.0.62309 (d3f6b8e7)
Copyright (C) Microsoft Corporation. All rights reserved.

shiyimindeMacBook-Pro:第三章  shiyimin$ dotnet ModifyStringDemo.exe 10000
StringBuilder 用时：
13.154
shiyimindeMacBook-Pro:第三章  shiyimin$
```

图 2-2　"+" 操作符和 StringBuilder 连接字符串的性能对比

2.1.5　字符编码

随着互联网的蓬勃发展，不同语言文化的字符编码给程序员带来的困扰越来越少。不过，读者可能还是会碰到打开一个文本文件或者访问一个网页整屏显示 " ???? ?????? ??? ????" 或 "◆" 字符串的情况，特别是在 Linux 系统打开从 Windows 系统复制过来的文件时，这就是字符编码出现了问题。很多编程初学者，特别是有一点 C 语言知识的初学者，总是倾向做出 "字符 = ascii = 一个字节" 或者 "字符 = Unicode = 两个字节" 这样的草率判断。很遗憾，这是错误的。如果抱着这种理念编程，那只能靠操作系统和编程语言本身自带的框架来拯救了。幸运的是经过多年发展，操作系统和编程语言在隐藏这些细节方面做得还不错。

在 20 世纪 70 年代，字符编码基本是 ASCII 编码，如表 2-2 所示。ASCII 编码数字

32 ～ 127 可以表示所有的英文字母和相关的标点符号，如空格（SPACE）是数字 32 或十六进制的 20，字母 "A" 对应的数字是 65。数字 32 之前的字符都是所谓的 "不可打印字符"，即控制字符，如 7 是一个 BELL 字符（会导致电脑嘟嘟响），表示这些字符只需要 7 位就够了。然而普通电脑的一个字节有 8 位，即如果一个字节只用来存储 ASCII 编码，那么对空间是很大的浪费。对于 128 ～ 255 之间的数字而言，不同的国家和机构有不同的利用方式。例如 IBM-PC 将这些数字作为 OEM 字符集，不仅支持欧洲语言里的一些重音字符，还支持一些画线字符，如 "╢" "╗" 等字符。在西欧某些国家的 PC 上，130 这个数字代表 "é"，在以色列的 PC 上，这个数字代表 "ג"，那么从西欧某个国家发送简历（résumé）到以色列时，接收方收到的是 "rגsum ג"。

表 2-2　ASCII 编码

	0	1	2	3	4	5	6	7	8	9	A	B	C	D	E	F
0	NUL	SOH	STX	ETX	EOT	ENQ	ACK	BEL	BS	TAB	LF	VT	FF	CR	SO	SI
1	DLE	DC1	DC2	DC3	DC4	NAK	SYN	ETB	CAN	EM	SUB	ESC	FS	GS	ES	US
2	SPC	!	"	#	$	%	&	'	(	)	*	+	,	-	.	/
3	0	1	2	3	4	5	6	7	8	9	:	;	<	=	>	?
4	@	A	B	C	D	E	F	G	H	I	J	K	L	M	N	O
5	P	Q	R	S	T	U	V	W	X	Y	Z	[	\	]	^	_
6	`	a	b	c	d	e	f	g	h	i	j	k	l	m	n	o
7	p	q	r	s	t	u	v	w	x	y	z	{	|	}	~	DEL

虽然不同地区的电脑厂商都遵循 ASCII 编码规则，即前 128 个数字（0 ～ 127）都对应相同的字符，但是对后 128 个数字有着不同的解释，这些不同的编码系统被称为 "代码页"（Code Page）。在使用不同代码页的系统上传输文件时，我们必须通过定制的编码格式转换工具将编码的文字使用位图的方式呈现出来。亚洲的情况就更复杂了，字符有成千上万个，一个字节根本没办法全部容纳。最开始采用的是 DBCS 编码：双字节字符集。在 DBCS 编码中，有的字符占用 1 字节，有的字符则占用 2 字节，这导致在字符串里向前移动非常容易，向后移动则变得非常困难。DBCS 编码中不能使用 s++ 或者 s-- 之类的操作符在字符串里前后移动指针。在 Windows 系统中，我们必须使用 AnsiNext 和 AnsiPrev 这种系统级 API。在前互联网时代，这不是很大的问题，因为在不同编码系统中传输文件的需求不多。互联网时代来临后，在本地下载另一个国家的网页或者传输文件成为一个非常普遍的需求，这需要统一的编码方式。因此，Unicode 被发明出来。

Unicode 尝试使用一个字符集来表现世界上所有的书写系统，以及如《星球大战》电影里的克林贡语言这样的虚构书写系统。很多人可能会简单地认为 Unicode 是一个 16 位的字符集，即最多只能容纳 65536 个字符，这是不正确的。在 Unicode 中，一个字符会被映射到一个码点（Code Point）。码点是一个虚构的概念。

在 Unicode 中，A 和 B、a 是不同的字符，但和 **A**、*A* 是相同的字符。使用 Times New Roman 字体书写的"A"和使用 Helvetica 字体书写的 A 是相同的字符，但与小写的 a 是不同的字符，这些问题看起来没有任何争议。但在有些语言里则不同，如德语字符 ß 到底是一个字母，还是 ss 的另一种写法？如果单词结尾的字符形状有变化，那这个字符是否是另一个字符：在希伯来语中认为是，在阿拉伯语中则认为不是。幸运的是，Unicode 委员会已经帮我们解决了这些争议。

Unicode 给每个字符都映射了一个数字，如 U+6C49，这个数字就被称为码点，U+ 说明是 Unicode，其中的数字是十六进制的。文字"汉"的码点是 U+6C49，英文字母 A 的码点是 U+0041，而表情符号☺的码点是 U+1F642。字符串"Hello"的码点是：

```
U+0048 U+0065 U+006C U+006C U+006F
```

但这些仅仅是码点，并没有定义应该如何存储在内存中或者如何在邮件里编码，我们可以自行决定存储方式，比如每个码点用 2 字节存储，那么 Hello 在内存里的存储格式是：

```
00 48 00 65 00 6C 00 6C 00 6F
```

当然，存储格式也可以是下面这样的：

```
48 00 65 00 6C 00 6C 00 6F 00
```

这两种存储格式分别代表不同的字节存储方式，即字节序不同。字节序有大端序（Big-endian）和小端序（Little-endian）。字节序的不同是由不同 CPU 架构对字节处理顺序不同产生的，例如 Intel/AMD x86、Digital VAX 和 Digital Alpha 等 CPU 架构支持小端序，而 Motorola 680、SPARCower PC 和大部分 RISC 架构支持大端序。为了让在不同 CPU 架构的电脑上处理的 Unicode 文件能相互理解，Unicode 在文件的头部加上了所谓的 BOM（Byte Order Mark，字节顺序标记）。BOM 的 Unicode 码点是 U+FEFF，作为一个"魔术数字"出现在文本的最前面。BOM 在文本文件中是可选的，但一旦出现，文本处理软件会通过读取 BOM 的字节顺序来判定文件存储的字节序。如 Windows 自带的记事本软件以 Unicode 格式保存文件时（见图 2-3），会在文件开始的地方插入不可见的 BOM 字节。这个字节在普通的图形化文本编辑器里是不可见的，但在 Linux 或者 macOS 系统上采用 less 等命令行工具查看文件时，则会看到这个字节，如图 2-4 所示。

图 2-3　以 Unicode 格式保存文本文件

图 2-4　在 macOS 终端打开 Unicode 格式的文件

　　除了字节序上的处理差异，在纯英文环境下，使用两个字节来存储一个字符看起来是一个非常浪费空间的做法，这些争论促使 UTF-8 编码格式的发明。在 UTF-8 中，0 ~ 127 的码点使用单字节存储，128 以上的码点才使用 2 ~ 6 个字节存储，这样纯英文文本文件的大小与 ASCII 码文本文件的大小完全一致，因此也能兼容老的文本处理软件。然而，UTF-8 在 2009 年之后才成为主流编码格式，在此之前还有很多其他的编码格式。表 2-3 列出了这些编码格式的差别。

表 2-3　不同编码格式对比

编码格式 对比项	UTF-8	UTF-16	UTF-16BE	UTF-16LE	UTF-32	UTF-32BE	UTF-32LE
码点下限	0000	0000	0000	0000	0000	0000	0000
码点上限	10FFFF	10FFFF	10FFFF	10FFFF	10FFFF	10FFFF	10FFFF
单元大小	8 位	16 位	16 位	16 位	32 位	32 位	32 位

（续）

编码格式 对比项	UTF-8	UTF-16	UTF-16BE	UTF-16LE	UTF-32	UTF-32BE	UTF-32LE
字节序	N/A	BOM	大端序	小端序	BOM	大端序	小端序
每字符最少字节	1	2	2	2	4	4	4
每字符最多字节	4	4	4	4	4	4	4

虽然 Unicode 尽量将所有的文字系统统一展现，但还是有漏网之鱼，如果打开的文件编码里有字符没有对应的 Unicode 码点，那么这个字符就会被显示为�。定义好字符的编码格式，当在一个地区访问另一个地区的网页或者将电子邮件向不同地区分发时，需要添加额外信息帮助系统使用正确的编码来解析收到的字节流。在电子邮件系统中，通常会在邮件消息头中加上类似下面的键 – 值对，以便接收方正确处理。

```
Content-Type: text/plain; charset="UTF-8"
```

HTTP 的处理也类似。HTTP 消息头也会通过 Content-Type 键 – 值对来描述服务器端使用的字符编码。但仅仅指明 Web 服务器端使用的编码格式是不够的，这是因为大型网站经常有人在制作网页，不同地区的开发者使用的默认编码格式是不一致的。为了解决这个问题，HTML 里的 <head> 标签中加入了元数据标签，指明网页在创作时使用的编码格式。

```
<meta http-equiv="Content-Type" content="text/html; charset=utf-8">
```

如果在 HTML 网页和 HTTP 消息头里都没有指明文件的编码格式，浏览器只能靠猜了。因此大部分字母语言会将非英文字母映射到 128 ～ 255 之间，而且人类语言中有些字母出现的频率会很高。结合这两个统计信息，早期浏览器特别是 IE 在猜测方面做得还不错。

.NET 中的字符串使用 UTF-16 编码，同时其提供了丰富的 Unicode 支持。在定义字符串时，我们可以直接在字符串里使用 UTF-16 编码，如代码清单 2-6 中的第 4 行，\uD83D\uDE42 是笑脸表情符号☺的 UTF-16 的编码格式，它的编码用 2 字节无法容纳，需要 4 字节。我们也可以直接在源码中输入或者粘贴 Unicode 字符，如第 6 行。第 14 行定义的 GetUnicodeString 演示了获取一个字符的 UTF-16 编码的方法——先将每个字符转换为整数再以十六进制格式打印。整数占用 4 字节，可以容纳大部分的 Unicode 字符。.NET 框架的 System.Text 命名空间定义了 Encoding 类，其通过几个静态字段来获取字符串的 UTF-7、UTF-8、UTF-16 和 UTF-32 的编码格式，并以字节数组的方式返回，同时允许从编码字节数组返回对应的字符串。

代码清单 2-6   C# 中对 Unicode 的支持

```
1 // 代码节选，源码位置：第 2 章 \UnicodeDemo.cs
2 static void Main()
3 {
4     var emoji = "\uD83D\uDE42";
5     Console.WriteLine(emoji);
6     var x = "☺";
7     Console.WriteLine(GetUnicodeString(x));
8     Console.WriteLine("Unicode - UTF16");
9     var bytes = Encoding.Unicode.GetBytes(x);
10     foreach (var b in bytes) Console.Write("{0:x2} ", b);
11     // ... ...
12 }
13
14 static string GetUnicodeString(string s)
15 {
16     StringBuilder sb = new StringBuilder();
17     foreach (char c in s)
18     {
19         sb.Append("\\u");
20         sb.Append(String.Format("{0:x4}", (int)c));
21     }
22     return sb.ToString();
23 }
```

由于 .NET 默认采用 UTF-16 编码，因此在 Encoding 类中 Unicode 字段代表 UTF-16 编码。图 2-5 分别列出了笑脸表情符号使用 UTF-16、UTF-8 和 UTF-32 等编码格式返回的数组。可以看到，采用最少 4 字节存储的 UTF-32 编码格式和 Unicode 的码点是基本对应的。

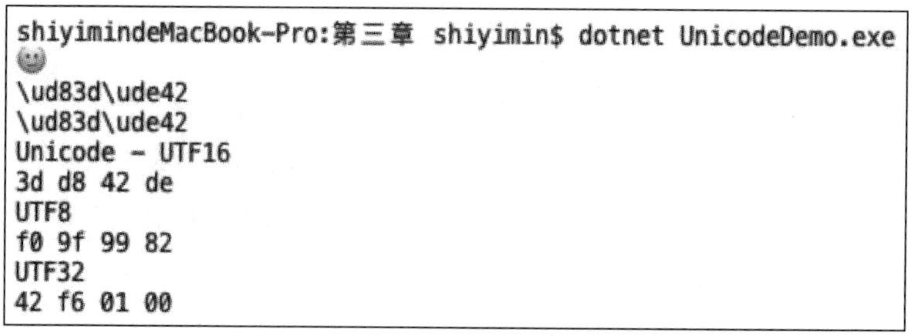

图 2-5   笑脸表情的不同编码

2.2　正则表达式

String 类型里提供了基础的查找和替换 API，分别是 IndexOf 和 Replace 方法。如果要执行更复杂的基于模式的搜索匹配操作，就需要用到正则表达式。正则表达式允许在大量文本中迅速找到特定的字符模式。其可以用来检验文本是否满足预定的模式（如手机号校验），可以提取、编辑、替换甚至移除部分子字符串等。在 .NET 中，System.Text.RegularExpressions 命名空间的 Regex 类就是正则表达式引擎的核心类型。读者如果有 DOS 或者 Linux Bash 的操作经验的话，对"*"和"?"这两个通配符应该不会陌生。正则表达式可以看成是通配符的升级。代码清单 2-7 展示了正则表达式的一个最常用的场景——判断给定的字符串是否匹配预定的模式，这里做的是电话号码格式校验。

代码清单 2-7　使用正则表达式匹配电话号码

```
1 // 源码位置: 第 2 章 \RegexDemo.cs
2 using System.Text.RegularExpressions;
3 // ...
4 var regex = new Regex("^\\d{3,4}-\\d{7,8}$");
5 Console.WriteLine(regex.IsMatch("021-66106610")); // True
6 Console.WriteLine(regex.IsMatch("0731-6610661")); // True
7 Console.WriteLine(regex.IsMatch("02166106610")); // False
8 Console.WriteLine(regex.IsMatch("21-66106610")); // False
9 Console.WriteLine(regex.IsMatch(" 021-66106610")); // False
```

第 4 行中初始化 Regex 对象的参数就是一个正则表达式字符串，"\d"匹配 0 ~ 9 之间任意一个数字字符。由于"\"在字符串中被当作转移字符，因此在模式字符串中需要写成"\\d"的形式。一般来说，电话号码是"区号 - 电话号码"格式，区号通常是 3 ~ 4 个数字，电话号码是 7 ~ 8 个数字，在模式字符串中使用"\\d{3,4}"来匹配区号，使用"\\d{7,8}"匹配电话号码。"{3,4}"叫作数量限制符，跟在模式字符后面，表明最少匹配次数和最大匹配次数。区号和电话号码之间使用"-"分隔，即如果没有"-"分隔则认为输入字符串不是合法的电话号码，如第 7 行的匹配结果。模式字符串最前面的"^"和最后的"$"字符被称为锚点（Anchor）字符。限定匹配是从字符串的最开始一直匹配到字符串的结尾，这个限定条件造成了第 9 行的匹配失败，因为最前面有一个空格。

由于正则表达式在查找和替换字符串方面很好用，因此很多文本编辑器集成了正则表达式查找 / 替换功能，如 Visual Studio IDE 和 Visual Studio Code。图 2-6 演示了在 Visual Studio Code 中使用正则表达式查找 Unicode 字符，首先需要在查找对话框中勾选最后一个齿轮状选项——该选项启用正则表达式匹配功能，然后在查找文本框中输入正则表达式即可匹配。

图 2-6   在 Visual Studio Code 中使用正则表达式查找 Unicode 字符

笔者在表 2-4 中梳理了一些常用的正则表达式元素，供读者参考。.NET 支持的完整元素列表和相关的说明请读者参阅 https://docs.microsoft.com/en-us/dotnet/standard/base-types/regular-expression-language-quick-reference。

表 2-4   常用的正则表达式元素说明

类型	模式	说明
转义字符	\t	匹配制表符
	\r	匹配回车符
	\n	匹配换行符
	\unnnn	通过十六进制的 UTF-16 编码值匹配 Unicode 字符。nnnn 必须是 4 个十六进制数字，如"\ud83d\ude42"，匹配笑脸字符
字符组合	[字符组]	匹配字符组里的任意一个字符，只匹配一个。默认情况下，匹配是大小写敏感的。如模式"ae"匹配 gray 中的 a，也匹配 lane 中的 a、e 字符 如果字符组是连续的字符，通常会写成 [首字符 – 尾字符] 的形式，如 [a-z] 表明匹配 a ~ z 字符中的任意一个
	[^ 字符组]	匹配不在字符组里的任意一个字符。对于连续的字符组，也可以写成 [^ 首字符 – 尾字符] 的形式
	.	通配符，匹配除"\n"以外的任意一个字符。如模式"x.z"匹配字符串"xyz" 如果要匹配点号的话，需要使用"\"字符转义，即"\."
	\w	匹配任意一个组成变量名的字符，包括字母、数字和"_"。如果要匹配不能组成变量名的字符，可以使用"\W"
	\d	匹配任意一个数字字符，"\D"表示匹配非数字字符
	\s	匹配任意一个空格字符，包括空格、制表符、回车和换行符。"\S"表示匹配非空格字符
锚点字符	^	默认情况下，从字符串的开始匹配；如果是多行匹配模式，则从每一行的开始匹配
	$	默认情况下，必须匹配到字符串的结尾（不包括结尾的"\n"字符）；如果是多行匹配模式，则表明必须匹配到每一行的结尾（不包括结尾的"\n"字符）

（续）

类型	模式	说明
数量限定字符	*	匹配零到多次其之前的模式元素，如"a*"表示匹配零到多次连续的字符 a，"(ab)*"表示匹配零到多次连续的字符串"ab"
	+	匹配一到多次其之前的模式元素，如"a+"表示匹配一到多次连续的字符 a，"(ab)+"表示匹配一到多次连续的字符串"ab"
	?	匹配零到一次其之前的模式元素，如"a?"表示匹配零到一次字符 a，"(ab)?"表示匹配零到一次字符串"ab"
	{n,m}	匹配其之前的模式元素，至少匹配 n 次，最多匹配 m 次。如果写成"{n}"，则表示仅匹配 n 次；如果写成"{n, }"，则表示至少匹配 n 次
选择	|	从"|"两边的元素中选择一个匹配

2.2.1　构造分组

在很多场景里，除了需要判断输入字符串是否匹配预定的模式以外，还有将部分字符串提取出来的需求，如在匹配一个日期字符串时，可能还希望将年月日部分分别提取出来。分组就是用来匹配输入字符串中的子字符串的。分组匹配的字符串既可以作为匹配的结果返回，也可以替换子字符串。我们可以使用下面的表达式构造最基本的字符串分组。subexpression 可以是任何一个合法的正则表达式。

代码清单 2-8 中第 2 行演示了最简单的分组构造方式——使用分组将匹配成功的字符串部分提取出来，如匹配日期时，将成功匹配的日期的年月日部分保存下来，以便后续的代码处理。

代码清单 2-8　正则表达式构造分组示例

```
1 // 源码位置：第 2 章 \RegexDemo.cs
2 foreach (Match match in Regex.Matches("2018-12-31", @"(\d+)-"))
3 {
4     Console.WriteLine(match.Groups[0].Value);
5     Console.WriteLine(match.Groups[1].Value);
6 }
7
8 foreach (Match match in Regex.Matches(
9     "He said that that was the the correct answer.", @"(\w+)\s(\1)"))
10//"He said that that was the the correct answer.", @"(?<dup>\w+)\s(\k<dup>)"))
11 {
12     Console.WriteLine("重复单词：{0}，位置：{1} - {2}",
13         match.Groups[1].Value, match.Groups[1].Index, match.Groups[2].Index);
14 }
15
```

```
16 var m1 = Regex.Match("2018-12-31",
17    @"(?<year>\d+)-(?'month'\d+)-(?<day>\d+)");
18 Console.WriteLine($"{m1.Groups["year"].Value}年" +
19    "{m1.Groups["month"].Value}月{m1.Groups["day"].Value}日");
```

代码清单 2-8 中使用 Regex 的静态方法 Matches 来获取字符串中匹配正则表达式的所有子字符串。Matches 方法的第一个参数是待匹配的输入字符串，第二个参数是正则表达式模式。当表达式匹配成功时，返回的 Match 对象中的 Groups 属性会保存所有匹配的子表达式。Groups 中的第一个元素是整个正则表达式匹配到的字符串，第 4 行在第一次循环时输出 "2018-"，即模式 " (\d+)-" 完整匹配到的字符串。从 Groups 的第二个元素开始才是每个分组的匹配结果，如第 5 行在第一次循环时输出 "2018"，即分组 " (\d+)" 匹配到的结果。分组内部还可以嵌套分组。类似地，嵌套的分组和其外围的分组都会保存到 Groups 属性中，并按匹配的顺序来索引。正则表达式中使用了大量转义字符，但输入过多的 " \\" 字符不仅烦琐，而且影响代码的可读性，我们可以在正则表达式前缀加上原义识别符 "@" 来增加表达式的可读性，如第 2 行。

按照索引来获取分组信息比较烦琐，我们可以通过命名分组的方式来增加代码的可读性，如使用 " (?<name>subexpression)" 或者 " (?'name'subexpression)" 来命名分组，如第 17 行中将日期分成三个部分：" year"" month"" day"。匹配成功后，与其使用索引号来获取分组，不如直接用分组名字，如第 19 行。.NET 的正则表达式引擎里允许获取分组匹配的所有字符串，这些匹配的字符串被称作 Capture。这一点与很多其他编程语言是不一样的。举一个简单的例子：通过 " (.)+" 模式匹配字符串 " abcd"。在大部分编程语言里，匹配的结果只有两个：Captures[0] 返回的是完整匹配的字符串 " abcd"，Captures[1] 返回的是 "(.)" 最后一个匹配的结果 "d"，如代码清单 2-9 中 Node.js 的结果。

代码清单 2-9　JavaScript 里的正则表达式分组匹配结果

```
1 var pattern = /(.)+/g;
2 var input = "abcd";
3 var match = pattern.exec(input);
4 console.log(match.length);
5 console.log(match[0]);
6 console.log(match[1]);
```

在 .NET 里，如代码清单 2-10 的第 2 行中 match.Groups[1].Captures 是一个集合，保存了完整的 4 个匹配结果：" a"" b"" c"" d"。这是因为 .NET 的正则表达式匹配引擎在内部为每个分组分配了一个堆栈。每次 " (.)" 分组匹配成功后，匹配到的字符串就会压入相应的堆栈中。

代码清单 2-10　.NET 里正则表达式的分组匹配

```
1var match = Regex.Match("abcd", "(.)+");
2for (var i = 0; i <match.Groups[1].Captures.Count; ++i)
3      Console.WriteLine($"{i}: '{match.Groups[1].Captures[i].Value}'");
```

当使用命名分组时，.NET 允许表达式里相同的命名分组重复出现，即下面这种表达式是合法的：

```
(?<word>\w+)\W+(?<word>\w+)
```

程序运行时会将两个单词都匹配到同一个"word"分组里。如果我们用上面的表达式匹配字符串"hello world"，那么 match.Groups["word"].Captures 返回的是包含"hello"和"world"两个匹配结果元素的集合，这个特性允许程序员将正则表达式在不同地方的匹配结果保存到同一个 Captures 集合里。

Captures 集合是一个堆栈，既可以将匹配结果压入（Push）栈中，也可以将栈中的一些元素推出（Pop）。当在正则表达式的分组名前面加上"-"，就执行 Pop 操作，如"(?<-word> …)"是将"word"分组最后一次匹配的结果推出 Captures 集合。如将前面的表达式改成下面的格式，执行完毕后"word"分组的匹配集合是空的。

```
(?<word>\w+)\W+(?<-word>\w+)
```

这个特性可以用来匹配嵌套的模式，如匹配括号嵌套的表达式，判断被匹配的字符串中嵌套的括号是否匹配正确，这种分组模式被称为平衡分组（Balance Grouping）。代码清单 2-11 使用这个特性来判断待匹配的字符串如"(3 * (1 + 3))"的括号是不是正确关闭了，第 1 行的模式里使用选择操作符"|"在三个子模式之间对输入字符串的部分进行匹配。

下面是构造分组时常用到的正则表达式元素说明。

☐ ^：表明从字符串最开始的位置匹配。

☐ ?:[^()]：供选择的一个子模式，用于匹配所有非括号"("和")"的字符。"?:"是特殊的匹配分组，表示只匹配但不将匹配结果保存在分组的 Captures 属性里。

☐ ?<open>\(：供选择的一个子模式，匹配左括号"("，并把匹配结果保存在"open"分组栈里。

☐ ?<-open>\)：供选择的一个子模式，匹配右括号")"，匹配成功的话，则说明可以关闭一个左括号。使用"-open"可从"open"分组栈里推出一个匹配结果。

☐ +：限制匹配的次数，至少匹配一次，作用是保证至少有一次模式匹配，以便屏蔽空字符串。

☐ $：表示需要完全匹配整个输入字符串。

代码清单 2-11　正则表达式平衡分组的应用

```
// 源码位置: 第2章\RegexDemo.cs
1 var pattern = @"^(?:[^()]|(?<open>\()|(?<-open>\)))+$";
2 match = Regex.Match("(3 * (1 + 3))", pattern);
3 Console.WriteLine($"{match.Success}, open: {match.Groups["open"].Value}。");
4 match = Regex.Match("(1 + 3)", pattern);
5 Console.WriteLine($"{match.Success}, open: {match.Groups["open"].Value}。");
6 match = Regex.Match("(3 * (1 + 3)", pattern);
7 Console.WriteLine($"{match.Success}, open: {match.Groups["open"].Value}。");
8 match = Regex.Match("(3 * (1 + 3)))", pattern);
9 Console.WriteLine($"{match.Success}, open: {match.Groups["open"].Value}。");
10 pattern = @"^(?:[^()]|(?<open>\()|(?<-open>\)))+(?(open)(?!))$";
11 match = Regex.Match("(3 * (1 + 3)", pattern);
12 Console.WriteLine($"{match.Success}, open: {match.Groups["open"].Value}。");
```

代码清单 2-11 中第 2 行和第 4 行由于括号都被正确关闭，所以匹配结果都是 True，而且 open 分组栈都是空的。第 8 行的字符串多了一个右括号 "）"，在匹配时 open 分组栈是空的，而在空栈里执行推出操作是错误的，所以匹配结果是 False。但最有意思的是，第 6 行的字符串多了一个左括号 "（"，字符串匹配到最后都是成功的，这是因为字符串的各个部分要么匹配左 / 右括号，要么匹配非括号字符，然而 open 分组栈里压入和推出的次数不平衡，导致最后栈里会多出一个左括号。

虽然第 6 行这种情况可以通过 open 分组栈是否为空来判断括号是否平衡，但 .NET 还提供了一个方案让我们在表达式内部来判断 open 分组栈里的情况。其语法是：

```
(?(condition)truePattern|falsePattern)
```

其中，falsePattern 是可选的，而 condition 可以是一个子模式，也可以是一个分组名称。当 condition 是一个分组名称，且其相应的栈不为空时，使用 truePattern，否则使用 falsePattern。在前面的例子中，当有左括号没有平衡匹配时，open 分组栈不会为空。第 10 行演示了这种用法，模式 "(?(open)(?!))" 通过判断 open 分组栈是否有值来判断输入字符串的括号是否平衡匹配，因为第 11 行的输入字符串多了一个左括号，所以第 12 行输出的匹配结果是 False。

"(?! subexpression)" 是一种否定性前瞻断言模式，只有输入字符串与 subexpression 表达式不匹配，整个表达式才成功匹配。如代码清单 2-12 中的 "(?!b(?!c))" 是双重否定，其要求字符 "b" 后面必须跟着 "c"，因此第 4 行的匹配结果是 True。第 2 行中 "a" 也能成功匹配，这是因为前瞻匹配只是一个条件，不是硬性匹配要求。

代码清单 2-12　否定性前瞻正则表达式示例

```
1 var pattern = @"a(?!b(?!c))";
2 Console.WriteLine(Regex.Match("a", pattern).Success);  // 匹配 (?!b)
```

```
3 Console.WriteLine(Regex.Match("ac", pattern).Success); // 匹配 (?!b)
4 Console.WriteLine(Regex.Match("abc", pattern).Success);// 匹配 (?!b(?!c))
5 Console.WriteLine(Regex.Match("adc", pattern).Success);// 匹配 (?!b(?!c))
6 Console.WriteLine(Regex.Match("ab", pattern).Success); // 不匹配 (?!b(?!c))
7 Console.WriteLine(Regex.Match("abe", pattern).Success);// 不匹配 (?!b(?!c))
```

代码清单 2-11 中，我们只是将平衡分组用在判断类似括号是否平衡匹配的问题上，.NET 还允许在匹配过程中将压入和推出分组栈之间匹配的字符保存下来。模式语法如下：

(?<A-B> subexpression)

或

(?'A-B' subexpression)

该语法意思是，当匹配到 subexpression 的时候，不仅在分组栈 B 中取出上一个匹配结果，还将其和当前匹配的所有字符都存入分组栈 A 中。如改写代码清单 2-11 中第 1 行的 (?<-open>\)) 为 (?<content-open>\))，那么 content 分组里保存的是 open 分组栈中即将推出的左括号"（"和当前匹配的右括号"）"之间的内容。代码清单 2-13 中第 3 ~ 4 行返回的结果分别是"1 + 3"和"3 * (1 + 3)"，即最外层和最里面嵌套括号之间的内容。

代码清单 2-13　捕获平衡分组间的内容

```
1 pattern = @"^(?:[^()]|(?<open>\()|(?<content-open>\)))+(?(open)(?!))$";
2 match = Regex.Match("(3 * (1 + 3)", pattern);
3 Console.WriteLine($"0: {match.Groups["content"].Captures[0].Value}。");
4 Console.WriteLine($"1: {match.Groups["content"].Captures[1].Value}。");
```

2.2.2　反向引用

我们不仅可以在匹配结果中使用分组，也可以在匹配的正则表达式中使用分组匹配的结果，这种功能称为反向引用（Backreference）。当待匹配的字符串中有些子字符串出现多次时，可以将第一个出现的子字符串保存在分组中，在模式的后面直接引用第一个匹配的结果。因为分组可以通过索引和名字来访问，所以反向引用里有索引和名字的版本。

索引反向引用的语法为"\number"，number 是分组在正则表达式中的位置，从 1 开始计数。如代码清单 2-8 中第 9 行的模式"(\w+)\s(\1)"，\1 表示反向引用第一个分组"(\w+)"的匹配结果，由于第 13 行需要将"\1"当作一个新的分组使用，因此使用括号给模式创建一个新分组，否则括号是可以省略的。

在正则表达式里，"\1"到"\9"永远被解析成索引反向引用语法。如果使用的分组索引不存在，会导致正则表达式引擎抛出 ArgumentException 异常，如"(\w+)\s\2"就会导致异常，因为"\2"前面只有一个分组"(\w+)"。"\10"及以上只有在分组数足够的情况下，才会被当作索引反向引用，否则会被当作普通的八进制数字进行匹配。不过，不建议读者写太复杂的正则表达式，以避免调试和代码阅读困难。

Visual Studio Code 等编辑器同样是支持反向引用的。图 2-7 中使用模式"(\d+)(-)\1\2"成功匹配"2009-09-09"字符串，而不能匹配"2018-12-31"，这是因为"\1"对应的是第一个分组"(\d+)"，"\2"对应的是第二个分组"(-)"。

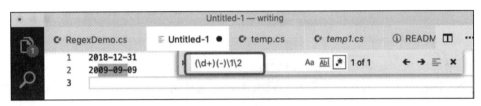

图 2-7　在 Visual Studio Code 里使用反向引用

如果已为分组命名，使用命名反向引用就方便得多。命名反向引用的语法可以是 \k<name> 或 \k'name'，其中 name 是分组的名字。代码清单 2-8 中第 10 行演示了其使用方法——首先定义了一个 <dup> 分组用来匹配一个单词，再使用 \k<dup> 反向引用前面匹配的结果，从而找出重复的单词。

2.2.3　替换

正则表达式除了可以在输入字符串中匹配和提取子字符串以外，还可以用在字符串替换中，如 Regex.Replace 方法可以通过替换（Substitution）模式来使用匹配结果进行替换。这个方法有一个 replacement 参数，在 replacement 参数中可以使用替换模式。替换模式以字符"$"开头，通常跟分组一起使用，与反向引用类似，支持按索引和命名来使用分组匹配结果。如代码清单 2-14 中，使用正则表达式将不同货币金额中的货币符号去掉，只留下金额。在第 1 行的模式中，各表达式含义如下。

❑ \p{Sc}*：匹配货币符号，这个字符是可选的。

❑ (\s?\d+[.,]?\d*)："\s?"匹配零到一个空格字符；\d+[.,]?\d* 匹配金额，金额的整数部分和小数部分使用点号"."或逗号","分隔。不同国家表示小数的方式是不一样的，中国习惯使用点号"."分隔小数，而西欧一些国家如德国习惯使用逗号","分隔小数。当然，这个模式有一个额外的匹配效果，即可以匹配按千分位表示的数字，如第 4 行中最后一个数字 123,456.00。

代码清单 2-14　正则表达式替换模式示例

```
1 var pattern = @"\p{Sc}*(\s?\d+[.,]?\d*)";
2 var replacement = "$1";
3 var input = "$16.32 12.19 £16.29 €18.29 €18,29 ¥123.34 $123,456.00";
4 var result = Regex.Replace(input, pattern, replacement);
5 Console.WriteLine(result);
6
7 pattern = @"\p{Sc}*(?<amount>\s?\d+[.,]?\d*)";
8 replacement = "${amount}";
9 result = Regex.Replace(input, pattern, replacement);
10 Console.WriteLine(result);
```

如果模式成功匹配，第 2 行中的 "$1" 保存的是第一个分组匹配的结果，数字 "1" 是分组的索引。与反向引用类似，正则表达式中的分组索引是从 1 开始的。第 7 行使用与第 1 行相同的模式，只不过命名匹配金额的分组为 amount，因此在第 8 行替换模式中可以直接通过名称 amount 来使用匹配结果。表 2-5 列举了几种常见的 .NET 中正则表达式替换模式。

表 2-5　.NET 中的正则表达式替换模式说明

模式	说明
$ 数字	按分组索引号使用匹配模式中的分组匹配结果
${ 名字 }	按分组名称使用匹配模式中的分组匹配结果
$$	字符 "$" 的转义
$&	保存整个正则表达式中的完整匹配结果
$`	包含输入字符串中匹配位置前面的所有部分，字符 "`" 是键盘上数字 "1" 左边的字符
$'	包含输入字符串中匹配位置后面的所有部分
$+	最后一个分组的匹配结果
$_	整个输入字符串

在 Visual Studio IDE 和 Visual Studio Code 等文本编辑器中，我们也可以直接使用替换模式来提高编辑效率，如笔者将从 Excel、网页等地方复制的文字列表转换成源代码中的字符串数组，此时就会用到替换模式技巧。如图 2-8 所示，在查找文本框中使用 "^(.+)$" 模式来匹配每一行的完整字符串，在替换文本框中使用模式 "$&" 在每行文本的前后加上双引号，并在字符串的末尾加上逗号 ","来符合字符串数组的定义语法。替换完成后，稍加修正就可以直接复制到源码中当作数组定义使用了。

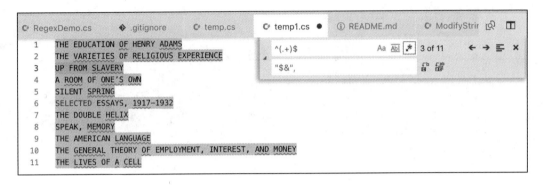

图 2-8　在文本编辑器中使用替换模式

2.3　访问文件

在实际编程中，程序大部分时间在与数据打交道，要么是读写数据库，要么是读写文件。.NET 也提供了丰富的类库来方便程序员处理文件的读写。在编程中，文件读写一般称为 I/O（Input/Output）操作。相关的类库基本在 System.IO 命名空间中。在 .NET 中，处理文件的类库大致可以分为以下几种类型。

- ❑ 文件和文件夹处理类：主要包含文件和文件夹的创建、复制、移动、删除甚至基础读写等日常操作。
- ❑ 流处理：处理文件的读写。
- ❑ 隔离存储：在保护计算机安全的基础上，对网络下载等非信任环境下的程序提供安全的文件存储和读写服务。
- ❑ 管道：经常用在多进程编程场景中。
- ❑ 内存映射文件：经常用在高性能文件读写的场景中。

2.3.1　文件和文件夹基本操作

在 System.IO 命名空间里，File 类包含了大部分与文件相关的操作，Directory 类则包含了大部分与文件夹相关的操作。不过，File 和 Directory 类都是通过静态方法来操作的，因此 .NET 还提供了相应的对象版 FileInfo 和 DirectoryInfo。其在实例化后通过实例方法操作文件夹和文件类型。

代码清单 2-15 实现了一个简化版的 xcopy 命令，用来将源文件夹 srcdir 中符合 searchPattern 模式的文件保留文件夹结构并复制到 dstdir 文件夹中。第 9 行的 Directory.

GetFiles 静态方法用于在 srcdir 文件夹中寻找匹配 searchPattern 模式的文件名列表，SearchOptions.AllDirectories 参数表明是递归查找。如果 srcdir 里有符合 searchPattern 模式的文件，其绝对路径保存在 files 数组中。第 13 ~ 14 行分别使用 Path 的 GetDirectory-Name 和 GetFileName 方法从文件的绝对路径中获取文件夹的路径和文件名。第 18 行和第 20 行将源文件的文件夹路径替换成目标文件夹路径，然后在第 23 行和第 24 行判断目标文件夹是否已存在，如果不存在则创建它。最后，第 26 行使用 File.Copy 静态方法将源文件复制到目标文件夹中。

代码清单 2-15　C# 简化版的 xcopy 命令

```
// 源码位置：第 2 章 \csxcopy.cs
01 static void DoXCopy(string srcdir, string dstdir, string searchPattern)
02 {
03     // 省略一些参数验证代码
04     if (srcdir[srcdir.Length - 1] == Path.DirectorySeparatorChar)
05         srcdir = srcdir.Substring(0, srcdir.Length - 1);
06     if (dstdir[dstdir.Length - 1] == Path.DirectorySeparatorChar)
07         dstdir = dstdir.Substring(0, dstdir.Length - 1);
08
09     var files = Directory.GetFiles(
10         srcdir, searchPattern, SearchOption.AllDirectories);
11     foreach (var file in files)
12     {
13         var directory = Path.GetDirectoryName(file);
14         var filename = Path.GetFileName(file);
15         var newdirectory = dstdir;
16         if (directory.Length > srcdir.Length)
17         {
18             var relativePath = directory.Substring(
19                 srcdir.Length + 1, directory.Length - srcdir.Length - 1);
20             newdirectory = Path.Combine(dstdir, relativePath);
21         }
22
23         if (!Directory.Exists(newdirectory))
24             Directory.CreateDirectory(newdirectory);
25
26         File.Copy(file, Path.Combine(newdirectory, filename));
27     }
28 }
```

由于 Windows 操作系统和其他操作系统的路径分隔符不一致，Windows 操作系统使用 "\" 作为分隔符。而其他操作系统大部分使用 "/" 作为分隔符。.NET 使用 Path.DirectorySeparatorChar 字段来保存这个差异，如代码清单 2-15 在第 4 行、第 6 行使用该字段来判断用户输入的文件夹是否以分隔符结尾。在代码清单 2-15 里笔者还演示了 .NET

中处理文件路径的方法，如要拼接文件夹路径和文件名，与其使用字符串拼接方法，不如使用 Path.Combine 方法。这是因为不同操作系统上路径分隔符不同，Combine 方法会自动处理。

2.3.2　流处理

File 类型的 ReadAllText、ReadAllBytes、WriteAllText 和 WriteAllByte 等方法实现了简单的文件读写。如果程序只是为了读写文件的部分数据的话，很明显这些方法的效率就低多了。这种情况下，我们一般采用流式数据处理方法来读写文件。

在计算机中，所有的数据都是以字节形式存储的，文件也不例外。计算机除了从文件中读写数据以外，还可以从内存、网络等地方读写数据。为了统一多种数据源的读写操作，计算机科学里将这些读写抽象成流（Stream）处理。流处理有点像水流，即字节流，程序可以从字节流里读取一些字节，也可以向字节流里写入一些字节。对于一些类型的字节流，我们还可以寻址到流的某个位置进行读写操作。流处理方法主要包含 3 类 API。

1）读取（Read）：用来从流中读取数据到指定的数据结构中，如将字节数据存储到数组中。

2）写入（Write）：将字节数据从某个数据源写入流中。

3）寻址（Seek）：查询和修改流中当前的读写位置。

代码清单 2-16 演示了流处理的基本操作。由于文件是一个不受 CLR 管理的系统资源，打开文件并使用完毕后需要在操作系统里及时关闭，所以第 1 行使用 using 语句来管理这种非托管资源。我们可以通过实例化 FileStream 类的方式来打开文件，也可以使用File.Open 静态方法打开文件。与 C/C++ 等语言类似，FileMode 的 OpenOrCreate 枚举限定了打开方式——如果文件不存在的话则创建它。第 4 行使用一个循环将 a ～ z 字母写入文件 filestream.demo，WriteByte 说明是以字节的方式写入的。在流处理中，流的内部会保存一个指针来跟踪目前在流中读写的位置。这个指针默认情况下只会向前推进，如第 5行每次写入 1 字节，指针就会前进 1 字节。只有 Seek 方法能重新调整指针的位置，如第7 行将指针重新定位到流的开头位置，再在第 9 行逐个读取字节。ReadByte 返回 0，说明流的所有字节已经读取完。在流里逐个读写字节是一种效率非常低下的操作，通常情况下使用批量读写的方法，即事先定义一个缓存用的字节数组（数组的大小是固定的，如第13 行的 bytes 数组），然后使用 Read 或者 Write 方法批量读写字节。因此，这两个方法都要求明确读写的起始位置——第二个参数，和每次读写的数量——第三个参数。Read 方法执行完毕后会返回成功读写的字节数，通过判断这个返回值是否与缓存数组的长度相等，即可获知流中是否还有未处理的数据，如第 15 行。每次读取成功后，缓存数组 bytes

存放读取到的新字节，然后根据预设的编码方式解析字节即可。

代码清单 2-16　使用流处理模式读写文件

```
// 源码位置：第 2 章 \StreamDemo.cs
01 using (var fs = new FileStream("filestream.demo", FileMode.OpenOrCreate))
02 //using (FileStream fs = File.Open("filestream.demo", FileMode.OpenOrCreate))
03 {
04     for (var i = 0; i< 26; ++i)
05         fs.WriteByte((byte)(i + 'a'));
06
07     fs.Seek(0, SeekOrigin.Begin);
08     int b = 0;
09     while ((b = fs.ReadByte()) > 0)
10         Console.Write((char) b);
11     Console.WriteLine();
12     fs.Seek(0, SeekOrigin.Begin);
13     byte[] bytes = new byte[20];
14     int count = 0;
15     while((count = fs.Read(bytes, 0, bytes.Length)) > 0)
16     {
17         Console.Write(System.Text.Encoding.ASCII.GetString(bytes));
18         Array.Clear(bytes, 0, bytes.Length);
19     }
20     Console.WriteLine();
21 }
```

流处理很好地体现了编程中抽象这个概念，而且非常贴合面向对象编程的抽象、继承和封装等编程模式。代码清单 2-17 是一个缩放图片大小的命令行程序。程序的逻辑是读取源图片到输入流，即在 inputStream 中执行源图片缩放大小操作，并将结果图片的字节写入输出流，即写入 outputStream。程序演示了几种读取图片的方式。

- 被注释的第 5 行是从文件系统中读取图片文件，这时 inputStream 的类型是 FileStream。
- 第 1 ~ 4 行则是通过 WebRequest 直接从网络上下载图片文件到内存，这时 inputStream 的类型是更为抽象和通用的流处理。
- 第 7 行和第 8 行都是将结果文件写入文件系统，outputStream 的类型都是 FileStream。
- 第 10 行则是将结果文件写入内存，outputStream 的类型是 MemoryStream，这也意味着如果进程结束，结果文件也就被操作系统废弃了。

代码清单 2-17 中演示了无论来源数据和结果文件输出是什么，流处理都能封装并提供统一的编程体验。然而并不是所有的数据源都支持流处理封装的基本方法，如第 7 行中的 FileStream 是采用 File.OpenWrite 方式打开的，只能用在修改模式下。将第 8 行与第

7 行互换的话，程序在运行到第 18 行时会抛出异常，这是因为只写模式不支持读操作。
另外，有些数据源（如硬盘）是支持对移动流的位置进行读写的，而有些数据源不支持，
因此流处理提供了 CanRead、CanWrite 和 CanSeek 三个属性辅助我们实现相应的功能。

代码清单 2-17　使用不同的流读写图片文件

```
// 源码位置：sample-code/ 第 2 章 /ResizeImage/ResizeImage
// 编译方法：使用 Visual Studio 打开工程编译
01 WebRequest request = WebRequest.CreateHttp(
02 "https://cn.bing.com/az/hprichbg/rb/GoldenEagle_EN-CN5621882775_1920x1080.jpg");
03 var response = request.GetResponse();
04 using (var inputStream = response.GetResponseStream())
05 // using(FileStream inputStream=File.OpenRead("BingFeedImage_1920x1080.jpg"))
06 {
07     // using (FileStream outputStream = File.OpenWrite("Resized.jpg"))
08     using (FileStream outputStream = File.Open(
09         "Resized.jpg", FileMode.OpenOrCreate))
10     // using (MemoryStream outputStream = new MemoryStream())
11     {
12         var img = Image.Load(inputStream, out IImageFormat format);
13         img.Mutate(data =>
14                     data.Resize(img.Width / 2, img.Height / 2)
15                     .Grayscale());
16         img.Save(outputStream, format);
17         outputStream.Seek(0, SeekOrigin.Begin);
18         Console.WriteLine(outputStream.ReadByte());
19     }
20 }
```

流处理也可以使用设计模式里的组合模式，即一个流可以包含其他流或复用其他
流。代码清单 2-18 演示了这种编程模式，其通过 .NET 框架内置的 GZipStream 实现压
缩和解压功能。首先第 8 行打开压缩后文件的输出字节流 outputStream，然后第 10 行
的 GZipStream 实现了压缩的算法，但并没有将压缩后的字节保存，而是依赖其他如
outputStream 的 FileStream 类型实现数据保存，最后在第 13 行从输入流一边读取数据，
一边压缩数据，同时写入输出流完成整个压缩操作。

代码清单 2-18　流处理的组合模式

```
// 源码位置：第 2 章 \csgzip.cs
// 编译命令：csc csgzip.cs
01 static void Compress(string file)
02 {
03     using (var fileStream = File.OpenRead(file))
04     {
05         if ((File.GetAttributes(file) & FileAttributes.Hidden)
06             == FileAttributes.Hidden)
```

```
07              return;
08          using (var outputStream = File.Create(file + ".gz"))
09          {
10              using (var gzstream = new GZipStream(
11                  outputStream, CompressionMode.Compress))
12              {
13                  fileStream.CopyTo(gzstream);
14              }
15          }
16      }
17  }
```

表 2-6 列出了常用的流类型以及相应的使用场景，具体的使用方法请读者自行参阅微软的 .NET 官方文档。

表 2-6　常用的流类型说明

流类型	说明
FileStream	用来读写文件
MemoryStream	使用内存作为数据源进行读写
BufferedStream	使用内置的缓存来提高流读写的性能
NetworkStream	用在网络读写上
PipeStream	用在管道读写上
CryptoStream	用在加解密处理时连接数据流
IsolatedStorageFileStream	用在对隔离存储（Isolated Storage）中的文件进行读写。.NET Core 中需要额外的 NuGet 包才能使用

通常，流处理都是基于字节的，将字节转换成程序能够使用的具体数据还要经过编码处理。为了便于编程，.NET 提供了额外的读写类封装流处理。下面是常用的读写类说明，具体的使用方法请读者查阅 .NET 官方文档。

❑ BinaryReader 和 BinaryWriter 类：用来从字节流里读写原生数据类型。

❑ StreamReader 和 StreamWriter 类：用来从流中根据不同的编码来读写字符串。

❑ StringReader 和 StringWriter 类：在字符串中读写字符。

❑ TextReader 和 TextWriter 类：读写字符的基类。

2.3.3　管道

与将数据读写抽象成流处理的概念类似，数据存储（Data Store）在操作系统中也被抽象成文件，即操作系统将所有可以存储或输出数据的设备抽象成文件处理。如命令行程序在屏幕上打印（Console.Write）文本数据，操作系统将文本数据输出到屏幕文件中处理，而命令行程序从键盘读取（Console.Read）数据，被抽象成从键盘文件中读取数据。所有的进程都可以向屏幕文件输出数据，也都可以从键盘文件中读取数据，因此这些文件如屏幕文件被称作标准输出（Standard Output）文件，而键盘（或相似）文件被称作标准输入（Standard Input）文件。在 .NET 中，Console.In 静态字段可以获取进程的标准输入文件，Console.Out 则获取进程的标准输出文件。除此之外，Console.Error 字段获取进程的标准错误输出，以便将进程的错误信息与普通输出区分开来。Console.Write 字段就是往标准输出文件中写入数据，Console.Read 字段则从标准输入文件中读取数据。

由于标准输入和标准输出都被抽象成一个文件，所以操作系统的确允许将标准输出写到文件系统，也允许从文件系统读取数据到标准输入，这个功能称为重定向（Redirect）。在操作系统中，符号 ">" 表示将标准输出重定向到某个文件，如将目录列表的结果输出到文件 demo.txt 中：

```
dir > demo.txt
```

符号 "<" 表示重定向标准输入到某个文件，如从文件 demo.txt 读入文本行，而不是从键盘终端读取：

```
sort < demo.txt
```

既然可以将标准输入和输出重定向到文件，那可不可以将一个程序的标准输出重定向到另一个程序的标准输入呢？答案是可以的。这个特性称为管道（Pipe Line），其符号是 "|"，如将前面的 dir 和 sort 命令通过管道连接起来：

```
dir | sort
```

管道是一个非常有用的编程模式，与其将所有功能都集成到一个大而全的程序中，导致功能耦合性过高和代码维护代价大，不如考虑将不同的功能拆分到几个小程序里，以分而治之的方式来简化代码结构。

代码清单 2-19 是一个将图片转换成字符画的代码。

代码清单 2-19　将图片转换成字符画

```csharp
// 源码位置：\ 第 2 章 \Image2Ascii\Image2Ascii\Program.cs
// 使用 Visual Studio IDE 编译
01 static string _ASCIICharacters = "##@%=+*:-. ";
02
03 static string Convert(string file, int width, int height)
04 {
05     var img = Image.Load(Path.GetFullPath(file));
06     width = Math.Min(width, img.Width);
07     height = Math.Min(height* img.Height / img.Width, img.Height);
08
```

```
09      img.Mutate(data =>
10                  data.Resize(width, height).Grayscale());
11      var sb = new StringBuilder();
12      for (var h = 0; h<height; ++h)
13      {
14          for (var w = 0; w<width; ++w)
15          {
16              var pixel = img[w, h];
17              var idx = pixel.R * _ASCIICharacters.Length / 255;
18              idx = Math.Max(0, Math.Min(_ASCIICharacters.Length - 1, idx));
19              var c = _ASCIICharacters[idx];
20              sb.Append(c);
21          }
22          sb.AppendLine();
23      }
24
25      return sb.ToString();
26 }
```

代码逻辑是先在第 9 ~ 10 行将图片转换成黑白图片。由于需要在命令行终端（分辨率过低导致宽度和高度都有限）显示，笔者添加了缩小图片的功能。第 12 ~ 23 行循环遍历图片中的每一个像素点。第 16 ~ 19 行根据像素点的红色部分（pixel.R）来确定使用哪个字符代表这个像素点，最后将选中的字符添加到结果字符串中。第 22 行的换行对应处理完的一行像素。运行程序，打印的结果如图 2-9 左图所示，是一个由黑色字符组成的画。

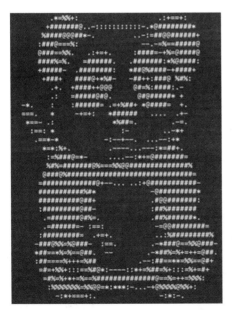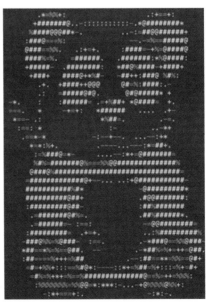

图 2-9　将图片转换成字符画的结果

如果想给字符串添加一些色彩，可以在代码清单 2-19 的程序中添加支持彩色的代码，但如果在一个程序里不断添加功能，必然会导致程序越来越臃肿，维护不便。而使用管道的话，只需要实现一个从标准输入不停读入字符并根据预定的规则添加功能的小程序即可。如代码清单 2-20 所示，其工作只是不断地从标准输入里读取输入字符，如果添加字符在 0 ~ 255 之间的话，则判断字符是否在预定规则的位置，即第 9 行。如果匹配高亮规则，则执行第 11 行（设定输出字符的色彩），否则进入第 13 行（使用默认色彩输出）。

代码清单 2-20　从标准输入读取字符并添加色彩的程序

```
// 源码位置: 第 2 章 \Image2Ascii\colorful\Program.cs
// 使用 Visual Studio IDE 编译
01 static string _ASCIICharacters = "#@%=+*:-. ";
02 static void Main(string[] args)
03 {
04     var originColor = Console.ForegroundColor;
05     var colors = (ConsoleColor[])Enum.GetValues(typeof(ConsoleColor));
06     char c = (char)Console.Read();
07     while (c > 0 && c< 255)
08     {
09        var idx = _ASCIICharacters.IndexOf(c);
10        if (idx >= 0)
11          Console.ForegroundColor=(ConsoleColor)(colors[colors.Length-idx-1]);
12        else
13          Console.ForegroundColor = originColor;
14        Console.Write(c);
15
16        c = (char) Console.Read();
17     }
18 }
```

在执行时，只需要将两个程序使用管道连接起来就可以获取图 2-9 右图的彩色图像了。

除了命令行终端提供的连接多个进程的标准输入 / 输出的管道以外，操作系统本身也提供了进程间通信的管道 API，由于这个知识跟多进程编程相关，我们放在后面的章节里讨论。

2.3.4　内存映射文件

现代操作系统通常是多用户、多任务的。通过虚拟内存管理机制，每个进程都可以运行在独立的内存沙盒中。这个沙盒被称为虚拟地址空间。在 32 位操作系统中，这个地址空间是 4GB，即 32 位系统的最大寻址空间。从进程的角度看，其独占整个内存。而实际上，操作系统通过页映射表（Page Table）将虚拟地址空间中的地址映射到物理内存地址上。每个进程都有自己的页映射表。一旦启用虚拟地址，机器上所有的代码都会受影响，包括内核代码，因此进程必须为内核保留一部分虚拟地址空间。如图 2-10 所示，Linux 内核一般占用 1GB 的地址空间，Windows 默认占用 2GB 的地址空间，如果打开大地址开关（Large Address Aware）可以将 Windows 内核占用的地址空间压缩到 1GB。

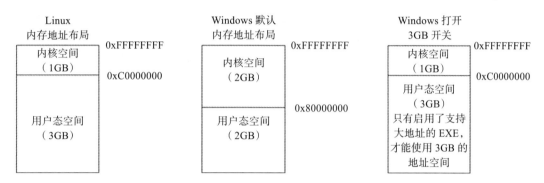

图 2-10　Windows 和 Linux 操作系统的虚拟地址空间分配情况

虽然操作系统内核保留了不小的地址空间，但并不意味着内核会实际占用如此多的物理内存。只有在映射发生时，内核才会占用匹配的地址空间。在操作系统中，内核占用的地址空间（Kernel Space）在页映射表中会加上特权代码（Privileged Code）标志。当用户模式（User Mode）代码访问到内核地址空间时，会触发页错误（Page Fault）异常。早期的操作系统里，内核代码和数据的虚拟内存地址都是固定的，即可以事先推算出来，而且所有的电脑都是一样的，这就导致黑客很容易猜出内核代码和数据的位置，再通过缓冲区溢出等漏洞进行破坏。因此，新版本的操作系统通常会做一些随机化和保护处理。用户模式的虚拟内存地址的物理内存映射部分会随着进程切换而不同。如图 2-11 所示，用户态空间中浅灰色部分代表映射到物理内存地址的虚拟内存地址，即进程实际使用到的内存部分。

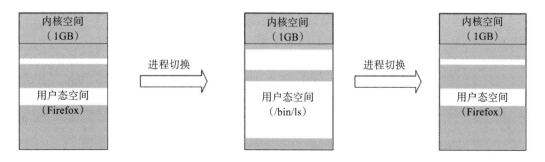

图 2-11　用户态不同进程的虚拟内存映射

用户态里的虚拟内存也不是随意分配的。用户模式的地址空间通常会分成几个大的内存片段。图 2-12 展示了 Linux 进程的标准内存布局。除了进程的代码、静态变量等事先就已经占用的内存以外，剩下的内存主要用来保存函数调用时需要的参数和局部变量的栈、进程运行时为变量动态分配内存的堆（Heap），以及内存映射段。这些内存随着程序的运行动态增减。

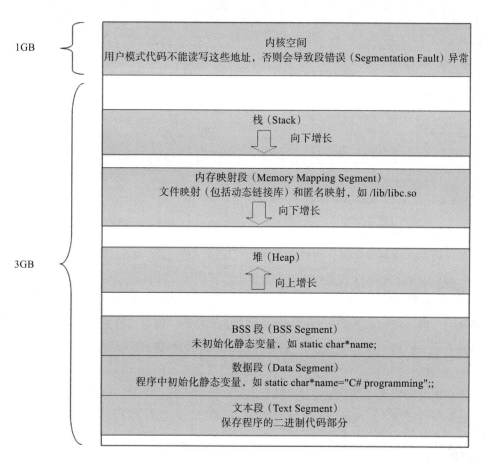

图 2-12   Linux 进程的用户模式地址空间的内存划分

无论是内核地址空间还是用户地址空间，整个 4GB 的地址空间按页拆分，虽然 32 位的 x86 处理器支持 4KB、2MB 和 4MB 的页大小，但 Windows 和 Linux 都使用 4KB 来映射用户态的地址空间。3GB 的用户态地址空间按 4KB 页进行布局（见图 2-13），类似的物理内存也是按 4KB 的页来划分。

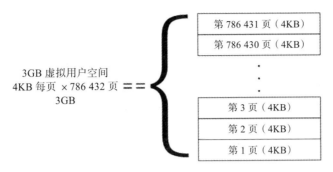

图 2-13 3GB 的用户态地址空间页布局

虚拟内存技术极大地便利了编程。对于 32 位进程来说，整个 4GB 的地址空间都由其专属使用，这将程序员从繁重的物理内存管理编程中解脱了出来，也极大地提高了物理内存的使用效率。例如内核可以将多个进程用到的内核代码（如 libc.so）都映射到同一段物理地址，避免每个进程都将内核代码重新加载一遍。另外，在 32 位机器流行的时代，物理内存实际上都很小，比如 256MB 内存的机器就是高级配置了。虚拟内存技术可以放大计算机上可用的物理内存，将物理内存里暂时不用且容纳不了的数据放到硬盘上，在进程使用的时候再从硬盘加载回物理内存。这个过程分为两种情况：页命中（Page Hit）和页缺失（Page Fault）。

❑ 页命中：如果进程访问的虚拟内存映射的地址在物理内存里，称为页命中。这时，操作系统几乎不需要做工作，如访问图 2-14 中左边的灰色部分。

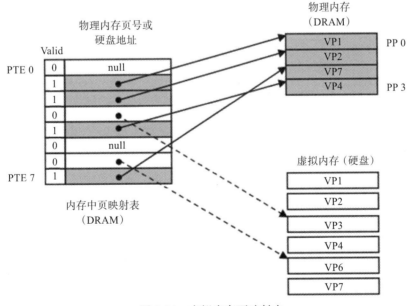

图 2-14 虚拟内存页映射表

❑ 页缺失：如果要访问的地址不在物理内存里，称为页缺失，如访问图 2-14 中左边的白色部分。页缺失会导致 CPU 通知操作系统的页缺失处理程序从硬盘中将丢失的页加载回物理内存。如果物理内存已经满了，操作系统还会按照一定的算法选择一部分物理内存页并移到硬盘来腾出空间。

既然可以自动移动物理内存和虚拟内存中的文件，那为什么不能指定物理内存和文件之间的映射呢，这就是内存映射文件的来历。内存映射文件允许程序像直接使用物理内存这样来处理文件。而且在很多时候，这种处理方式的性能要高于文件 I/O 处理。如代码清单 2-21 中的 MemMapDemo 方法，其使用内存映射技术将要打开的图片文件直接当作系统的虚拟内存处理，也就是说程序读取图片里的数据时，直接把图片当作一个已经加载到虚拟内存的字节类型的大数组。当访问这个大数组中的某个字节，也就是图片的某个像素时，虽然图片数据尚未加载到物理内存，但操作系统会自动触发内存页缺失机制，将映射到虚拟内存地址的相应图片数据从硬盘中加载到物理内存，并返给进程。整个过程对于进程是不可见的。进程所需要做的就是普通的内存寻址操作，因此极大地便利了程序读取数据。

代码清单 2-21　使用文件 I/O 和内存映射文件处理图片

```
// 源码位置：第 2 章 \MMapDemo\MMapDemo\Program.cs
// 使用 Visual Studio IDE 编译
01 static void FileIoDemo(string source, string destination)
02 {
03     var input = Image.Load(Path.GetFullPath(source));
04     for (var i = 0; i < input.Height; i += 50)
05     {
06         for (var j = 0; j < input.Width; ++j)
07             input[j, i] = Rgba32.White;
08     }
09     input.Save(Path.GetFullPath(destination));
10 }
11
12 static void MemMapDemo(string source, string destination)
13 {
14     File.Copy(source, destination, true);
15     var (offset, width, height) = ReadHeaders(source);
16     using (var mm = MemoryMappedFile.CreateFromFile(destination))
17     {
18         var whiteRow = new byte[width];
19         for (var i = 0; i < width; ++i) whiteRow[i] = 255;
20         using (var writer = mm.CreateViewAccessor(offset, width * height))
21         {
22             for (var i = 0; i < height; i += 50)
23             {
```

```
24                      writer.WriteArray(i * width, whiteRow, 0, whiteRow.Length);
25                  }
26              }
27          }
28  }
```

代码清单 2-21 演示了 .NET 中内存映射文件的用法以及与文件 I/O 处理的性能对比。为了演示方便，程序只能处理 bmp 格式的位图，这是因为 bmp 格式的图片相对来说好处理。

第 1 ~ 10 行采用文件 I/O 的方式处理图片，每隔 50 行像素就在图片上加一条白线。第 6 ~ 7 行的循环负责逐个对像素点赋值来添加白线。第 12 行的内存映射版本首先将源文件复制到目标文件，然后在第 16 行使用 MemeoryMappedFile 类型在目标文件上创建内存映射文件。由于创建白线需要知道图片的宽度和高度信息，因此第 15 行调用 ReadHeaders 方法读取位图的实际数据的开始位置 offset、宽度 width 和高度 height，并通过元组返回。第 20 行的 CreateViewAccessor 方法创建被映射文件的修改视图，最后在第 22 ~ 25 的循环里每隔 50 个像素点，将预定的白线像素数组 whiteRow 直接写入内存，进而持久化到目标文件中。

图 2-15 是两个版本的性能对比，使用文件 I/O 的版本耗时 0.298558s，而使用内存映射文件的版本虽然看上去代码多，但是运行速度相对来说快很多，只耗时 0.119186s。

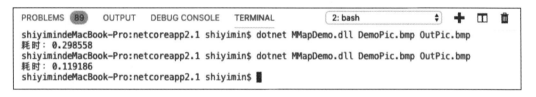

图 2-15　文件 I/O 和内存映射文件性能对比

与大部分技术类似，内存映射文件也是一把双刃剑。其优点如下。

1）对于编程来说，其避免了文件 I/O 流操作不停地从硬盘读取数据到内存，以及清空缓存等烦琐的代码。而且文件 I/O 的读写实际上使用的是 read() 和 write() 系统调用函数，每次系统调用都涉及从内核态到用户态来回切换，这种切换对性能的损耗很大。而内存映射文件只有在开始映射时用到系统调用函数。除了页缺失，读写内存映射文件不会用到系统调用函数。

2）当多个进程将相同的文件映射到内存时，文件的数据对多个进程都是可见的，因此一个进程写入数据，其他进程可以立即看到，这在多进程间通信非常有用，也是内存映射文件的另一个使用场景，如图 2-16 所示。

3）文件的读写仅仅是指针的操作，相对于 I/O 流的寻址操作来说，方便太多。

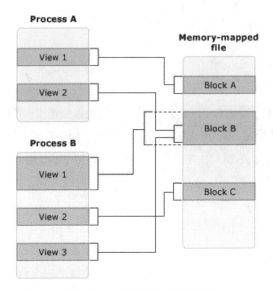

图 2-16　多进程间内存映射

内存映射文件缺点如下。

1）内存映射文件受地址空间的大小限制。因为其只能映射到用户态地址空间，所以操作系统的内存配置不能超过 2GB 或者 3GB。对于 64 位操作系统，建议读者先调研一下。

2）被映射文件的 I/O 错误，如硬盘被拔出或者硬盘已经写满，这些错误视操作系统不同需要不同的错误处理逻辑。

3）由于内存映射文件被操作系统当作内存处理，数据何时被操作系统实际写入文件系统严重依赖操作系统的内存管理程序。如果程序崩溃，不能保证数据被实际写入文件系统。

在实际编程中，如果对程序运行的硬件环境有把握的话，使用内存映射文件可以提高程序性能和编程效率，否则建议读者先调研清楚具体的使用场景再考虑内存映射文件的适用性。

2.4　编码国际化

前面在提到字符串编码时展示了一些不同文化下需要特殊对待的场景。今后越来越多的中国企业可能出海，因此我们不可避免地要考虑全球可用的编码场景。国际化不仅仅包含下面这些要求。

1）同一套代码适应全球所有书面语言。

2）使用 Unicode 编码存储和处理字符。

3）将用户界面上需要翻译的文字与代码分离，便于翻译人员翻译。

不同国家在技术、文化等方面的差异如下。

1）不同语言表达同一个概念的文字长度可能不同，例如中国汉族人的名字通常很短，在界面上可能只有三四个字符宽度，而俄罗斯、东欧国家人的名字很长，界面需要预留足够的空间或者考虑其他方案来处理这种情形。另外不同的书写习惯，如汉语是从左向右书写，而阿拉伯文等语言是从右向左书写。

2）不一样的数据和时间计量法，世界大部分区域使用公制，如米、千克等，而美国习惯英制，如英尺、磅等。在纪年方面，日本有按年号纪年的方式，如"平成 22 年 12 月 5 日"。

3）时间和数字的不同表示方法，"1/9/2019"在英国文化里表示 2019 年 9 月 1 日，在美国文化里表示 2019 年 1 月 9 日。如在美国使用句点"."作为小数分隔符，在德国则使用逗号","作为小数分隔符。

4）还有文化和政治上也有考量，例如软件要同时在有边界争议的国家销售，且要显示地图的话，则要慎重考虑对争议边界的处理。

5）键盘布局也存在不小的差异，除了国内常见的 QWERTY 键盘布局（见图 2-17）以外，还有很多其他键盘布局，如法语世界使用的 AZERTY 布局（见图 2-18）等。微软官网提供了世界上所知的键盘布局，有兴趣的读者可参阅：https://docs.microsoft.com/en-us/globalization/windows-keyboard-layouts。

即使操作系统对键盘布局的差异尽量做了隐藏，在一些场景中还是会有键盘布局导致软件不能使用的情况，例如在大多数浏览器的 JavaScript 程序中，同样是按键事件，用户在 QWERTY 键盘上按下 Q 键，event.code 返回的是 KeyQ，event.key 的值是 q。而在 AZERTY 键盘上按下 A 键，event.code 的值也是 KeyQ，event.key 的值却是 a。

图 2-17　QWERTY 键盘布局

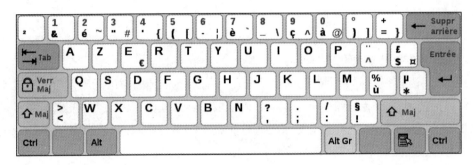

图 2-18　AZERTY 键盘布局

关于编码国际化和本地化内容，本书无法做到穷尽，有兴趣的读者可以参阅微软官网的系列文章：https://msdn.microsoft.com/zh-cn/goglobal/bb688110 和 https://docs.microsoft.com/en-us/globalization/。在 .NET 中，所有与区域性相关信息的类都定义在 System.Globalization 命名空间。最核心的类是 CultureInfo，它包括书写系统、日历、字符串排序规则、日期和数字的格式化设置等信息，是大部分国际化编程的入口类型。

❑ CultureInfo.CompareInfo 属性返回的是一个 CompareInfo 对象，包含比较和排列字符串的规则。

❑ CultureInfo.DateTimeFormat 属性返回的是一个 DateTimeFormatInfo 对象，包含格式化日期和时间的设置。

❑ CultureInfo.NumberFormat 属性返回的是一个 NumberFormatInfo 对象，包含格式化数字的设置。

❑ CultureInfo.TextInfo 属性返回的是一个 TextInfo 对象，包含区域设置的书写系统信息。

代码清单 2-22 演示了不同国家对日期的处理。可以看到，即使都是使用英语的国家，英国（文化代码：en-GB）和美国（文化代码：en-US）表达日期的习惯大相径庭。

代码清单 2-22　不同文化下对日期的表达方式

```
// 源码位置：第 2 章 \GlobalizationDemo.cs
// 编译命令：csc GlobalizationDemo.cs
01 var culture = CultureInfo.CreateSpecificCulture("en-GB");
02 var date = DateTime.Parse("1/9/2019", culture);
03 // 输出：2019 年 9 月 1 日  星期日
04 Console.WriteLine(date.ToLongDateString());
05 culture = CultureInfo.CreateSpecificCulture("en-US");
06 date = DateTime.Parse("1/9/2019", culture);
07 // 输出：2019 年 1 月 9 日  星期三
08 Console.WriteLine(date.ToLongDateString());
09 // 输出：1/9/19 12:00:00 AM
```

```
10 Console.WriteLine(date.ToString(culture));
11 // 输出: 1/9/19 12:00:00 AM
12 Console.WriteLine(date.ToString(culture.DateTimeFormat));
13 // 模式: yyyy'-'MM'-'dd'T'HH':'mm':'ss, 输出: 2019-01-09T00:00:00
14 Console.WriteLine(date.ToString(
15     culture.DateTimeFormat.SortableDateTimePattern));
16 // 模式: dddd, MMMM d, yyyy, 输出: 星期三, 一月 9, 2019
17 Console.WriteLine(date.ToString(culture.DateTimeFormat.LongDatePattern));
18 Console.WriteLine($" 进程的区域设置: {CultureInfo.CurrentCulture.Name}, " +
19     $"UI 界面的区域设置: {CultureInfo.CurrentUICulture.Name}");
```

代码清单 2-22 第 1 行演示了指定区域名创建 CultureInfo 的方法，这里创建的是英式英语的区域设置，GB 表示 Great Britain；第 3 行用 en-US 创建美式英语的区域设置。由于时间、数字这些表现形式都需要考虑文化差异，因此这些类型的 ToString 和 Parse 方法有一个接收 IFormatProvider 参数的重载。之所以是 IFormatProvider 接口，而不是 CultureInfo 类，是因为 CultureInfo、NumberFormatInfo 等类型都实现了 IFormatProvider 接口，所以可以混用。

程序启动后，自动从操作系统里获取当前的区域设置。CultureInfo.CurrentCulture 静态字段用来提供这种信息，以控制数字、时间、货币等的区域设置。CultureInfo. CurrentUICulture 字段用来控制 UI 界面的本地化和翻译方面的设置。在 Widnows 操作系统里，控制面板的区域和语言设置用来控制系统级别的文化区域设置，如图 2-19 所示。通过 Windows 系统的区域设置，我们可以了解程序本地化需要考虑的事项。

图 2-19　Windows 系统下的区域和语言设置

❑ 时间、日期的展现方式。

❑ 日历的差异，如中国的农历和阳历。

❑ 货币符号和金额的展现方式。

❑ 数字的展现方式。

❑ 地址和电话号码的展现方式。

❑ 度量衡系统，包括尺寸的差异。

❑ 字符串的对比和排序规则。

.NET 几乎为世界各个国家的区域设置实现了对应的 CultureInfo。通过代码清单 2-23，可以获取 .NET 中所有区域设置的信息。注意，第 3 行在遍历 .NET 支持的所有区域设置时，使用位操作将中性的区域设置忽略掉了。

代码清单 2-23　获取 .NET 中所有区域设置信息

```
01 // 获取 .NET 支持的所有区域以及名称
02 var cinfo = CultureInfo.GetCultures(
03     CultureTypes.AllCultures & ~CultureTypes.NeutralCultures);
04 foreach (var c in cinfo)
05     Console.WriteLine($"Name:{c.DisplayName},Code:{c.Name},LCID:{c.LCID}");
```

还有一些人造区域设置，例如为电影《星球大战》的克林贡语言、《阿凡达》的外星语言定制区域设置。要实现定制的 CultureInfo，我们也可以采用类似代码清单 2-24 的办法实现 IFormatProvider 接口。它只有一个 GetFormat 方法需要实现。代码清单 2-24 中的第 6 行和第 8 行分别使用 typeof 关键字判断调用方需要获取的区域设置，比如时间设置、数字设置等，并根据判断结果返回适合该文化的区域设置。

代码清单 2-24　定制 CultureInfo

```
// 源码位置：第 2 章 \GlobalizationDemo.cs
// 编译命令：csc GlobalizationDemo.cs
01 class DemoCultureInfo : IFormatProvider
02 {
03     public Object GetFormat(Type formatType)
04     {
05         Console.WriteLine($"Type: {formatType}");
06         if (formatType == typeof(NumberFormatInfo))
07             return NumberFormatInfo.CurrentInfo;
08         else if (formatType == typeof(DateTimeFormatInfo))
09             return DateTimeFormatInfo.CurrentInfo;
10         else
11             return null;
12     }
13 }
```

```
14
15 date = DateTime.Now;
16 // 演示 IFormatProvider 的实现
17 str = date.ToString(new DemoCultureInfo());
18 Console.WriteLine(str);
```

既然有很多信息因区域而异，在跨区域保存和传输这些信息时，我们就不应该依赖程序当前运行环境的区域设置，这是一种很常见的编程错误。对于日期和时间处理，我们可以参考下列几种做法。

1）将日期和时间使用二进制格式保存，如保存在 DateTime.Ticks 字段中。

2）使用 CultureInfo.InvariantCulture 或者自定义的格式字符串获取日期的字符串展现方式，并使用它从字符串中解析日期。

3）如果日期字符串要在不同时区的进程上处理，建议先将日期转化成 UTC 日期，再使用 UniversalSortableDateTimePattern 和 RFC1123Pattern 来格式化和解析日期字符串。

代码清单 2-25 演示了这几种做法的编码方式，如第 2 ~ 3 行先将日期转换成 UTC 日期，再使用 UniversalSortableDateTimePattern 保存，这样即使使用其他区域设置还是可以正确地还原日期数据。第 12 行演示 InvariantCulture 的格式化和解析方法。它的缺点是只能处理固定格式的区域设置，如果采用其他区域设置解析，只能看运气，如第 19 行被注释的代码。第 22 行是以二进制格式保存时间和日期。这种方式实现方式最简单，但由于是二进制格式，需要传输数据的两端进程都事先约定好通信协议。对于同一个组织来说，二进制格式比较方便，但对于跨组织来说，由于沟通和文档传输难度大，字符串格式的数据容易理解。

代码清单 2-25　在多区域设置间传输日期数据的方法

```
// 源码位置：第 2 章 \GlobalizationDemo.cs
// 编译命令：csc GlobalizationDemo.cs
01 date = DateTime.Now;
02 var str = date.ToUniversalTime().ToString(
03   CultureInfo.CurrentCulture.DateTimeFormat.UniversalSortableDateTimePattern);
04 Console.WriteLine(str);
05 var parsed = DateTime.Parse(str, new CultureInfo("en-US"));
06 Console.WriteLine($"1. {date} == {parsed}");
07 parsed = DateTime.Parse(str, CultureInfo.CreateSpecificCulture("en-GB"));
08 Console.WriteLine($"2. {date} == {parsed}");
09 parsed = DateTime.Parse(str, CultureInfo.CreateSpecificCulture("zh-CN"));
10 Console.WriteLine($"3. {date} == {parsed}");
11
12 str = date.ToString(CultureInfo.InvariantCulture);
```

```
13 parsed = DateTime.Parse(str, CultureInfo.InvariantCulture);
14 Console.WriteLine($"4. {date} == {parsed}");
15 // 下面的代码可以解析，是因为 zh-CN 刚好和 InvariantCulture 兼容
16 parsed = DateTime.Parse(str, CultureInfo.CreateSpecificCulture("zh-CN"));
17 Console.WriteLine($"5. {date} == {parsed}");
18 // 下面的代码会报告解析异常，是因为 en-GB 刚好与 InvariantCulture 不一致
19 // parsed = DateTime.Parse(str, CultureInfo.CreateSpecificCulture("en-GB"));
20
21 // 使用二进制格式保存时间和日期
22 var ticks = date.Ticks;
23 parsed = new DateTime(ticks);
24 Console.WriteLine($"6. {date} == {parsed}");
```

2.5　时间和日期

　　一般操作系统是通过数字来处理时间的，这个数字在有的系统上是整数，在有的系统上是浮点数。除此之外，数字 0 代表的时间也有不同定义，再加上时区的差异，加大了时间处理的复杂度。在编程中，我们可能会遇到的时间如表 2-7 所示。

表 2-7　编程常见的时间格式

时间类型	适用操作系统	说明
.NET DateTime	Windows	.NET 框架采用的标准，从公历公元 1 年 1 月 1 日零时开始计时，可以表示到公元 9999 年 12 月 31 日 23 点 59 分 59 秒，采用 64 位长整数存储
UNIX 时间戳（Timestamp）	UNIX 类系统	在 UNIX、Linux 和 macOS 等操作系统上比较流行，用来跟踪从 1970 年 1 月 1 日零时（UTC 时间）到目前流逝的秒数，这种时间格式不考虑闰秒（Leap Second）的情况。每一天都按 86400 秒处理。由于其采用 32 位存储，因此 UTC 时间在 2038 年 1 月 19 日 3 时 14 分 8 秒后就截止了，导致出现类似千年虫的 2038 年虫问题
OLE 自动化时间	Windows	可以说是 .NET 前身的 COM 和 OLE 自动化（OLE Automation）框架内采用的时间标准。微软 Office、VBA 等技术大量依赖这个框架，从 1899 年 12 月 30 日零时开始计时，使用双精度浮点数类型记录距开始时间的天数
文件时间（File Time）	Windows	NTFS 文件系统用来存储文件创建、修改等时间，从 1601 年 1 月 1 日零点开始，采用 UTC 计时

　　代码清单 2-26 演示了在 .NET 时间与各种时间格式转换的方法。其中 Windows 系统为 .NET 的 DateTime 类型提供了原生函数转换，但与 UNIX 时间戳的转换需要做一些额外处理，第 8 行的 To/FromUnixTimestamp 两个函数演示了两者互换的方法。

代码清单 2-26 .NET 时间与各种时间格式的转换方法

```
// 源码位置: 第 2 章 \DateTimeDemo.cs
// 编译命令: csc DateTimeDemo.cs
01 static void Main()
02 {
03     var date = new DateTime(2019, 1, 20, 17, 18, 20);
04     Console.WriteLine($"ticks: {date.Ticks}, oadate: {date.ToOADate()}," +
05         $" unix: {ToUnixTimestamp(date)}, file: {date.ToFileTime()}");
06 }
07
08 static double ToUnixTimestamp(DateTime value)
09 {
10     value = value.ToUniversalTime();
11     return value.Subtract(new DateTime(1970, 1, 1)).TotalSeconds;
12 }
13
14 public static DateTime FromUnixTimestamp(double value)
15 {
16     var date = new DateTime(1970, 1, 1);
17     var utc = date.AddSeconds(value);
18     return utc.ToLocalTime();
19 }
```

有兴趣的读者可以在 Excel 里查看 OLE 自动化时间转换，如图 2-20 所示。读者可以访问网址 https://www.epochconverter.com/ 核对 UNIX 时间戳。

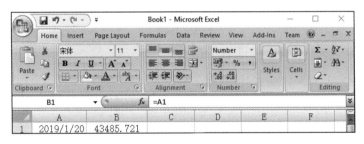

图 2-20 在 Excel 里查看 OLE 自动化时间转换

由于时区的存在，同一时刻各地的时间是不一样的。除此之外，很多国家有夏令时（Daylight Saving）。设计夏令时的目的是尽可能地多利用白天的时间。具体操作是在春夏的某一天将时间往前拨 1 小时，而在秋天的某一个时刻又把时间拨回来，这样原来冬天的 9 点上班时间到了夏天的时候，虽然电子表系统都显示 9 点，但实际上是 8 点。对于夏令时的调整，有的国家是在固定的某一天调整，而更多的国家是规定某月的第几周的星期几开始调整，如规定三月的第三个周日开始调整。TimeZoneInfo 类型就是用来处理时间调整细节的。为了消除时区和夏令时的差异给跨区域使用时间带来的混乱，人们定义了 UTC（Universal Coordinated Time，世界协调时间）。在跨时区传输时间时，建议将时间转换成 UTC 时间传输，在另外一台机器上接收到之后再转换成本地时间。

　　TimeZoneInfo 类型的静态方法 GetSystemTimeZones 可以获取 .NET 支持的所有时区信息，如代码清单 2-27 第 2 ~ 3 行的循环。使用时区名称初始化 TimeZoneInfo 实例，如第 6 行和第 7 行分别初始化北京时间和太平洋时间，后者是微软总部西雅图所在的时区。第 9 ~ 10 行将本地时间转换成 UTC 时间，再分别用北京时间和太平洋时间解析。可以看到，太平洋时间（2019/1/24 8:00:00）比北京时间（2019/1/25 0:00:00）晚 16 个小时。而第 16 行的时间是夏天的时间，转换后可以看到太平洋时间是 2019/6/24 9:00:00，这是因为美国采用夏令时制度，所以时间有 1 个小时的调整。这里也可以看到各个国家对时间的处理是不一样的。中国一般只用一个时区——北京时间，美国习惯上分时区，这意味着在设计手机移动应用时，当用户坐飞机从北京到新疆伊犁，移动应用不需要调整时间，但用户从美国西雅图飞到纽约的话，移动应用就应该根据用户位置动态调整时间了。

代码清单 2-27　时区 TimeZoneInfo 使用示例

```
// 源码位置：第 2 章 \DateTimeDemo.cs
// 编译命令：csc DateTimeDemo.cs

01 // 获取所有的时区信息
02 foreach (var z in TimeZoneInfo.GetSystemTimeZones())
03     Console.WriteLine($"{z.Id}: {z.DisplayName}");
04
05 // 北京时间
06 TimeZoneInfo bjtz = TimeZoneInfo.FindSystemTimeZoneById("China Standard Time");
07 // 微软总部西雅图时间
08 TimeZoneInfo mstz=TimeZoneInfo.FindSystemTimeZoneById("Pacific Standard Time");
09 // var date = DateTime.UtcNow;
10 date = new DateTime(2019, 1, 25).ToUniversalTime();
11 var bjtime = TimeZoneInfo.ConvertTimeFromUtc(date, bjtz);
12 Console.WriteLine($" 北京时间: {bjtime}");
13 var mstime = TimeZoneInfo.ConvertTimeFromUtc(date, mstz);
14 Console.WriteLine($" 微软时间: {mstime}");
15
16 date = new DateTime(2019, 6, 25).ToUniversalTime();
17 bjtime = TimeZoneInfo.ConvertTimeFromUtc(date, bjtz);
18 Console.WriteLine($" 北京时间: {bjtime}");
19 mstime = TimeZoneInfo.ConvertTimeFromUtc(date, mstz);
20 Console.WriteLine($" 微软时间: {mstime}");
```

　　除了时区差异，世界各地（主要是亚洲）使用的日历也是有差异的，如中国分农历和公历，公历也就是世界上常用的格力高历。在 .NET 中，GregorianCalendar 类是公历，而农历是 ChineseLunisolarCalendar。代码清单 2-28 演示了农历的用法，如 2019 年春节是

2 月 5 日，公历的月份是 2 月，但是农历获取的月份则是 1 月。第 19 ～ 21 行演示了根据时间获取干支纪年的方法。

代码清单 2-28　日历的用法

```
01 // 天干
02 enum CelestialStem
03 {
04     甲 = 1，乙，丙，丁，戊，
05     己，庚，辛，壬，癸
06 }
07
08 // 地支
09 enum TerrestrialBranch
10 {
11     子 = 1，丑，寅，卯，辰，巳，
12     午，未，申，酉，戌，亥
13 }
14
15 date = new DateTime(2019, 2, 5);
16 var 公历 = new GregorianCalendar();
17 var 农历 = new ChineseLunisolarCalendar();
18
19 var 干支 = 农历 .GetSexagenaryYear(date);
20 var 天干 = (CelestialStem) 农历 .GetCelestialStem( 干支 );
21 var 地支 = (TerrestrialBranch) 农历 .GetTerrestrialBranch( 干支 );
22 Console.WriteLine(
23     $" 公历:{ 公历 .GetMonth(date)}，农历:{ 农历 .GetMonth(date)}" +
24     $", 干支:{ 天干 }{ 地支 }");
```

2.6　本章小结

本章只是针对 .NET 编程中常用的类库进行了介绍，更深入完整的类库说明需要读者自行阅读微软的 .NET 官方文档，如正则表达式一节。.NET 官网有非常详尽的说明，笔者只是将里面最常用以及容易让人混淆的概念进行了说明，有兴趣的读者可以继续参阅文档：https://docs.microsoft.com/en-us/dotnet/standard/base-types/regular-expressions。微软的文档也经过一次大的调整。.NET 相关的文档都整理到网站：https://docs.microsoft.com/en-us/dotnet/standard/，里面有大量的微软员工自身的编程经验，是读者学习 .NET 非常好的资料来源。

第**3**章

C# 面向对象编程

面向对象编程可以说是目前的主流编程模式，C# 也不例外，是支持面向对象编程的。C# 强制要求所有类型都必须继承自 System.Object，支持如继承、接口、访问修饰符等面向对象编程范式的元素。本章我们先讨论面向对象编程的一些实际应用，然后探讨目前流行的控制反转和依赖注入编程模式，最后讨论比面向对象更进一步的组件化编程思路。

本书后续的章节会使用到很多 .NET 框架的类型和方法。.NET 框架是一个非常庞大的类库，涵盖很多种编程应用场景，笔者不可能在一本书里将框架所有的类型和方法都讲完整。万幸的是，微软是一个非常注重文档的公司。本书里有些类型和方法如果笔者说明不清或者没有说明，烦请读者自行在 .NET 框架的 API 文档浏览器参阅 https://docs.microsoft.com/en-us/dotnet/api/?view=netframework-4.8。该链接是笔者写作时最新发布的 .NET Framework 4.8 的文档，在该链接的上层目录也可以查找 .NET Core 等其他框架的文档。

3.1　面向对象

C 语言是一种机器友好的编程语言。运行 C 语言程序时，系统从主方法 Main 开始依次按编译好的指令执行。如果 Main 方法调用了新方法，则跳到新方法继续执行，直到碰到退出执行的指令终止进程。当方法之间需要共享数据时，可以通过方法的参数传递。如果需要传递的数据过多，或者说需要共享数据的两个方法不是直接调用的关系，一般采用全局变量的方法来共享。使用全局变量共享数据的问题是，随着开发团队的扩大，每个人负责一部分模块，多个模块之间读写全局变量时很有可能因为团队沟通不对称，特别是人员流失时，有的开发人员在某个模块里修改了全局变量的值，但这个信息并没有同步给团队其他成员，结果在运行时发生全局变量被莫名其妙修改的情况。这种在运行时发生全局变量被未知模块修改的情况，是一个非常难调试和跟踪的 bug。面向对象编程最重要的一个概念就是封装，其核心就是对象。对象将数据封装成字段（Field），将指令封装成方法（Method）。封装的作用是将数据的读写都限制在由对象定义的方法中，从根源上杜绝数据被外部模块修改的问题。在面向对象编程中，模块的数据和方法都是有访问权限的，即模块可以决定哪些数据只能由对象自己读写，哪些数据可以给外部模块访问，但是只能由对象来修改数据等，这些都是通过访问修饰符等关键字（Access Modifier）实现的。

从本章开始，笔者将使用一个区块链策略交易程序逐步演示 C# 编程中的各个概念。在本书写作时，几家头部交易所如火币、okex 等提供了 API 接口，以便于程序化交易。示例程序以火币和 okex 两家交易所为例演示面向对象编程的概念。

> 注意：由于数字货币市场是 24×7 全天候不间断交易，且没有涨停板限制，交易量的波动非常剧烈。在本书写作时，大多数字货币没有盈利逻辑，其暴涨暴跌主要是"庄家"（发币的项目方）通过内幕消息以及市场操纵来控制币价，实现"庄家"违规赢取暴利的目的，所以国内出于保护投资人资金安全的考虑，限制了数字货币交易所网站的网络访问。本书虽然以数字货币市场作为编程案例，但笔者强烈反对读者投入自己的资金去参与所谓数字货币"一夜暴富"的投资。

3.1.1　RESTful 编程

现代大部分程序依然遵循客户端/服务器端的架构，即客户端负责人机交互、接收用户发出的指令以及向用户展现指令执行的结果，而实际的指令由客户端通过网络传输给服务器端来执行。虽然有很多种网络传输协议，如 TCP、HTTP 甚至是 FTP，也有很多种数据传输格式，如 XML、JSON 甚至是二进制格式，然而由于越来越多样化的智能电子设备的涌现，目前主流的客户端到服务器端的接口编程采用的是 HTTP+ JSON 的 RESTful 协议，以及基于 TCP + JSON 的 WebSocket 协议。一般交易所都提供了 RESTful

和 WebSocket 两种通信方式的编程接口，这些编程接口分为公开接口以及需鉴权接口。在 RESTful 协议中，服务器对外的 API 接口以普通的 WebURL 形式呈现，而 HTTP 中所支持的 POST、DELETE、PUT 和 GET 访问方法分别对应增、删、改和查操作，而且调用 API 接口所需的参数以 URL 参数的形式传递。如果接口的形式是 POST 方法的话，参数也可以放在 HTTP 消息里。如果接口的请求方式是 GET 方法，可以在浏览器中直接调用。我们以火币的获取历史 K 线接口为例看接口的访问方式，文档地址：https://huobiapi.github.io/docs/spot/v1/cn/。图 3-1 是历史 K 线接口的官方说明文档，可以看到接口的访问方式是 GET 方法，URL 是 /market/history/kline，有 3 个调用参数：symbol、period 和 size。其中前两个参数是必需的，第 1 个参数是指币币交易对，如 btcusdt 值表明使用数字货币 USDT 兑换数字货币 BTC。在本章后面将会看到不同交易所命名交易对的格式是不同的。第二个参数 period 是返回数据的时间粒度，如 1 分钟、5 分钟、1 天等。第三个参数 size 是返回 K 线数据的条数。

图 3-1   数字交易所火币网的历史 K 线数据

火币 API 的基地址是 https://api.huobi.pro，所有接口需要加上这个前缀。在浏览器中访问如下网址就可以直接拿到最近 200 天的 K 线历史数据，并以 JSON 格式返回：https://api.huobi.pro/market/history/kline?period=1day&size=200&symbol=btcusdt。支持 RESTful 协议的接口一般将计算结果使用 JSON 格式返回。JSON 格式相对 XML 格式来说更容易阅读，而且编程语言特别是 JavaScript 这样的动态语言可以直接将 JSON 格式转换成对象实例，方便人类和机器理解。图 3-2 是在浏览器中访问火币历史 K 线数据接口的结果。

图 3-2　在浏览器中访问火币历史 K 线数据接口的结果

接口的基本方法在浏览器通过后，接下来使用代码获取 K 线历史数据。由于历史版本的问题，.NET 框架提供了几个访问 Web 网络的客户端类型：HttpWebRequest、WebClient 和 HttpClient。其中，HttpWebRequest 是 .NET 1.1 版本就提供的类型。其功能非常强大，允许程序员控制 HTTP 访问过程，而且支持异步访问，即在下载大文件时不会影响主线程的工作，但是随之而来的就是略微烦琐的编程过程。而 WebClient 在易用性方面提高了不少，但是牺牲了不少性能，例如其是阻塞式访问网络。HttpClient 是 .NET 4.5 版本之后提供的，最大的特点是对并行访问的支持较好，而且支持后面章节要讨论的并行编程中的 await 关键字。

代码清单 3-1 里使用 WebClient 类型来访问 Web 网络并调用火币的 RESTful 接口，便于我们先把精力集中在面向对象封装这个概念上，再慢慢优化。可以预见，后续我们会对接不同的交易所，因此要把每个交易所当作单独的类型，并将其编程接口通过类型的方法对外暴露。第 4 行定义了名为 Huobi 的类型，以便封装其 API。而每个接口由其 URL 路径命名，如第 7 行的 MarketHistoryKline 方法，以便于程序员快速查找火币文档说明。方法的参数直接对应 API 的说明，便于理解和使用。由于所有接口调用都需要用到基地址，所以在第 6 行定义了一个常量 API_BASE 来保存这个值，便于后面更换基地址。但对于使用 Huobi 类型的程序员来说，其并不用关心这个基地址的值。因此，常量的访问修饰符是 private，表明只有类型内部的成员才能访问和使用它，而定义为常量则表明即使是内部成员也不能修改 API_BASE 的值，以防后续有人恶意修改，造成不必要的麻烦。第 10 行初始化 WebClient 对象，第 11 行根据传入的参数拼接 API 访问的 URL，第 14 行通过 HTTP 的 GET 方法调用并将服务器响应的文本结果返给调用端。HTTP 访问需要打开网络端口，而网络端口是系统紧缺资源，并且不属于 .NET 管理，属于非托管资源范围，因此 WebClient 实现了 IDisposable 接口，让使用者显式释放资源。第 10 行的 using 代码块限定了 WebClient 对象的使用范围。当代码指令执行完 using 代码块之后，第 14 行的 return 语句同样会退出 using 代码块，自动释放占用的网络资源。由于 MarketHistoryKline 不需要读写任何实例变量，因此将其定义为静态方法，在第 20 行传入参数后就可以直接调用火币的接口执行后续的操作。

代码清单 3-1　使用 WebClient 访问火币历史 K 线行情 API

```
// 源码位置: 第 3 章 \HuobiSimpleDemo.cs
// 编译命令: csc /debug HuobiSimpleDemo.cs
01 using System;
02 using System.Net;
03
04 public class Huobi
05 {
06     private const string API_BASE = "https://api.huobi.pro";
07     public static string MarketHistoryKline(
08         string symbol, string period, int size)
09     {
10         using (var client = new WebClient())
11         {
12             var url = $"{API_BASE}/market/history/kline?" +
13                     $"symbol={symbol}&period={period}&size={size}";
14             return client.DownloadString(url);
15         }
16     }
17
18     static void Main(string[] args)
19     {
20         var json = Huobi.MarketHistoryKline("btcusdt", "1day", 20);
21         Console.WriteLine(json);
22     }
23 }
```

在代码清单 3-1 得到服务器端响应的字符串格式的 JSON 数据后，我们需将其反序列化成对象实例，以便程序处理。笔者使用 NewtonSoft.JSON 组件包来执行这个操作，并尝试在 .NET Core 框架里使用 csc 命令引用这个包直接编译，但比较烦琐，需要将代码清单 3-1 转换成一个 .NET Core 的命令行工程。

1）在命令行中创建包含工程的文件夹：

```
mkdirtraderbot
```

2）进入刚刚新建的文件夹：

```
cd traderbot
```

3）使用 dotnet 的 new 子命令根据命令行工程模板创建一个新工程：

```
dotnet new console
```

4）使用 dotnet 的 addpackage 子命令在工程里添加 Newtonsoft.Json 依赖：

```
dotnet add package Newtonsoft.Json
```

创建工程后，C# 类型与官方文档返回的 JSON 格式对应，如表 3-1 所示。可以看到，C# 类型的字段名与 JSON 格式的字段名是一一对应的，而 C# 字段的类型，特别是数字类型的字段则由程序员自己判定。C# 字段的类型分别定义为 long、decimal 和 int 型。在进行 C# 类型映射时，一方面根据官方文档的字段说明来定义类型，如果官方文档说明不全的话，则程序员根据经验来判断，如 id 字段表示的是历史 K 线数据的标识号，而 K 线数据的粒度可以细化到分钟级，因此将其定义为 long 型。count 字段只是表明单个 K 线数据里有多少笔交易，这个值超过整型表示范围的概率极低，因此将其定义为 int 型。最后 K 线里的交易数据如开盘价、收盘价都需要高精度展示，不能有任何误差，因此将它们的类型定义为 decimal 型。

表 3-1　在 C# 中创建与 JSON 格式对应的类型

JSON 格式	C# 类型
```[{ "id": 1499184000, "amount": 37593.0266, "count": 0, "open": 1935.2000, "close": 1879.0000, "low": 1856.0000, "high": 1940.0000, "vol": 71031537.97866500 }]```	```publicclassMarketHistoryKlineResponse{publiclong id { get; set; }publicdecimal amount { get; set; }publicint count { get; set; }publicdecimal open { get; set; }publicdecimal close { get; set; }publicdecimal low { get; set; }publicdecimal high { get; set; }publicdecimal vol { get; set;}}```

火币文档里的每个接口说明接口具体返回的数据，一个通用的返回格式表明是否成功调用接口，即调用成功的话则返回接口的具体响应数据，调用失败的话则说明失败原因。HTTP 里有不同的状态码来表示响应方式，具体如下。

❑ 200 开始的状态码表示成功响应，最常用的就是 200 这个状态码。

❑ 400 开始的状态码表示服务器的资源问题，如 404 表示资源不存在，401 表示没有访问资源的权限。

❏ 500 开始的状态码表示服务器内部有错误，最常用的 500 状态码表示服务器内部异常无法提供服务。

有的程序员在设计 RESTful 接口时喜欢用这些状态码来返回 API 的响应情况。在这里，笔者不推荐这么做，而是采用火币 API 接口的这种设计方式，如代码清单 3-2 所示。这是因为虽然用 HTTP 里的状态码返回 API 的响应看起来符合 HTTP 标准，但是在负载均衡的场景里，当负载均衡服务器收到的上游接口服务器返回的状态码不是表示成功响应时，如返回的是 500 状态码，那么负载均衡服务器会认为在一段时间内这个服务器不可用。因为 500 状态码表示服务器内部有异常，从而在后续一段时间里不会将流量分布在其认为不可用的服务器上，影响负载均衡的效率。如果像代码清单 3-2 这样设计，当异常是接口代码故意抛出时，例如执行参数异常检查时，在响应返回前由接口代码捕捉到异常，说明是 RESTful 接口服务器内部能够处理的异常，可以通过 status 字段将异常信息返回，以便客户端修改调用的参数。由于返回的响应数据有很多种格式，因此将 data 字段的类型设置为泛型，即 Response 类型是一个泛型类。

代码清单 3-2　火币 RESTful 接口的通用返回格式

```
01 private class Response<T>
02 {
03     public string status { get; set; }
04
05     public string ch { get; set; }
06
07     public long ts { get; set; }
08
09     public T data { get; set; }
10 }
```

接口返回的数据类型设计好之后，接下来代码清单 3-3 在第 8 行反序列化接口响应 JSON 字符串。注意，类型是 Response<MarketHistoryKlineResponse[]>，Response 是火币服务器返给客户端的状态信息。对于调用 MarketHistoryKline 方法的客户端来说，其可以隐藏这些细节，因此第 8 ~9 行执行反序列化之后，在第 10 行根据响应数据的状态值来决定返回的数据。反序列化 JSON 的方法是一种常用的方法。第 17 行的 FromJson 方法设计成泛型方法。

代码清单 3-3　反序列化 RESTful 接口返回的 JSON

```
01 public static MarketHistoryKlineResponse[] MarketHistoryKline(
02     string symbol, string period, int size)
03 {
04     using (var client = new WebClient())
```

```
05      {
06          var url = $"{API_BASE}/market/history/kline?" +
07                  $"symbol={symbol}&period={period}&size={size}";
08          var response = FromJson<Response<MarketHistoryKlineResponse[]>>(
09              client.DownloadString(url));
10          if (string.CompareOrdinal("ok", response.status) == 0)
11              return response.data;
12          else
13              return null;
14      }
15  }
16
17  public static T FromJson<T>(string json)
18  {
19      if (!string.IsNullOrEmpty(json))
20      {
21          var item = JsonConvert.DeserializeObject<T>(json);
22          return item;
23      }
24      else
25      {
26          return default(T);
27      }
28  }
```

代码清单 3-3 演示了面向对象的最基本的封装理念：数据封装和实现封装。类似 API_BASE 这样不希望客户端读写的数据，使用访问修饰符限制外部的访问方式；类似 Response 的类型，使用对应方法对其实现进行封装，只返回客户端感兴趣的数据。笔者甚至将 Response 作为嵌套类型定义在 Huobi 类型中，并使用 private 访问修饰符对外部隐藏其存在，如图 3-3 所示。

```
 9      public class Huobi
10      {
11          private static string API_BASE = "https://api.huobi.pro";
12
13          private class Response<T>
14          {
15              public string status { get; set; }
16
17              public string ch { get; set; }
18
19              public long ts { get; set; }
20
21              public T data { get; set; }
22          }
```

图 3-3　Response 作为嵌套类型定义在 Huobi 类型中

3.1.2 WebSocket 编程

RESTful 接口依然遵循的是 HTTP 中客户端请求 / 服务器响应的范式，但随着 Web 的蓬勃发展，出现了很多需要服务器主动向客户端推送数据的场景。最典型的就是在线聊天应用——服务器需要将好友的聊天消息推送到用户的 Web 聊天界面。WebSocket 协议出现之前有几种可行方案，其中一种最流行的方案是长轮询（Long Polling），即客户端不断地定时向服务器发请求询问是否有最新的数据，但这样做的缺点是每次请求都是完整的 HTTP 请求消息，浏览器会将 HTTP 消息头、Cookie 等数据同时附在请求消息数据包里，这样不可避免地加重了服务器的处理负担。为了解决客户端和服务器之间的双重实时通信，WebSocket 协议应运而生。其工作过程是一开始由客户端向服务器发送一个正常的 HTTP 请求消息，在消息里包含一个 Upgrade 头来表示客户端希望建立一个 WebSocket 链接。如代码清单 3-4，这里请求 URL 使用的是 ws 协议（类似 HTTP）。WebSocket 里也有一个类似 HTTPS 的安全 WebSocket 链接协议：wss。如果服务器支持 WebSocket 协议，会返回一个包含 Upgrade 头的响应消息，这就是 WebSocket 连接的握手过程。之后客户端和服务器间的 HTTP 连接就会被替换，改成直接使用底层的 TCP/IP 连接，这样双方就可以互传数据，省掉 HTTP 中消息头的开销。

代码清单 3-4　建立 WebSocket 连接的初始请求

```
GET ws://websocket.sample.com/ HTTP/1.1
Origin: http://sample.com
Connection: Upgrade
Host: websocket.sample.com
Upgrade: websocket
```

交易所撮合下单的过程往往是异步的，即用户 A 下达的卖单或买单，只有在另一个用户 B 下达匹配的买单或卖单才能撮合成交。撮合的结果就是当前最新的行情，很多交易机器人都通过最新的行情来决定下达的买卖指令，这是 WebSocket 非常适合的使用场景。而且这种编程模式也是常用的订阅者数据处理模式，即客户端向服务器订阅一些感兴趣的数据类型——主题（Topic）。当服务器有符合主题的新数据产生时，自动向订阅了该主题的所有订阅者推送新数据，因此很多交易所的交易 API 也提供了 WebSocket 的交易接口。火币交易所的 WebSocket 接口地址是 wss://api.huobi.pro/ws，即使用的是 WebSocket 传输协议。通过这个接口，客户端可以获取最新的行情、认证用户的账户余额和订单成交情况等信息。

代码清单 3-5 演示了采用 WebSocket 技术处理前后台通信。WebSocket 技术支持前后台双向通信，代码清单 3-5 只演示了后台主动向前台推送数据后前台的处理方法。在

WebSocket 技术中，后台向前台推送的消息都关联有主题。一旦有消息从后台被推送到前台，WebSocket 会触发前台的一个消息处理函数，类似 C# 的事件处理机制。在这个回调方法里，前台提取消息里的主题，并根据主题来区分处理消息。

代码清单 3-5　访问火币的 WebSocket 获取行情接口

```
01 public class HuobiWs
02 {
03     private static WebSocket websocket;
04     private static Dictionary<string, string> topicDic =
05         new Dictionary<string, string>();
06     private static bool isOpened = false;
07     private const string HUOBI_WEBSOCKET_API = "wss://api.huobi.pro/ws";
08     #region   市场信息常量
09     public const string MARKET_KLINE = "market.{0}.kline.{1}";
10     public const string MARKET_DEPTH = "market.{0}.depth.{1}";
11     public const string MARKET_TRADE_DETAIL = "market.{0}.trade.detail";
12     public const string MARKET_DETAIL = "market.{0}.detail";
13     #endregion
14     public static event EventHandler<MessageReceivedEventArgs> OnMessage;
15
16     public static bool Init()
17     {
18         websocket = new WebSocket(HUOBI_WEBSOCKET_API);
19         websocket.Security.EnabledSslProtocols = SslProtocols.Tls12;
20         websocket.Opened += OnOpened;
21         websocket.DataReceived += ReceivedMsg;
22         websocket.Error += OnError;
23         websocket.Open();
24         return true;
25     }
26
27     private static void OnError(object sender, EventArgs e)
28     {
29         Console.WriteLine("Error:" + e.ToString());
30     }
31
32     public static void OnOpened(object sender, EventArgs e)
33     {
34         Console.WriteLine($"OnOpened Topics Count:{topicDic.Count}");
35         isOpened = true;
36         foreach (var item in topicDic)
37             SendSubscribeTopic(item.Value);
38     }
39
40     public static void ReceivedMsg(object sender, DataReceivedEventArgs args)
41     {
```

```
42              var msg = GZipHelper.GZipDecompressString(args.Data);
43              if (msg.IndexOf("ping") != -1) // 响应心跳包
44              {
45                  var reponseData = msg.Replace("ping", "pong");
46                  websocket.Send(reponseData);
47              }
48              else// 接收消息
49              {
50                  OnMessage?.Invoke(
51                      null, new MessageReceivedEventArgs() { Message = msg });
52              }
53          }
54
55          public static void Subscribe(string topic, string id)
56          {
57              if (topicDic.ContainsKey(topic))
58                  return;
59              var msg = $"{{\"sub\":\"{topic}\",\"id\":\"{id}\"}}";
60              topicDic.Add(topic, msg);
61              if (isOpened)
62                  SendSubscribeTopic(msg);
63          }
64
65          public static void UnSubscribe(string topic, string id)
66          {
67              if (!topicDic.ContainsKey(topic) || !isOpened)
68                  return;
69              var msg = $"{{\"unsub\":\"{topic}\",\"id\":\"{id}\"}}";
70              topicDic.Remove(topic);
71              SendSubscribeTopic(msg);
72              Console.WriteLine($"UnSubscribed {topic}");
73          }
74
75          private static void SendSubscribeTopic(string msg)
76          {
77              websocket.Send(msg);
78              Console.WriteLine(msg);
79          }
80
81          public class MessageReceivedEventArgs : EventArgs
82          {
83              public string Message { get; set; }
84          }
85  }
```

代码清单3-5使用WebSocket接口获取最新行情，第24行的Init方法使用WebSocket4Net类库中的WebSocket类型来创建连接，而不是采用.NET框架自带的

WebSocket 类型。第 18 行先通过火币接口创建对象实例，接着在第 19 ～ 22 行创建握手连接之前执行必要的配置，如采用 Tls12 加密协议，第 20 ～ 22 行分别设置好连接打开时、有数据从服务器推送时和出错时的事件处理程序，最后在第 23 行打开握手连接，如果有任何异常情况，直接将异常抛出并报告给上层的调用者，由其根据异常的类型来执行必要的处理。如果握手过程按代码清单 3-4 描述的方式成功执行，则会触发 Opened 事件，继而调用第 32 行定义的 OnOpened 事件处理程序。在 WebSocket 握手成功之前是不能发送订阅请求的，即使发送了也会由于连接还未建立导致订阅请求丢失，因此第 4 行定义了字典对象 topicDic，以便缓存在连接建立前客户端程序发送的订阅主题中。第 36 行在连接建立后采用循环的方式一次性向服务器订阅。

当服务器有新数据推送过来时，触发第 40 行的 ReceivedMsg 方法处理。由于火币服务器从性能的角度考虑，推送的数据是压缩格式，所以第 42 行先将数据解压缩。解压缩使用 3.3.2 节讨论的流式处理，有兴趣的读者可以参考示例代码学习。网络环境不一定是完全稳定的，服务器需要知道与客户端建立的连接是否仍然存在，这一般可通过所谓的"心跳"消息来确认双方的连接。流程是服务器定时向连接的一方发送一个 ping 消息，当对方收到这个消息后回复 pong 消息确认连接，与乒乓球的玩法类似，这也是 ping、pong 消息的来源。第 43 ～ 47 行就是用来处理"心跳"消息的。在 WebSocket 通信里，所有数据都是通过同一个通道传输的，因此消息接收端需要对消息分类处理，如第 43 和 48 行的判断语句对消息进行简单的分类。对于非"心跳"消息，代码清单 3-5 定义了一个事件 OnMessage——调用 HuobiWs 类型的代码通过处理这个事件来消费服务器推送的消息。第 50 行使用了"?"语法糖对 OnMessage 执行 null 值判断。如果代码注册了 OnMessage 事件，那么 OnMessage 的值不为 null，调用 Invoke 方法触发所有事件监听代码，把服务器推送的消息通过 MessageReceivedEventArgs 对象实例传递；如果 OnMessage 的值为 null，表明没有事件处理代码，也就没必要执行触发操作。

WebSocket 中是双向通信，客户端可以随时向服务器发起新的订阅，订阅请求的消息格式和服务器响应的消息格式由双方程序员约定好。其传输信路是 TCP/IP，传输的数据不一定是字符串格式，也可以是字节数据格式，如使用 WebSocket 的视频通话程序采用的就是字节数据格式。但行情数据由于数据量不大，且使用 JSON 格式更好处理，因此几乎所有数字货币交易所使用的都是 JSON 格式。

代码清单 3-6 中第 6 行的 Subscribe 方法用来向服务器随时订阅新的主题。为了防止重复订阅相同的主题，程序在订阅前会检查一遍，如果与服务器的连接还没有打开，即还没有执行握手协议，则只是将订阅的主题缓存，否则，直接发送订阅请求。第 10 行被注释的代码就是按照火币官方文档组装的请求样式，但手动组装 JSON 很容易出错，特别是在 JSON 字符串里的大括号、双引号等字符与 C# 的字符串格式化冲突，变得既难理解又容易出错。因此，第 11 行使用了序列化匿名类型的方式，即使用 new 关键字定义和创建一个匿名类型实例。在编译时，编译器会自动创建这个匿名类型，并为其随机生成一个名字，接着再将这个匿名类型的实例序列化成 JSON 字符串。序列化是由 Newtonsoft. Json 包完成的，在第 1 行定义了一个简单的 ToJson 方法并对其做了封装。

代码清单 3-6　发送 WebSocket 订阅指令

```
01 public static string ToJson(object obj)
02 {
03     return JsonConvert.SerializeObject(obj);
04 }
05
06 public static void Subscribe(string topic, string id)
07 {
08     if (topicDic.ContainsKey(topic))
09         return;
10     // var msg = $"{{\"sub\":\"{topic}\",\"id\":\"{id}\"}}";
11     var msg = ToJson(new { sub = topic, id = id });
12     topicDic.Add(topic, msg);
13     if (isOpened)
14         SendSubscribeTopic(msg);
15 }
```

3.1.3　面向对象封装

对交易所 API 有初步认识之后，我们需要封装这些 API 接口，以便其他程序调用。为每个交易所定义单独的类型，并将交易所 API 接口定义为类型里的方法是一个很正常的思路。接下来要区分哪些方法应该是静态方法，哪些方法是实例方法。在前面的章节里举的例子都是静态方法，这并不是说所有的接口方法都是静态方法。区分二者的方法很简单，假如我们正在设计一个给很多用户使用的交易机器人，那么适用于所有用户的方法和字段就应该定义为静态的，而不同用户需要单独区分的方法则需要定义成实例方法和实例字段。按照这个分类标准，所有与行情相关的接口，如 K 线数据、行情信息、深度数据、市场成交记录等接口都是静态方法，这些接口只需调用一次，但返回的数据可以供所有用户使用。同时，这些接口也是无须登录的公共接口。而账户、钱包和交易等需要用到用户身份的接口需要定义成实例方法，如表 3-2 所示。

表 3-2　火币 API 的封装设计

方法名	类型	说明
MarketHistoryKline	静态	K 线数据（蜡烛图）
MarketDetailMerged	静态	聚合行情（Ticker）
MarketTickers	静态	所有交易对的最新聚合行情
MarketDepth	静态	市场深度数据
MarketTrade	静态	最近市场成交记录
MarketHistoryTrade	静态	获取近期交易记录
MarketDetail	静态	最近 24 小时行情数据
Accounts	实例	账户信息
AccountsBalance	实例	账户余额
OrdersPlace	实例	下单
OrdersSubmitCancel	实例	撤销订单
OpenOrders	实例	查询当前未成交订单
OrderDetails	实例	查询订单详情

微软官方出版的《.NET 框架设计指南》（以下简称《指南》）（本书的电子版可以在 https://docs.microsoft.com/en-us/dotnet/standard/design-guidelines/ 免费阅读）给出了多位 .NET 架构师的经验。表 3-2 中的类型设计其实与《指南》有一些冲突，笔者选择几条对比一下，并说明设计理由。

1)《指南》里建议类型、方法等名称尽量不要使用单词缩写，而是使用多个单词拼接描述，并推荐针对命名空间、类型、方法和类型成员均使用 PascalCasing（命名法），即单词首字母大写，而方法的参数则使用 camelCasing(命名法)。笔者多数时候遵循这个规则，但在定义接口返回数据的类型时，类型的字段却没有遵循，如代码清单 3-2 中的 status 字段和代码清单 3-6 中匿名类型的 sub 字段都采用的是小写字母。这是因为火币接口使用的都是小写字母。虽然 Newtonsoft.Json 包可以将这种小写字母的 JSON 字段映射成使用 PascalCasing 命名的 C# 类型成员字段，但为了方便使用者对应交易所的文档，笔者在定义交易所的接口和类型时，尽量遵循交易所的规则。

2)《指南》里建议使用名词为类型、结构体和类型的成员字段命名，使用动词为方法命名。这条建议在表 3-2 里也违反了不少。笔者这样做也是为了与交易所接口对应，以便通过方法名迅速在交易所文档中找到对应的接口。

3)《指南》里建议避免定义公开的嵌套类型，使用命名空间来分组，不推荐使用嵌套类型定义成员字段，这是因为很多编程语言不支持这种定义方式。笔者将接口返回数据的类型作为嵌套类型定义在交易所类型当中，很明显也违反建议，这样做是考虑到这些嵌套类型只用在反序列化接口的返回数据里。之所以将它们定义为公开的嵌套类型，是因为这些接口是公开的，为了访问一致性才定义成公开类型。

为交易所单独设计类型将交易接口通过类型方法对外暴露比让客户端程序直接使用 URL 调用有如下优点。

1）隐藏交易所自身 API 的改动。交易所因技术升级、自身业务甚至外部监管规则的变更，都会导致 API 地址甚至参数的变化。通过将 API 接口封装可以隐藏这些细节，虽然参数变化可能会影响方法的参数定义，但交易所考虑到兼容性通常会为新增或者修改的参数定义默认值，或者会在官方文档中说明替代取值的方法。如果有大的变更——接口原来的行为无法在不变更方法签名（Signature）的前提下实现（即破坏性变更），但可以在老版本的方法里通过抛出异常的方式通知调用端。

2）隐藏调用交易所 API 的实现策略。如前文所述很多交易所同时提供支持 RESTful 和 WebSocket 版本的 API，我们可以在类型里定义一个开关字段来控制使用的接口版本，如代码清单 3-7 第 4 行使用 UseWebSocket 这个公共的全局静态字段来控制使用的接口版本。

3）获得集成开发环境（Integrated Development Environment，IDE）的智能感知（Intellisense）支持。在使用类型封装时，集成开发环境一般会自动显示下拉框列出的类型的成员，允许程序员在代码里随时跳转到类型和方法的定义处，而直接调用交易所接口 URL 的方式得不到这些支持。

代码清单 3-7　通过开关控制调用交易所接口的版本

```
// 源码位置：/ 第 3 章 /traderbot-v2/Huobi.cs
01 public static MarketHistoryKlineResponse[] MarketHistoryKline(
02     string symbol, string period, int size)
03 {
04     if (UseWebSocket)
05     {
06         if (!s_WebSocketInitialized)
07         {
08             s_WebSocketInitialized = WebSocketClient.Init();
09             return null;
10         }
11         else
12         {
13             return WebSocketClient.MarketHistoryKline(symbol, period, size);
14         }
15     }
16     else
```

```
17      {
18          return RestfulClient.MarketHistoryKline(symbol, period, size);
19      }
20  }
```

3.1.4　使用接口

市面上大部分交易所的交易接口提供的功能类似，基本可以归类成获取行情、下单撮合、余额订单等账户信息和充值提现这几大类。不少交易策略是在几个交易所同时执行的。最典型的策略如利用交易所之间的价差进行"搬砖"套利，这也就意味着代码要同时对接几个交易所。这种场景非常适合使用接口封装。封装的步骤一般如下。

1）定义好使用的场景。一般来说，交易所需要不停地获取最新的行情数据，捕捉到机会后根据账户的挂单、余额等情况来决定是否要下单，接着按策略执行下单指令，最后定期查询订单的完成情况来完成整个交易操作。

2）对要对接的交易所先进行面向对象的封装，如本书示例代码里对接了火币网、binance 和 okex 等头部的交易所网站，与之对应的分别是 Huobi、Binance 和 Okex 三个类型。

3）抽取出这些类型都支持的公共方法和字段并封装成一个接口，然后在类型上实现这些接口。

4）最后实例化类型，返回实例的接口引用给上层的策略程序完成整个交易策略。

代码清单 3-8 是一个策略交易程序对多个交易所的接口封装。其并没有封装所有交易所的接口，只封装了需要用到的接口，即依据能用就好的原则。

第 4 ~ 13 行是所有交易所都会支持的方法，即获取行情、下单、获取订单、余额等账户信息以及取消订单等。

第 14 ~ 17 行的方法则是考虑到交易所不同而造成的行为差异，需要特殊处理。作为交易所的核心竞争优势之一，在平台上允许交易的币种是有差异的。第 14 行的 Support 方法就是让上层调用端判断交易所是否支持某个交易对。交易对是数字货币交易所的说法。市面上有很多种数字货币，交易所就是为不同数字货币的持有者互换数字货币提供撮合平台。交易对由两个数字货币组成，在交易所形成一个交易市场。交易对的称呼也很多，有的交易所称之为市场（Market），有的交易所称之为符号（Symbol）。交易对中数字货币的位置也不一样，例如同样是使用数字货币 USDT 兑换数字货币 BTC，有的交易所将其标识为 BTC/USDT，有的则将其标识为 USDT-BTC。接口的 Support 方法将交易对的两个数字货币区分开，分别称为计价币（Quote）和数字币（Coin）。

　　第 15～17 行的 3 个方法也是用来适配不同交易所的特性的。关于它们具体的作用，读者可参阅示例代码中的注释说明。使用接口封装后，上层调用者只能获取各个交易所的接口引用，虽然可以使用 Object 类型的 GetType 方法获取具体的类型，但使用一个用户友好的名字会更方便一些。第 3 行的 Name 字段用来向调用者标识自己的身份。

代码清单 3-8　交易所接口封装

```
// 源码位置：第 3 章 \traderbot-v2\Brokers\IBroker.cs
01  public interface IBroker
02  {
03      string Name { get; }
04
05      bool CancelOrder(object orderid, string quote, string coin);
06
07      Ticker[] GetKline(string quote, string coin, DateTime begin,
08                      DateTime end, KlineInterval interval);
09      OrderBook GetOrderBook(string quote, string coin,
10                           int limit = OrderBook.ORDER_CACHING_COUNT);
11      object BuyLimit(string quote, string coin,
12                    decimal quantity, decimal price);
13      object SellLimit(string quote, string coin,
14                     decimal quantity, decimal price);
15      ExchangeOrder GetOrderInfo(object orderid, string quote, string coin);
16
17      BalanceItem[] GetBalances();
18
19      ExchangeOrder[] GetOpenOrders(string quote, string coin);
20
21      bool Support(string quote, string coin);
22
23      TradingLimitInfo[] GetTradeLimit(string quote, string coin);
24
25      void Initialize(string confdir);
26
27      void Cleanup();
28  }
```

　　代码清单 3-8 里的接口遵循《指南》中的命名规范，方法名都采用动词命名，类型名、字段名和参数名则使用名词命名。但接口 IBroker 没有采用形容词命名，主要是笔者想不到恰当的形容词命名接口，仿造 iPhone 的命名给接口取的名字。如果读者读过设计模式、软件架构等方面的图书，可能会发现本书的示例代码会违反一些规则。例如本书的示例代码并不是每个公开的方法和类型都编写了注释，命名方面也违反了一些常见的命名规则，甚至代码里有不少中文命名的变量和方法。本书示例代码的设计思路是在保证代码可读性的基础上，采用从简原则，如对于使用频繁的公开接口和类型，示例代码会添加注释说明，如 IBroker 接口在代码中使用很频繁，而且为了利用 IDE 的智能感知支持，使用的是文档注释，如图 3-4 所示。当将变量 broker 声明为 IBroker 类型时，IDE 能够自动找到程序员在智能感知下拉框选择的类型成员的文档注释。对于 Huobi 等交易所接口类型，笔者很少直接使用，一般是通过 IBroker 接口间接使用。为了便于在交易所文档中找到接口说明，笔者会依据接口的 URL 命名。

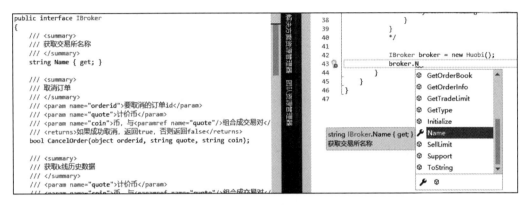

图 3-4　在 Visual Studio 中使用智能感知查看类型成员的文档注释

3.1.5　使用继承

前面使用的交易接口都是现货交易，然而越来越多的交易所在现货交易的基础上，还添加了其他几种交易模式，如杠杆交易和合约交易。其中，杠杆交易类似于现货交易，区别在于用户可以向交易所借币交易，比如说一种数字资产 BTC 价格大涨，而用户不看好该资产的后续涨势，可以用账户里的资产（如 USDT 资产）作为抵押向交易所借一定比例的 BTC 按市价卖出，等到 BTC 价格回落，再低价买回借的资产并归还给交易所，结算完利息后所得的差价即是用户的收益。以一个具体的例子来说，假设当前 BTC 的价格涨到 14000 美元一个，而用户不认为 BTC 能继续涨到更高，现在用户在交易所的账户里只有 14000 美元的 USDT 资产，并没有 BTC 资产，则可以用 14000 美元的 USDT 作为抵押向交易所借入一个 BTC，以 14000 美元的市价卖出。过了一段时间，BTC 价格回落到 10000 美元，用户可以选择按 10000 美元的价格买回一个 BTC 还给交易所，这样用户的收益就是中间的差价减去借币支付的利息。因为这种交易模式相当于凭空创造了可交易的资产，所以被称为杠杆模式。杠杆模式可以双向操作，前面说明的操作手法属于做空。用户也可以在认为资产（如 BTC）价格低估时，借币（如 USDT）低价买入，再高价卖出套利，这种手法称作做多。杠杆交易获得的收益较纯现货交易会高得多，当然如果判断错误承担的损失也是成倍增加的。

　　由于杠杆交易的下单手法实际上也是现货交易，因此两种交易接口分享了很多共同的操作，如下单、查询余额和未成交订单等，只是杠杆交易在正常的现货交易基础上增加了借贷相关的操作。既然前面我们在现货交易接口已经支持交易相关的接口，就没必要在杠杆交易机器人上重复实现一遍，使用面向对象编程里继承的思路可以很好地解决这个问题，即将杠杆交易机器人继承自现货交易机器人，在杠杆交易机器人里只添加杠杆相关的交易接口。如果杠杆交易里需要修改某些现货交易的实现方法，采用 override 关键字来覆盖基类里的实现即可。

　　我们继续以火币交易所为例说明，仔细阅读其接口说明书，可以了解到其杠杆交易的处理方式与现货交易不同。在火币的交易体系中，所有交易对（例如 BTCUSDT、ETHUSDT、ETHBTC 等）都共享一个账户，即现货交易账号。接口文档称作 spot 账号。但在杠杆交易中，每个杠杆交易对都有独立的账号，称作 margin 账号。如果用户分别在 BTCUSDT、ETHUSDT 和 ETHBTC 三个交易对下都启用了杠杆交易，交易所会给每个交易对分配一个账号，即用户有三个杠杆交易账号，并通过接口针对不同交易对采用相应的账号下单。初步分析后，需要账号的操作都受到影响，获取行情信息等操作则不受影响，可以继续使用。进一步分析可以看到，下单、查询余额和查询未成交订单这三个操作需要账号信息，查询订单详情和取消订单这两个操作虽然需要 API 鉴权，但只需要订单 ID 即可处理；下单和查询未成交订单两个操作只需要变更一两个参数（如处理的账号 ID），整体逻辑可以不用修改；而查询余额则需要重写逻辑，以便对上层的交易策略程序隐藏火币交易所杠杆交易中每个交易对采用独立账号的实现细节。

　　代码清单 3-9 列出了笔者前面讨论过的可覆写方法的实现。由于杠杆交易和现货交易有不同的余额查询逻辑，第 22 行的查询余额接口定义成了虚方法。查询未成交订单可通过变更查询使用的账号信息实现，在第 27 行将其定义为普通实例方法。在内部实现时，调用内部虚方法——获取交易账号方法，并根据交易对获得账号 ID。因为交易账号管理逻辑是火币交易所特有的，不需要对上层应用暴露这种会因交易所不同而变更的实现细节，"获取交易账号"方法使用 protected 访问修饰符。BuyLimit 和 SellLimit 两个下单方法除了变更交易账号参数之外，还需要变更 source 参数。根据火币的官方文档，现货交易需要将 source 设置为 api，杠杆交易则需要将其设置为 margin-api，因此无法使用类似查询未成交订单接口的实现方式，只能将它们定义成虚方法，以便子类将其覆写。

代码清单 3-9　火币可覆写的现货交易 API

```
01 public virtual object BuyLimit(string quote, string coin,
02                         decimal quantity, decimal price)
03 {
```

```
04        return PlaceOrder(quote, coin, quantity, price, "buy-limit", "api");
05  }
06
07  public virtual object SellLimit(string quote, string coin,
08                                  decimal quantity, decimal price)
09  {
10        return PlaceOrder(quote, coin, quantity, price, "sell-limit", "api");
11  }
12
13  protected object PlaceOrder(string quote, string coin, decimal quantity,
14                                  decimal price, string direction, string source)
15  {
16        var symbol = BuildSymbol(quote, coin);
17        return RestfulClient.OrderPlace(symbol, direction, quantity.ToString(),
18                                  price.ToString(), 获取交易账号(quote, coin),
19                                  _apiKey, _apiSecret, source);
20  }
21
22  public virtual BalanceItem[] GetBalances()
23  {
24        return GetBalancesImpl(获取交易账号());
25  }
26
27  public ExchangeOrder[] GetOpenOrders(string quote, string coin)
28  {
29        var symbol = BuildSymbol(quote, coin);
30        var oo = RestfulClient.OpenOrders(
31            获取交易账号(quote, coin), symbol, null, _apiKey, _apiSecret, 100);
32        if (oo != null)
33        {
34            var ret = new List<ExchangeOrder>();
35            foreach (var x in oo)
36            {
37                var eoi = new ExchangeOrder()
38                {
39                    Id = x.id,
40                    Quote = quote,
41                    Coin = coin,
42                    IsCancelled = string.Compare(x.state, "cancelling", true) == 0,
43                    Price = decimal.Parse(x.price),
44                    Quantity = decimal.Parse(x.amount),
45                    Side = string.Compare(x.type, "buy-limit", true) == 0 ?
46                            TradeSide.Buy : TradeSide.Sell,
47                    Site = SITE_NAME,
48                    PlacedTimestamp = FromUnixTimestamp(x.created_at)
49                };
50
```

```
51              eoi.QuantityRemaining=eoi.Quantity-decimal.Parse(x.filled_amount);
52              ret.Add(eoi);
53          }
54
55      return ret.ToArray();
56      }
57  else
58  {
59      return null;
60  }
61 }
62
63 protected virtual string 获取交易账号 (string quote = null, string coin = null)
64 {
65     if (string.IsNullOrEmpty(_现货交易账号) &&
66         (AllAccounts != null && AllAccounts.Length > 0))
67     {
68         foreach (var account in AllAccounts)
69         {
70             if (string.Compare(account.type, "spot", true) == 0)
71             {
72                 _现货交易账号 = account.id.ToString();
73                 break;
74             }
75         }
76     }
77
78     return _现货交易账号;
79 }
```

代码清单 3-10 中火币杠杆交易方面的代码直接继承自 Huobi 类型，并且只需要覆写必要的方法即可，如 BuyLimit 和 SellLimit 方法由于只是更换两个参数，因此实现上也就是调用基类的 PlaceOrder 方法传入替换后的参数而已；查询余额方法则重写了。由于查询单个账号的余额以及将火币接口返回的 JSON 结果转换成策略交易通用的余额格式的代码是相同的，因此笔者在第 26 行将这些共同逻辑封装到 GetBalancesImpl 方法里。最后第 36 行 HuobiMargin 类覆写了 "获取交易账号" 方法，并返回指定交易对相应的账号 ID。方法里使用到的 AllAccounts 变量也是继承自 Huobi 类型的内部变量。它在 Initialize 方法里初始化，通过调用火币的账户信息接口获得用户在现货和杠杆交易对中所有的账号信息。Initialize 方法具体的实现请读者自行参阅示例代码。

代码清单 3-10　火币杠杆交易实现

```
01 public class HuobiMargin : Huobi
02 {
```

```
03      public override object BuyLimit(
04          string quote, string coin, decimal quantity, decimal price)
05      {
06          return PlaceOrder(
07              quote, coin, quantity, price, "buy-limit", "margin-api");
08      }
09
10      public override object SellLimit(
11          string quote, string coin, decimal quantity, decimal price)
12      {
13          return PlaceOrder(
14              quote, coin, quantity, price, "sell-limit", "margin-api");
15      }
16
17      public override BalanceItem[] GetBalances()
18      {
19          var ret = new List<BalanceItem>();
20          if (AllAccounts != null && AllAccounts.Length > 0)
21          {
22              foreach (var account in AllAccounts)
23              {
24                  if (string.Compare(account.type, "margin", true) == 0)
25                  {
26                      var result = GetBalancesImpl(account.id.ToString());
27                      if (result != null)
28                          ret.AddRange(result);
29                  }
30              }
31          }
32
33          return ret.ToArray();
34      }
35
36      protected override string 获取交易账号 (string quote, string coin)
37      {
38          var symbol = BuildSymbol(quote, coin);
39          if (AllAccounts != null && AllAccounts.Length > 0)
40          {
41              foreach (var account in AllAccounts)
42              {
43                  if (string.Compare(account.type, "margin", true) == 0 &&
44                      string.Compare(account.subtype, symbol, true) == 0)
45                  {
46                      return account.id.ToString();
47                  }
48              }
49          }
50
```

```
51          return null;
52      }
53 }
```

3.2 读写日志

当程序在生产环境中运行时，例如本章示例用的策略交易程序运行时一般会长期处于无人值守状态，而运作过程中的任何异常情况需要被记录下来，供程序员分析。.NET 中有几种方式可以用来记录日志。

1）使用 System.Diagnostics.Debug 类型在开发阶段将日志输出到 IDE 的调试器输出中，供程序员及时分析。

2）使用 System.Diagnostics.Trace 类型将日志记录到控制台输出、文本文件以及其他设备上，供程序员事后分析。

3）使用 .NET Core 中提供的 LoggerFactory、Microsoft.Extensions.Logging 命名空间以及第三方日志库将日志记录到文本文件或其他设备中。

3.2.1 使用 Debug 和 Trace 记录日志

Debug 和 Trace 两个类型从 .NET 1.1 版本开始就存在了，但是越来越多的 .NET Core 应用，特别是 ASP.NET Core 应用，使用 LoggerFactory 来记录日志。首先我们来看 Debug 类型，它的使用非常简单。在程序相关的位置调用 WriteLine 方法的某个重载即可记录日志：

```
System.Diagnostics.Debug.WriteLine("Hello, World!");
```

Debug 类型只是在开发过程中使用，因此要查看 Debug.Write 记录的日志，需要满足以下条件。

1）编译代码时需要指明是开发阶段的版本，并且需要启用"DEBUG"预处理指令，如使用 csc 命令行编译时需要使用"/d"开关：

```
csc/d:DEBUGDebugLoggingDemo.cs
```

2）而使用 Visual Studio 编译时，需要在项目属性的"生成"页中打开"定义 DEBUG 常量"。默认情况下，项目的"Debug"编译配置会自动打开，而 Release 编译配置会关闭，如图 3-5 所示。

打开 DEBUG 预处理指令开关后，程序只有在调试器中运行才会打印日志。如果在命令行中运行程序，日志直接在命令行的控制台输出；如果在 Visual Studio 运行程序，则在"输出"窗口中打印调试消息，如图 3-6 所示。

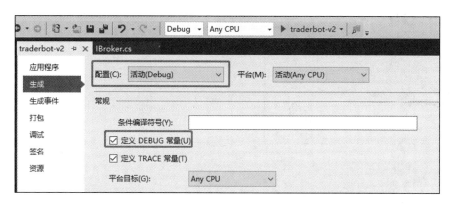

图 3-5　在 Visual Studio 中打开 DEBUG 条件编译符号

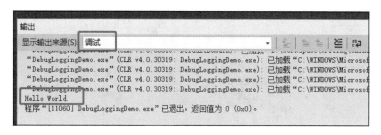

图 3-6　在"输出"窗口中打印调试消息

Trace 类型相对于 Debug 类型来说功能更丰富。其不仅支持插拔式的日志输出方式，还支持对日志分类，以便在收集和分析时区别处理。图 3-7 展示了 Trace 类型的架构，最上层的 .NET 程序调用 Trace 类的 TraceXXX 方法分类记录日志，如 TraceError 方法输出异常最严重的日志，一般在程序发生严重错误时会使用这个方法。具体记录哪些信息由程序员自己编码，保证程序员在事后只看日志就能定位问题的症状。而 TraceInformation 方法记录程序日常业务处理的信息，比如执行了什么业务、返回的结果值。一般来说，记录的消息类型由程序员自行归类，并没有一个放之四海而皆准的做法。记录的日志通过可选的 TraceSwitch 对象来开关是否输出到日志监听对象。日志监听对象是一个可插拔的 TraceListener 对象数组。每个对象将收到的日志消息输出到对应的地方，如 ConsoleTraceListener 类型将日志消息输出到控制台窗口，而 TextWriterTraceListener 类型将日志输出到指定的文本文件中。与前面讲的交易所类型一样，TraceListener 是一个抽象类，如果需要将日志输出到其他设备，例如一个集中的日志服务器，可以扩展这个类型实现里面的抽象方法。我们可在不修改源码的前提下变更日志的行为，例如是否需要全局打开日志，将日志输出到哪些地方保存，以及记录哪些类型的日志等，因此各种各样的日志框架主要是通过配置文件来控制日志行为的。

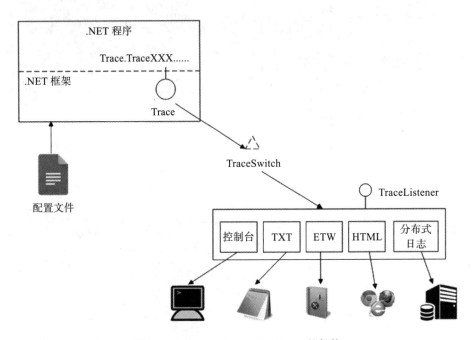

图 3-7　System.Diagnostics.Trace 的架构

　　代码清单 3-11 演示了在代码中使用 Trace 类型记录日志的方法。与 Debug 类型相似，Trace 类型需要在编译时打开一个名为 TRACE 的预处理指令才会起作用。默认情况下，C# 工程的 Debug 编译配置会启用这个指令，如图 3-5 中勾选的第 2 个常量。第 10 行和第 13 行调用 TraceError 和 TraceInformation 方法对日志分类。TraceError 的消息级别是最高的，表示这是一个不能被忽视的、严重的错误，而 TraceInformation 记录的消息级别是最低的，通常在生产环境中运行时会被忽略掉。第 9 行和第 12 行用于在日志消息里做缩进。在多层方法调用场景里，随着方法的逐层调用而缩进的日志便于程序员事后分析。

代码清单 3-11　Trace 代码示例

```
// 源码位置：第 3 章 \Logging\TraceDemo.cs
// 编译命令：csc /d:TRACETraceDemo.cs
01 using System;
02 usingSystem.Diagnostics;
03
04 publicclassTraceDemo
05 {
06     publicstaticvoidMain()
```

```
07      {
08          // Trace.Listeners.Add(new TextWriterTraceListener(Console.Out));
09          Trace.Indent();
10          Trace.TraceError("Entering Main");
11          Console.WriteLine("Hello,World!");
12          Trace.Unindent();
13          Trace.TraceInformation("Exiting Main");
14      }
15  }
```

如果没有任何配置文件直接运行代码清单 3-11，会发现程序的输出只有第 11 行通过 Console 输出到控制台窗口的文字，也就是说默认情况下 Trace 日志是关闭的。配置文件名使用程序的文件名加上 .config 后缀命名，如示例程序是 TraceDemo.exe，那么配置文件名就是 TraceDemo.exe.config。把代码清单 3-12 里的内容保存到配置文件中，再次执行会发现在命令行窗口会打印第 10 行的 Entering Main 消息，在程序的相同目录下会多出一个名为 TextWriterOutput.log 的文件，里面打印了第 10 行和第 13 行的日志消息。但是，这两行消息的缩进各不相同。这是因为代码清单 3-12 中第 5 行加了两个 TraceListener 对象：TextWriterTraceListener 对象将日志保存到 TextWriterOutput.log 文件中；ConsoleTraceListener 对象将日志输出到命令行窗口，然而它下面还有一个 filter 设置，只输出严重程度是 Error 级别以上的日志。启用 Trace 日志时，.NET 框架会添加一个默认的输出监听对象——DefaultTraceListener。为了避免混淆，第 19 行将其从 Trace 类型的 Listeners 数组里移除。

代码清单 3-12　Trace 类型的配置

```
01  <configuration>
02    <system.diagnostics>
03      <!--<trace autoflush="false" indentsize="8" />-->
04      <trace autoflush="true" indentsize="3">
05        <listeners>
06          <add name="txt"
07              type="System.Diagnostics.TextWriterTraceListener"
08              initializeData="TextWriterOutput.log" />
09          <add name="console"
10              type="System.Diagnostics.ConsoleTraceListener">
11            <filter type="System.Diagnostics.EventTypeFilter"
12                    initializeData="Error" />
13          </add>
14          <!--
15          <add name="eventListener"
16              type="System.Diagnostics.EventLogTraceListener"
17              initializeData="TraceListenerLog"/>
18          -->
```

```
19            <remove name="Default" />
20        </listeners>
21    </trace>
22  </system.diagnostics>
23 </configuration>
```

　　.NET 框架提供了如下的日志监听类型。它们都适用于 Debug、Trace 和 TraceSource 类型，用来将日志消息发送给不同的监听对象，以输出到不同的设备。

- ❑ TextWriterTraceListener：将日志记录到一个 TextWrite 实例或者任何从 Stream 类型继承的对象实例上，一般用于将日志记录到文本文件。实际上，我们可以通过它将日志输出到控制台，这是因为 Console.Out、Console.Error 都是 TextWriter 类型的字段。
- ❑ EventLogTraceListener：将日志记录到 Windows 系统的事件日志中。我们可以在事件查看器里浏览日志。
- ❑ DefaultTraceListener：将日志记录到调试器的调试输出。其作用与 Debug 类似，监听实例默认是自动引入的，在配置文件中简称 Default，如代码清单 3-12 中第 12 行的监听程序。
- ❑ ConsoleTraceListener：将日志输出到控制台标准输出或错误输出流。
- ❑ DelimitedListTraceListener：将日志输出到文本文件或者任何一个 Stream 流。输出的日志通过 Delimiter 字段的设置来分隔。
- ❑ XmlWriterTraceListener：将日志输出到 XML 文件。

　　在使用 Trace 类型时，大家发现对其配置都是全局的。如果需要针对程序中某些模块使用单独的日志记录策略，Trace 类型的全局性配置就无法胜任了，因此 .NET 框架提供了 TraceSource 类型来解决这个问题。

　　代码清单 3-13 演示了 TraceSource 的使用方法。与 Trace 类型相同，每条日志都需要程序员自己分类。第 6 ~ 7 行定义了两个 TraceSource 实例，分别是 s_mts 和 s_tmts，名字分别是 MainTrace 和 TestMethodTrace，分别用在 Main 方法和 TestMethod 方法，这样就允许分别配置日志策略，如代码清单 3-14 中第 5 行配置的对象是名为 MainTrace 的 TraceSource 实例，也就是 s_mts 实例。可以看到，在第 7 ~ 13 行中添加了两个监听程序，一个输出到控制台——第 8 行的 console 监听程序（console 是一个名称，并在第 30 ~ 33 行的配置中定义）；一个输出到名为 MainTrace.log 的文本文件（第 9 ~ 11 行的配置）。第 15 ~ 24 行是 TestMethodTrace 的实例 s_tmts 的配置，其也有两个监听程序：第 18 行使用第 30 ~ 33 行配置的 console 监听程序输出日志到控制台；第 19 ~ 21 行为配置文本文件的监听程序，将日志保存到名为 TestMethodTrace.log 的文本文件里。

代码清单 3-13　TraceSource 使用示例

```
01 using System;
02 using System.Diagnostics;
03
04 public class TraceSourceDemo
05 {
06     static TraceSource s_mts = new TraceSource("MainTrace");
07     static TraceSource s_tmts = new TraceSource("TestMethodTrace");
08     public static void Main()
09     {
10         s_mts.TraceEvent(TraceEventType.Error, 1, "进入 Main 方法!");
11         TestMethod();
12         s_mts.TraceEvent(TraceEventType.Information, 2, "离开 Main 方法!");
13     }
14
15     private static void TestMethod()
16     {
17         s_tmts.TraceEvent(TraceEventType.Error, 1, "进入 TestMethod 方法!");
18         s_tmts.TraceEvent(TraceEventType.Information,2,"离开 TestMethod 方法!");
19     }
20 }
```

代码清单 3-14 的配置文件中有一些公共组件，如第 29 行 sharedListeners 配置整个程序的所有 TraceSource 实例都能共享的监听程序。sharedListeners 中对监听程序的配置是全局可见的，如第 30 行定义的名为 console 的控制台日志监听程序，同时在第 32 ~ 33 行添加一个 filter 配置，初始值是 Error，表明过滤掉所有 Error 级别以下的日志，因此运行代码清单 3-13 TraceSource 使用示例程序后，只有第 10 行和第 17 行的两行日志被输出到控制台。第 26 行 switches 配置块定义了整个程序共享的日志开关配置，并在第 27 行定义了一个名为 SourceSwitch 的日志开关，其值是 Information，表示只要 Error 级别大于等于 Information 的日志级别都会被输出到日志监听控制台。MainTrace 和 TestMethodTrace 实例分别在第 5 行和第 15 行引用了开关程序控制日志的输出，通过修改 SourceSwitch 的开关值就能控制整个程序输出到日志监听程序的日志级别。

代码清单 3-14　TraceSource 配置示例

```
01 <configuration>
02   <system.diagnostics>
03     <trace autoflush="true" indentsize="0" />
04     <sources>
05       <source name="MainTrace" switchName="SourceSwitch"
06               switchType="System.Diagnostics.SourceSwitch" >
07         <listeners>
08           <add name="console" />
09           <add name="txtListener1"
```

```
10                 type="System.Diagnostics.TextWriterTraceListener"
11                 initializeData="MainTrace.log" />
12           <remove name ="Default" />
13         </listeners>
14       </source>
15       <source name="TestMethodTrace" switchName="SourceSwitch"
16             switchType="System.Diagnostics.SourceSwitch" >
17         <listeners>
18           <add name="console" />
19           <add name="txtListener2"
20                 type="System.Diagnostics.TextWriterTraceListener"
21                 initializeData="TestMethodTrace.log" />
22           <remove name ="Default" />
23         </listeners>
24       </source>
25     </sources>
26     <switches>
27       <add name="SourceSwitch" value="Information" />
28     </switches>
29     <sharedListeners>
30       <add name="console"
31        type="System.Diagnostics.ConsoleTraceListener" initializeData="false">
32         <filter type="System.Diagnostics.EventTypeFilter"
33                 initializeData="Error" />
34       </add>
35     </sharedListeners>
36   </system.diagnostics>
37 </configuration>
```

3.2.2　使用第三方日志库记录日志

.NET 社区里也有不少开源日志库实现。截至目前，流行的开源日志库有很多，典型的有 log4net、NLog 和 Serilog 等。log4net 是移植自 Java 社区的流行开源日志库 log4j，很早就开始流行。但是，近年来代码更新不频繁，而且不支持 .NET Core 等框架。因此，本节主要说明 NLog 和 Serilog 的基本用法、更深层次的使用。

代码清单 3-15 演示 NLog 的基本用法，在第 9 行创建了静态变量 s_logger，接着在第 14 行从配置文件里读取日志的设置（如代码清单 3-16 NLog 配置文件示例），然后在程序里使用 s_logger 变量来记录日志（如第 18 行、第 23 行等）。

代码清单 3-15　NLog 的使用示例

```
// 源码位置: 第 3 章 /Logging/NLogDemo/Program.cs
// 编译和运行: dotnet run
01 using System;
02 using NLog;
```

```
03 using NLog.Config;
04
05 namespace NLogDemo
06 {
07     class Program
08     {
09         private static readonly Logger s_logger =
10             LogManager.GetCurrentClassLogger();
11
12         static void Main(string[] args)
13         {
14             LogManager.LoadConfiguration("nlog.config");
15
16             try
17             {
18                 s_logger.Info("Hello,world!");
19                 System.Console.ReadKey();
20             }
21             catch (Exception ex)
22             {
23                 s_logger.Error(ex, "Goodbye cruel world");
24             }
25         }
26     }
27 }
```

NLog 的使用与前面说明的 TraceSource 类型有点相似，其理念是将每个类型作为一个独立的组件看待，因此类型有自己独立的日志记录策略。这就是第 9 行调用 GetCurrentClassLogger 方法的原因。该方法在进程里创建了一个日志输出源实例，实例名是 Program 类型的全名，即 NLogDemo.Program。在配置文件中，我们可以针对日志消息单独配置。如代码清单 3-16 中第 15 行被注释掉的配置，name 属性使用 NLogDemo.Program 定位到要独立配置的日志输出源，指定其日志输出的最低级别是 Info。日志输出到名为 logconsole 的目标上，并在第 7 行的配置中定义。而第 17 ~ 18 行使用 " * " 号表示这个配置适用于所有的日志输出源对象，即通用的配置。

代码清单 3-16　NLog 配置文件示例

```
01 <?xml version="1.0" encoding="utf-8" ?>
02 <nlog xmlns="http://www.nlog-project.org/schemas/NLog.xsd"
03     xmlns:xsi="http://www.w3.org/2001/XMLSchema-instance">
04
05     <targets>
06         <target name="logfile" xsi:type="File" fileName="nlogdemo.log" />
07         <target name="logconsole" xsi:type="Console" />
08     </targets>
```

```
09
10     <rules>
11       <!--
12       下面这一行因为名字不对，所以无法将日志输出
13       <logger name="NLogDemo.Program1" minlevel="Info" writeTo="logconsole"/>
14       下面这一行名字匹配，所以可以输出日志
15       <logger name="NLogDemo.Program" minlevel="Info" writeTo="logconsole"/>
16       -->
17       <logger name="*" minlevel="Info" writeTo="logconsole" />
18       <logger name="*" minlevel="Debug" writeTo="logfile" />
19     </rules>
20 </nlog>
```

代码清单 3-17 演示了 Serilog 的用法，第 11 行创建记录日志用的 log 局部变量，这与 NLog 的默认用法略有不同。NLog 在处理日志时默认将类型当作一个组件处理，而大多数情况下组件包含多个类型。Serilog 的用法是引导用户自己给组件命名。Serilog 使用流畅（Fluent）API 进行配置，如第 12 行表示输出日志的最低级别是 Debug，第 13 行指定将日志输出到控制台，第 14 ~ 15 行指定同时将日志输出到 logs 文件夹的 myapp.txt 文本文件。由于需要跨操作系统，因此这里使用 DirectorySeparatorChar 系统常量来匹配 UNIX 类系统和 Windows 系统的路径差异。另外，第 15 行的 rollingInterval 参数说明日志文件按日期进行归档，如本书写作时的 2019 年 8 月 11 日，日志文件名的格式是 myapp20190811.txt，后续日期以此类推。NLog 也支持使用代码进行配置，但较为复杂。建议读者尽量不要在源码中硬编码日志策略。创建好日志记录对象后，我们就可以记录日志了。大多数日志库支持归类处理日志，Serilog 也不例外，如第 17 ~ 20 行代码。

代码清单 3-17　Serilog 使用示例

```csharp
// 源码位置：第 3 章 /Logging/SerilogDemo/Program.cs
// 编译运行: dotnet run
01 using System;
02 using Serilog;
03
04 namespace SerilogDemo
05 {
06     class Program
07     {
08         static void Main(string[] args)
09         {
10             var separator = System.IO.Path.DirectorySeparatorChar;
11             var log = new LoggerConfiguration()
12                     .MinimumLevel.Debug()
13                     .WriteTo.Console()
14                     .WriteTo.File($"logs{separator}myapp.txt",
15                                 rollingInterval: RollingInterval.Day)
```

```
16                    .CreateLogger();
17              log.Information("Hello, world!");
18              log.Debug("This is debug message");
19              log.Warning("Some warnings");
20              log.Error("Error occurs");
21         }
22     }
23 }
```

在 2006 年之前，除了 .NET 框架自带的 Trace 类，最流行的日志类库是 log4net 开源类库。由于其是 Java 社区里流行的 log4j 的 .NET 移植版本，因此并没有很好地利用 .NET 框架自身的很多特性。NLog 是第一个使用 .NET 自身特性开发的开源日志库，且直到现在还在频繁更新。Serilog 是从 2013 年开始开发的，其最大的亮点是第一个支持结构化日志的类库。其之前所有框架都只是将日志消息当作一行字符串处理，而结构化日志特性使得将日志记录到如 MongoDB、Elasticsearch 等这些 NoSQL 数据库成为可能，而且利用 NoSQL 数据库的特性更便于分析日志。当然，NLog 也在不断更新，从 NLog 4.5 开始支持结构化日志。本书的示例代码还是以 Serilog 为例说明结构化日志。NLog 和 Serilog 都是第三方库，非 .NET 框架自带的，需要独立下载引用。引用的方法是本书后文要说明的 NuGet 工具包。本书的示例项目已经搭建好工程，方便读者运行。如果读者想自己从头开始搭建工程，请参阅示例文档中的 README.md 文件按指令搭建。

相对于一行普通的日志字符串，结构化日志便于机器解析。日志可以输出 XML、JSON 等多种格式字符串，但目前大部分人使用 JSON 格式作为结构化日志的事实标准格式。结构化日志有以下几个使用场景。

❏ 处理日志，如处理 Web 服务器的访问日志，做一些基本的聚合分析。

❏ 将日志存储到 NoSQL 数据库中，使用数据库提供的检索等功能查询。

代码清单 3-18 演示了 Serilog 支持的功能，第 6 行 fruit 是一个字符串数组，第 7 行打印的日志中有一个格式化占位符 {fruit}。Serilog 能够根据后面参数 fruit 的类型采用最好的展现方式，将 fruit 里的元素逐一打印出来，而不是简单地调用 ToString 方法，如图 3-8 的第 1 行日志。如果占位符里有一个 @ 字符，如第 9 行的 {@fruit}，则强制 Serilog 的打印对象为 JSON 格式，如图 3-8 的第 2 行日志输出。如果占位符里包含 "$" 字符，则强制调用对象的 ToString 方法。

代码清单 3-18　Serilog 结构化日志示例代码

```
01 // 结构化日志示例
02 var log = new LoggerConfiguration()
03          .WriteTo.Console(/* new CompactJsonFormatter() */)
04          .CreateLogger();
```

```
05
06 var fruit = new[] { "Apple", "Pear", "Orange" };
07 log.Information(" 篮子里共有水果: {fruit}", fruit);
08 var location = new { Latitude = 25, Longitude = 134 };
09 log.Information("JSON 输出格式 {@Location}", location);
10 log.Information(" 普通输出格式 {Location}", location);
11 log.Information(" 强制 ToSting {$fruit}", fruit);
```

图 3-8 输出的日志仍然是一行字符串，相对来说不够结构化。如果将代码清单 3-18 中第 3 行的注释去掉，即使用 JSON 格式输出日志，第 7 行代码的日志输出则变成如下 JSON 格式，这样就极大地方便了机器的处理。

```
{"@t":"2019-08-10T18:34:28.6192720Z","@mt":" 篮子里共有水果:
{fruit}","fruit":["Apple","Pear","Orange"]}
```

```
shiyimindeMacBook-Pro:SerilogDemo shiyimin$ dotnet run
[02:26:25 INF] 篮子里共有水果: ["Apple", "Pear", "Orange"]
[02:26:25 INF] JSON输出格式 {"Latitude": 25, "Longitude": 134}
[02:26:25 INF] 普通输出格式 { Latitude = 25, Longitude = 134 }
[02:26:25 INF] 强制ToSting System.String[]
shiyimindeMacBook-Pro:SerilogDemo shiyimin$ []
```

图 3-8　结构化日志输出示例

3.2.3　使用 Microsoft.Extension.Logging 记录日志

从 .NET Core 开始引入了一个新的命名空间 Microsoft.Extension.Logging。使用这个命名空间时，我们需要在工程中引用同名组件。这个组件是随着 ASP.NET Core 发布的，而且 ASP.NET Core 在内部也大量使用其来记录日志。对于刚刚从 .NET Framework 转到 .NET Core 的程序员来说，写一个简单的命令行程序需要加一些基本的日志和配置读取功能，非常烦琐。经过一些探索，笔者认为虽然 Microsoft.Extension.Logging 组件是 ASP.NET Core 的一部分，但是其也可以用在其他应用，特别是需要在类库组件里记录日志的场景。在前面的例子中，我们演示的都是在最终的应用程序里记录日志。如果写一个类库组件，需要被很多应用程序引用，这就没那么容易了。

1）使用特定的日志类库，例如在类库组件里使用 .NET 框架里的 Trace 类记录日志，这就意味着使用这个类库的应用程序要么也使用 Trace 类型记录日志，要么就是针对 Trace 类型的配置做特殊处理。如果使用该类库的应用程序引用了其他类库，而这些其他类库组件依赖的是另外的日志类库，那情况就更糟了。

2）使用通用的日志抽象封装，如 Microsoft.Extensions.Logging.Abstractions 组

件，它是接口和抽象类集合，应用程序和依赖的类库组件之间通过抽象的 Microsoft.
Extensions.Logging.ILogger 记录日志，由应用程序选取一个日志库实现并赋值给接口抽
象，然后组件在内部使用它来记录日志。但这个方案的问题是随着时间的推移，抽象类
库本身也会升级改造形成新的版本，如 Microsoft.Extensions.Logging.Abstractions 已经升
级到 2.x。当多个类库组件依赖不同版本的抽象封装时，问题就比较大了。

　　3）使用自定义的日志抽象封装，即类库组件自己提供一个 ILogger 接口，由依赖
的应用程序提供实现，但抽象封装很难做，有可能自定义的日志封装无法满足用户的
要求。

　　ASP.NET Core 采用的是第 3 种方案。图 3-9 是该日志类库的架构。可以看出，
Microsoft.Extensions.Loggging 组件里包含的主要是日志类库的抽象，ILogger 类型是记录
日志的入口。其可以通过 ILoggingFactory 和 ILoggingProvider 创建，但一般通过实现了
ILoggingFactory 接口的 LoggingFactory 对象创建。

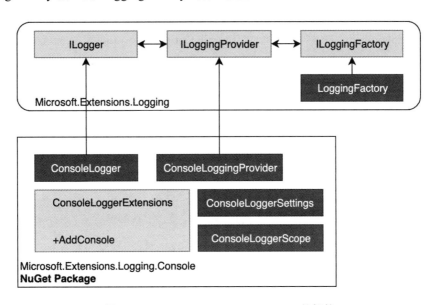

图 3-9　Microsoft.Extensions.Logging 的架构

　　ILogger 类型的实现一般在内部保存名称，用来实现类似 TraceSource 类型的功能，
即对程序中不同模块分组件记录日志。其包含的关键方法有 3 个。

　　1）Log 方法用来写入日志，其他在应用程序里常用的如 LogInformation、LogCritical
等方法是在 LoggerExtensions 类里定义的扩展方法，只是在 Log 方法上做了一层简单的
封装。

2）IsEnabled 方法用来判断该 logger 实例是否启用了指定的日志级别。

3）BeginScope 方法定义新的日志记录范围。

虽然 ILogger 是基类接口，但一般很少直接使用，大部分时间应用代码是通过 ILogger<T> 接口来记录日志的。ILogger<T> 的理念与 NLog 相似，将每个类型当作独立组件进行日志记录。其实，ILogger<T> 的使用方式和作用与 ILogger 相同，不同的地方就是其使用泛型 T 的名称作为日志名称。ILogger<T> 存在的意义主要是与下文要说明的依赖注入有关，.NET Core 内置的依赖注入容器无法创建 ILogger 类型的实例，只能创建 ILogger<T> 类型的实例。如果要创建 ILogger 类型的实例，则需要使用第三方的依赖注入容器。

ILogger 记录的日志通过某个或者某组 ILoggingProvider 创建的 ILogger 对象实例输出。ILoggingProvider（日志服务提供器）的实现是通过其他组件包引入的。图 3-9 中 ConsoleLoggingProvider 类型创建的 ConsoleLogger 实例实现了 ILogger 接口。其作用是将日志输出到控制台，这两个类型定义在单独的日志组件包 Microsoft.Extensions. Logging.Console.dll 里。虽然直接通过 ILoggingProvider 可以创建 ILogger 实例，但我们一般不这样做，而是通过 ILoggerFactory 或者依赖注入创建。微软实现了常用的一些日志服务提供器，有兴趣的读者可以通过以下链接学习源码：https://github.com/aspnet/Extensions/tree/master/src/Logging。

代码清单 3-19 演示了获取 ILogger 实例的方法，第 10 ～ 13 行使用流畅式 API 创建了一个 LoggerFactory 实例。虽然 LoggerFactory 类型和 AddDebug、AddConsole 两个扩展方法都是包含在 Microsoft.Extensions.Logging 命名空间，但它们其实属于 3 个不同的组件包，需要分别引入（如代码清单 3-20 所示）。接着在第 14 行通过 LoggerFactory 实例得到 ILogger<T> 对象，使用当前运行的类型 Program 归类，这样第 16 行就可以记录日志了。记录的日志分别在调试器的 Debug 输出和命令行的控制台输出。第三方日志库 Serilog 也支持 LoggerFactory 类型，提供了 AddSerilog 扩展方法，以便于在程序里引入。第 4 ～ 8 行的代码则是引入前做的必要配置。

代码清单 3-19　使用 ILoggingFactory 创建 ILogger

```
// 源码位置：第 3 章 /Logging/LoggerFactoryDemo/Program.cs
// 编译运行：dotnet run
01 using Serilog;
02 using Microsoft.Extensions.Logging;
03 // ...
04 var log = new LoggerConfiguration()
05          .MinimumLevel.Error()
06          .WriteTo.File($"serilogdemo.log",
```

```
07                               rollingInterval: RollingInterval.Day)
08             .CreateLogger();
09
10 var loggerFactory = new LoggerFactory()
11     .AddDebug()
12     .AddConsole()
13     .AddSerilog(log);
14 var logger = loggerFactory.CreateLogger<Program>();
15
16 logger.LogInformation("Logging information.");
```

代码清单 3-20　引入日志相关的包

```
dotnet add package Microsoft.Extensions.Logging
dotnet add package Microsoft.Extensions.Logging.Debug
dotnet add package Microsoft.Extensions.Logging.Consoles
```

3.2.4　记录日志的推荐方法

使用 ILogger 记录日志时需要指明日志级别，即 LogLevel 值。根据 LogLevel 枚举类型的值，.NET 官方文档推荐的日志级别定义如下（按严重程度从最低等级到最高等级排序）。

❏ Trace = 0：该级别的日志仅用在开发阶段，例如一些敏感的、不应该记录在生产环境的信息一般定义为此级别，默认情况下该级别是关闭的。

❏ Debug = 1：在生产环境里，我们只会在排查错误时使用 Debug 级别的记录。

❏ Information = 2：用来记录应用程序的日常工作流，这些数据在长期来看比较有用，例如类似"访问 URL/api/todo"这样的访问记录。

❏ Warning = 3：记录一些可恢复的异常事件，这些异常不会导致程序中止，也不会中断某次程序的执行流程，但值得记录下来供程序员事后分析。一般来说，被程序捕捉的异常基本上使用 Warning 级别记录。

❏ Error = 4：逻辑上的错误或者不可恢复的故障，这种错误通常会导致一个程序中断，例如将用户在客户端提交的数据保存到数据库时，碰到无法插入数据的 SQL 错误。

❏ Critical = 5：导致整个程序无法工作、需要立即处理的故障，例如磁盘空间不足等错误。

日志级别配合日志过滤器一起使用来控制输出日志的媒介。

3.3　依赖注入

理想的组件化编程应该是各组件通过接口互相引用，组件之间的依赖降到最低，在后续版本中可以针对各组件独立升级，甚至支持在运行时动态替换组件。在传统的采用过程式编程的代码里，客户端类型需要在代码里直接创建依赖的组件类型，这使得组件之间的依赖直接硬编码在源码中，导致后续的升级变得非常复杂，而且也不可能在运行时动态更换组件。如图 3-10 所示，客户端类型 TraderBot 不仅需要在源码中指明对 IBroker 类型的依赖，还需要显式创建实际实现 IBroker 接口的组件，这样就在源码里硬编码了这些组件的依赖。在版本后续升级时除了在源码里查找这些组件依赖更新，没有更好的办法。图 3-10 是常见的组件创建方式，其采用了过程式编程方式，组件的创建和销毁（即组件的生命周期）都由程序员来控制。

```
public class TraderBot
{
    private List<IBroker> _brokers;        对依赖组件的引用

    public TraderBot()
    {
        _brokers.Add(new Huobi());
        _brokers.Add(new Binance());       硬编码实际的组件
        _brokers.Add(new Okex());
    }
}
```

图 3-10　硬编码组件依赖

为了避免这种在源码中硬编码组件依赖的情形发生，我们可以将管理组件生命周期的控制权从程序员手中剥离到其他地方，如容器或者其他类型，这就是控制反转（Inversion of Control，IoC）的基本思路。图 3-11 列出了实现控制反转的编程模式，如常见的工厂（Factory）模式。本文限于篇幅就不一一解释图中所有的编程模式，只讨论近年来流行的，也是 .NET Core 的一个关键应用场景 ASP.NET Core 所采用的编程模式——依赖注入（Dependency Injection）。

下面的代码是从一个名为 services 容器里获取一个 IBroker 的对象实例，具体返回的是哪个类型的实例由容器来决定。容器既可以在代码中硬编码创建实例，也可以通过配置文件里的配置来创建实例，这样就将硬编码组件依赖的问题解决了。

```
varbroker = services.GetRequiredService<IBroker>();
```

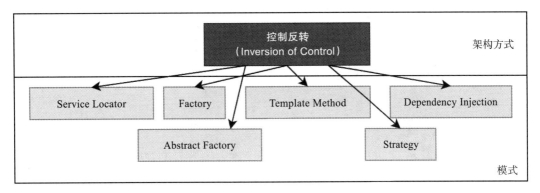

图 3-11　实现 IoC 的编程模式

但问题是 services 容器是如何知道创建 IBroker 接口的实例呢？答案是在使用容器创建对象实例之前，先往容器里注册构建实例的方法。代码清单 3-21 第 1 行创建容器对象时，使用的是 .NET Core 官方的 Microsoft.Extensions.DependencyInjection 组件。第 2 行即注册实例构建的办法，表明在容器里注册一个名为 Huobi 的对象，以便构建 IBroker 接口的对象实例，而且这个实例是单例实例。当所有需要注册的类型都注册完毕后，我们需要调用容器的构建方法来解决容器里所有对象之间的依赖关系。第 3 行的 BuilderServiceProvider 方法就是在类型注册完毕后，解决依赖关系并完成容器自身的初始化。初始化好的容器就可以用来获取对象实例了（如第 4 行），只要告诉容器期望获取的对象类型，比如这里要获取的是 IBroker 接口类型的对象，容器会自动在所有注册的类型里找到可以创建 IBroker 实例的类型（这里是 Huobi 类型）。

代码清单 3-21　在容器中注册对象构建方法

```
// 源码位置: 第 3 章 /DI/Program.cs
// 编译和运行: dotnet run
01 var services = new ServiceCollection()
02     .AddSingleton<IBroker, Huobi>()
03     .BuildServiceProvider();
04 var broker = services.GetService<IBroker>();
05 broker.BuyLimit("USDT", "BTC", 10000, 1);
06
07 // ...... 以下是类型实现
08
09 public interface IBroker
10 {
11     void BuyLimit(string quote, string coin,
12                   decimal price, decimal volume);
13 }
14
15 public class Huobi : IBroker
```

```
16 {
17     public void BuyLimit(string quote, string coin,
18                          decimal price, decimal volume)
19     {
20         Console.WriteLine(
21             $"Huobi 买单【{quote}-{coin}】, 买价: {price}, 数量: {volume}");
22     }
23 }
```

代码清单 3-21 的 Huobi 类型有一个默认构造方法，其没有任何外部依赖，构造起来较为简单。代码清单 3-22 的 Binance 类型就不一样了，其有一个接收 ILogger 实例的构造方法，如第 18 ~ 21 行。Binance 类型相对于前面的 Huobi 类型更符合实际的编程场景。这是因为日志通常由专门的日志记录对象来处理，而不是直接调用 Console 用硬编码的方式打印到控制台输出。虽然 Binance 类型没有默认构造方法，需要接收一个参数才能创建实例，但是第 7 行代码只向容器变量要求获取一个 IBroker 实例，并没有提供任何参数，在运行时仍然能成功运行。这是因为在创建容器时，我们把构建 Binance 实例（第 3 行）和构架 ILogger 实例（第 2 行）的方法都注册进容器了。在执行第 4 行的 BuildServiceProvider 方法后，容器通过反射技术了解 Binance 类型和 ILogger 类型之间的依赖关系，也就能在调用 Binance 构造方法之前，自动为我们先创建要求的 ILogger 对象实例并将其作为参数传递进来。

第 5 行还演示了一个小技巧，这里用 using 语句为容器变量的使用显式创建了一个作用范围。这是因为容器变量 services 需要管理注册在里面的类型的生命周期，包括那些实现 IDisposable 接口来释放外部资源的类型，所以 ServiceCollection 也实现了 IDisposable 接口来满足资源管理的要求。而代码清单 3-22 采用的 ILogger 实际是异步将日志输出到控制台的，需要用第 5 行的方法在程序退出前强制输出日志。如果将第 5 行的 using 语句注释，执行示例程序是看不到日志的，这是因为在程序退出前还来不及输出日志。

代码清单 3-22　注册有外部依赖的类型的构造方法

```
// 源码位置: 第 3 章 /DI/Program.cs
// 编译和运行: dotnet run
01 var services = new ServiceCollection()
02     .AddLogging(config => config.AddConsole())
03     .AddSingleton<IBroker, Binance>()
04     .BuildServiceProvider();
05 using (services)
06 {
07     var broker = services.GetService<IBroker>();
08     broker.BuyLimit("USDT", "BTC", 10000, 1);
09 }
```

```
10
11 // ...
12
13 public class Binance : IBroker
14 {
15     private ILogger<Binance> _logger;
16     public Binance(ILogger<Binance> logger)
17     {
18         _logger = logger;
19     }
20
21     public void BuyLimit(string quote, string coin,
22                          decimal price, decimal volume)
23     {
24         _logger.LogInformation(
25             $"Binance 买单【{quote}-{coin}】, 买价:{price}, 数量:{volume}");
26     }
27 }
```

如果程序里有两个甚至两个以上的类型都实现了同一个接口，或者说需要根据指定的参数来决定要实例化的类型则需要实现参数化构建实例的容器。以交易所程序机器人为例，期望的行为是向容器传入交易所的名字，容器创建对象实例后，返回的是 IBroker 接口。代码清单 3-22 中容器注册行为就不能满足这个需求，如果第 3 行再添加一行如下代码，会导致容器不知道如何构建 IBroker 的实例。

```
.AddSingleton<IBroker,?Huobi>()
```

我们可以在容器里注册一个委托来解决程序里一个类型实例有多种构建方法的问题，如代码清单 3-23 所示。第 14 ～ 15 行在容器里注册了 Huobi 和 Binance 两个类型。注意，这里只注册了实际类型，并不像代码清单 3-22 中第 3 行那样指明 IBroker 类型，这说明只能从容器里获取实际类型的实例。第 16 行注册了一个构建 BrokerFactoryDelegate 委托类型的方法，委托在第 1 行定义，并且只接收一个参数——要创建的站点名称。关于 .NET 容器的使用方法，网络上的例子大多使用 Lambda 语法来描述实例，特别是委托类型的构建方法。第 16 行使用 CreateBrokerFactoryCaptured 静态方法创建 BrokerFactoryDelegate 实例。该方法在容器试图创建委托实例时调用，并在容器调用时传入一个 IServiceProvider 类型的参数，然后通过这个参数从容器获得必要的依赖项。第 3 ～ 11 行的 CreateBrokerFactoryCaptured 方法仅仅是用容器传入的 serviceProvider 对象创建并初始化一个名为 BrokerFactoryDelegateWithCapaturedVariable 的类型。该类型包含实现委托的具体方法 BrokerFactoryDelegateImpl（方法的定义在第 33 行），其作用是根据 site 参数判断要创建的交易所对象实例。注意，这里 BrokerFactoryDelegateImpl 方法是使用 serviceProvider 对象从容器直接获取要创建的对象实例，而不是自己硬编码创建，如第 36 行。这样，通过一个辅助类型 BrokerFactoryDelegateWithCaputuredVariable、一个辅助方法 BrokerFactoryDelegateImpl 和辅助委托 BrokerFactoryDelegate 就可以完成在运行时根据条件来选择 IBroker 不同的实现类型的需求。在后面讨论 Lambda 表达式的时候，我们将会看到 Lambda 表达式是如何简化代码的。第 11 ～ 17 行完成对象的创建方法等准备工作，之后就可以先从容器获取 BrokerFactoryDelegate 对象实例，再使用这个实例根据参数创建不同的交易所对象实例，如第 21 行、第 22 行和第 24 行。

代码清单 3-23　在容器中注册自定义的对象构建方法

```
// 源码位置：第 3 章 /DI/Program.cs
// 编译和运行: dotnet run
01 delegate IBroker BrokerFactoryDelegate(string site);
02
03 private static BrokerFactoryDelegate CreateBrokerFactoryCaptured(
04   IServiceProvider serviceProvider)
05 {
06     var wrapper = new BrokerFactoryDelegateWithCapturedVariable()
07     {
08         serviceProvider = serviceProvider
09     };
10     return wrapper.BrokerFactoryDelegateImpl;
11 }
12 var services = new ServiceCollection()
13     .AddLogging(config => config.AddConsole())
14     .AddSingleton<Huobi>()
15     .AddSingleton<Binance>()
16     .AddTransient<BrokerFactoryDelegate>(CreateBrokerFactoryCaptured)
17     .BuildServiceProvider();
18
19 using (services)
20 {
21     var factory = services.GetService<BrokerFactoryDelegate>();
22     var broker = factory("huobi");
23     broker.BuyLimit("USDT", "BTC", 10000, 1);
24     broker = factory("binance");
25     broker.BuyLimit("USDT", "BTC", 10000, 1);
26     // Console.ReadLine();
27 }
28
29 class BrokerFactoryDelegateWithCapturedVariable
30 {
31     public IServiceProvider serviceProvider;
32
33     public IBroker BrokerFactoryDelegateImpl(string site)
34     {
```

```
35            if (string.Compare(site, "huobi", true) == 0)
36                return serviceProvider.GetService<Huobi>();
37            else if (string.Compare(site, "binance", true) == 0)
38                return serviceProvider.GetService<Binance>();
39            else
40                throw new InvalidOperationException($" 不支持的站点: {site}");
41        }
42 }
```

在使用依赖注入构建对象模式时，客户端代码只需要向容器获取期望的对象即可，如代码清单 3-22 中第 7 行 GetService<IBroker> 方法在构建 IBroker 实例以及构建过程中要用到的其他依赖对象均由容器负责构建。这种由容器自动解决依赖关系的实例构建模式被称作依赖注入。依赖注入可以由以下几种方法来实现。

1. 通过构造方法注入

前面的例子中使用的都是这种方法，即将类型要用到的所有必要的依赖项通过构造方法的参数形式暴露出来，然后容器采用反射技术获取构造方法的参数列表后注入依赖。这是依赖注入最常用的方法。通过这种方法创建的对象，其依赖项在对象创建时就已经传入，可以在对象内部随时使用。但这种方法的缺点是程序启动时需要解析所有的依赖关系，会影响程序启动速度。为了保证框架的简洁以及便于引入第三方依赖注入容器，.NET Core 自带容器只支持构造方法注入。

2. 通过属性注入

这也是常用的一种依赖注入手段，即类型将其依赖通过属性的方式暴露出来，例如代码清单 3-22 中第 15 行的 Binance 类型的 _logger 对象，其除了可以通过 Binance 类型的构造方法的参数传递进来以外，也可以通过将其定义为 Binance 类型的公开属性，由容器注入相应的实例实现。这种注入手段的缺点是类型实例创建后，并不能保证其所依赖的属性是可以使用的，导致在运行时发生一些不可预测的行为。

3. 通过方法注入

这种注入手段不需要使用容器。在该方法里，类型通过暴露公开传入依赖对象的方法来解决依赖，如 Binance 类型可以定义一个 SetLogger 方法，由客户端组件调用该方法传入具体的 ILogger 实例并在运行时变更日志行。但在实际编程中，我们很少使用这种注入手段。

在 .NET 中，销毁对象并回收内存是由垃圾回收机制完成的，然而程序里有不少单例（Singleton）实例在程序终止运行之前并不希望被销毁，因此依赖注入容器都支持控制对象的生命周期。以 .NET Core 自带的容器为例，其支持控制以下几种对象的生命周期。

1）AddSingleton：在容器中注册一个单例类型，即容器只在第一次获取对象的请求时创建实例，后续复用此实例，如代码清单 3-23 中第 14 ~ 15 行注册的两个交易所类型 Huobi 和 Binance 就是采用单例模式注册的。

2）AddTransient：每次都创建一个新的实例，即创建的实例由垃圾回收机制销毁，如代码清单 3-23 中第 16 行的 BrokerFactoryDelegate 类型的对象的作用是获取交易所对象实例，因此可以定义为临时实例，不需要在内存中长期存在。

3）AddScoped：与 AddSingleton 类似，创建的是一个单例实例，但是这个单例实例只在指定的范围内有效，例如在 ASP.NET Core 里。我们可以使用 AddScoped 方法针对相同的 HTTP 会话创建一个单例实例，在 HTTP 会话结束后将其销毁。

ASP.NET Core 里内置了依赖注入的支持。很多组件包括配置信息都是靠依赖注入编程模式来创建实例的。这对于很多刚从 ASP.NET MVC，特别是 ASP.NET Web Form 技术架构迁移过来的程序员很不适应。比如在 ASP.NET Core 网站里添加日志模块，就需要使用依赖注入。在本书的示例代码里，笔者创建了一个简单的 ASP.NET Core 网站，读者也可以在命令行里执行 dotnet new mvc 脚手架命令，然后根据内置的 MVC 模板创建一个网站。MVC 模板包含了一个简单但五脏俱全的网站，例如 .cshtml 结尾的页面文件、处理网站业务逻辑的控制器都放在 Controllers 文件夹中，默认有展示首页的 HomeController.cs 文件、配置文件等。但默认的模板并没有包含日志模块，代码清单 3-24 中的第 9 行在网站里添加了日志模块，其中 services 变量是网站在启动时由 ASP.NET Core 框架代码调用 Startup 类型的 ConfigureServices 方法传入的容器变量，以便网站在容器调用 Build 方法完成创建之前注入自定义的依赖。

代码清单 3-24　在 ASP.NET Core 里添加日志模块

```
// 源码位置: 第 3 章 /aspnetdi/Startup.cs
// 编译和运行: dotnet run
01 public void ConfigureServices(IServiceCollection services)
02 {
03     services.Configure<CookiePolicyOptions>(options =>
04     {
05         options.CheckConsentNeeded = context => true;
06         options.MinimumSameSitePolicy = SameSiteMode.None;
07     });
08
09     services.AddLogging(config => config.AddConsole());
10     services.AddMvc();
11 }
```

ASP.NET Core 中几乎所有的模块都是通过容器构建的，如代码清单 3-25 中处理业务逻辑的控制器 HomeController 只需要定义一个接收日志模块参数的构造方法即可构建日志模块。ASP.NET Core 内置的容器会自动解析依赖并完成实例创建。我们从构造方法里获取日志模块的示例后，就可以在类型的其他地方使用，如第 11 行。因为前面代码清单 3-24 中配置了将日志输出到控制台，所以在命令行里执行 dotnet run 命令启动网站后，在浏览器中访问 http://localhost:5000，就可以在控制台看到打印的日志了。

代码清单 3-25　在 ASP.NET Core 的控制器类型里使用依赖注入的组件

```
// 源码位置: 第 3 章 /aspnetdi/Controllers/HomeController.cs
// 编译和运行: dotnet run
01 public class HomeController : Controller
02 {
03     private ILogger<HomeController> _logger;
04     public HomeController(ILogger<HomeController> logger)
05     {
06         _logger = logger;
07     }
08
09     public IActionResult Index()
10     {
11         _logger.LogCritical("访问首页! ");
12         return View();
13     }
14     // ...
15 }
```

实际上，由于添加日志模块是一个常见的操作，因此 ASP.NET Core 在启动时特意添加了一个扩展方法，以便程序员添加日志，如代码清单 3-26 中注释的第 10 ～ 13 行。

代码清单 3-26　ASP.NET Core 添加日志模块的扩展方法

```
// 源码位置: 第 3 章 /aspnetdi/Program.cs
// 编译和运行: dotnet run
01 public static void Main(string[] args)
02 {
03     CreateWebHostBuilder(args).Build().Run();
04 }
05
06 public static IWebHostBuilder CreateWebHostBuilder(
07     string[] args) =>
08     WebHost.CreateDefaultBuilder(args)
09         /*
10         .ConfigureLogging((hostingContext, logging) =>
11         {
12             logging.AddConsole();
13         })
14         */
15         .UseStartup<Startup>();
```

3.4　配置文件

将程序在运行过程中会用到的动态数据抽象出来，放到配置文件甚至数据库里是一个很常见的编程手段。在 .NET 发布之前，Windows 程序大多将 .INI 文件作为配置文件。.INI 文件实际上是由键 – 值对组成的文本文件。.NET 1.0 版本的配置文件仍然采用的是键 – 值对的配置思路，但文件格式变更为 XML 格式。进入 .NET Core 时代，系统支持从多个来源读取配置信息。本节先讨论 .NET 框架程序配置文件的使用方式，再介绍 .NET Core 的配置文件处理办法。

3.4.1　.NET 框架配置文件

在 .NET 框架中，配置文件是分层级的，最上层的是 machine.config 文件——包含全局的配置，保存在 Windows 系统的如下文件夹中：

```
%SYSTEMROOT%\Microsoft.NET\Framework\<.NET 版本号 >\CONFIG
```

.NET 框架程序有自己的配置文件，.NET 本地配置文件可以覆盖全局配置文件的设置，且配置文件一般与 .NET 框架程序存放在同一个文件夹里。.NET 框架程序分为两类，一类是桌面程序，包括命令行程序、GUI 程序；一类是 Web 应用，即 ASP.NET 网站应用。前者配置文件默认名称是 .NET 框架程序的文件名加上 .config 后缀，如 .NET 框架程序文件名是 demo.exe，其配置文件名就是 demo.exe.config。ASP.NET 网站应用的配置文件名统一是 web.config。虽然配置文件使用的是 XML 格式，但其依然遵循键 – 值对的配置思路，如代码清单 3-27 中分成 appSettings、connectionStrings 等几大节（Section），其中 appSettings 节允许在程序里通过指定的配置名称（Name）获取配置的值（Value）。代码清单 3-27 中 appSettings 节只有一个配置，名称是 Demo，值是 Demo 的值。connectionStrings 节是 .NET 2.0 之后才加进来的，使用方法与 appSettings 类似。.NET 特意将其作为一个独立的配置节是为了 .NET 框架程序有统一的地方读取数据库链接信息，如果是放在 appSettings 中，则很难做到名称的配置统一。

代码清单 3-27　.NET 框架程序配置文件示例

```
<?xml version="1.0" encoding="utf-8" ?>
<configuration>
    <appSettings>
        <add key="Demo" value="Demo 的值 " />
    </appSettings>

    <connectionStrings>
      <add name="DemoDb" connectionString="Data Source=(LocalDB)\
```

```
v11.0;Initial Catalog=DemoDb;Integrated Security=True;Pooling=False" />
    </connectionStrings>
</configuration>
```

代码清单 3-28 演示了在 .NET 框架程序里读取配置信息的方法，首先所有配置相关的类型都定义在 System.Configuration 命名空间，因此第 2 行先引入这个命名空间。命名空间里所有类型的入口是 ConfigurationManager 类。.NET 框架预先定义好的配置节都可以从这个类型的属性里获取。第 8 行通过字典类型的 AppSettings 节读取 appSettings 节的名为 Demo 的配置，第 10 行读取配置文件里的数据库连接字符串信息，因为 ToString 方法默认返回连接字符串的配置，所以代码里可以省略对 ConnectionString 的调用。

代码清单 3-28　在 .NET 框架里使用配置文件里的信息

```
// 源码位置: 第 3 章 /Configuration/NetFx/ConfigurationDemo.cs
// 编译: csc /debug ConfigurationDemo.cs
// 运行:
//    Windows: 直接运行 ConfigurationDemo.exe
//    Mac: 执行 mono ConfigurationDemo.exe
01 using System;
02 using System.Configuration;
03
04 public class Program
05 {
06     static void Main()
07     {
08         Console.WriteLine(" 配置: " + ConfigurationManager.AppSettings["Demo"]);
09         Console.WriteLine(" 数据库链接: " +
10             ConfigurationManager.ConnectionStrings["DemoDb"].ConnectionString);
11     }
12 }
```

除了预先定义好的配置节，.NET 框架也允许在配置文件中添加程序自定义的配置节，自定义的配置节需要在 configSections 节点下指明处理它们的方式，如代码清单 3-29 第 4 行的 section 节定义了一个名为 sampleSection 的自定义配置节。处理该配置节的类型是 SingleTagSectionHandler。由于该类型是 .NET 自带的，包含在 System.Configuration.dll 装配件里，所以类型的全名可以忽略装配件名称。实际的 sampleSection 节包含的配置则在第 8 行中定义，其中只包含一个名为 ApplicationTitle 的配置项。

代码清 3-29　在 .NET 框架配置中添加自定义配置节

```
01 <?xml version="1.0" encoding="utf-8" ?>
02 <configuration>
03     <configSections>
04         <section name="sampleSection"
```

```
05                       type="System.Configuration.SingleTagSectionHandler" />
06      </configSections>
07
08      <sampleSection ApplicationTitle=".NET 框架配置文件示例程序 "/>
09 </configuration>
```

代码清单 3-30 演示了在程序里读取自定义配置节内容的方法，通过入口类型 ConfigurationManager 的 GetSection 方法将配置信息读取到字典对象中，如第 2 行。接着在程序的后续部分通过字典对象及键名读取配置信息。

代码清单 3-30   在 .NET 框架程序里读取自定义配置节

```
01 IDictionary sampleSection =
02      ConfigurationManager.GetSection("sampleSection") as IDictionary;
03 Console.WriteLine(
04      " 自定义配置节: " + (string) sampleSection["ApplicationTitle"]);
```

代码清单 3-30 只是简单地将自定义配置节作为字典类型处理。当程序使用到这些配置时，可根据配置文件细节有针对性地进行转换。如果配置节的格式有变化，会极大地影响所有依赖此配置节的程序。因此，.NET 不仅运行程序员自己定义配置节的样式，还允许程序员定义解析配置节的方法。代码清单 3-31 中配置文件第 6 ~ 7 行的 demoSection 节有 3 个配置项。第 3 行在配置文件中指明 demoSection 配置节由 ConfigurationDemo 装配件里的 DemoSection 类型负责解析。

代码清单 3-31   在配置文件中指定解析配置文件的类型

```
01 <configSections>
02    <section name="demoSection"
03                 type="DemoSection, ConfigurationDemo" />
04 </configSections>
05
06 <demoSection stringValue="DemoSection 的文本配置 " boolValue="true"
07      timeSpanValue="6:00:00"/>
```

代码清单 3-32 的第 1 ~ 20 行是 DemoSection 类型，继承自 ConfigurationSection 类型。其定义了 3 个字段：StringValue、BooleanValue 和 TimeSpanValue，分别对应配置文件中 demoSection 配置节的 3 个配置项。这 3 个字段在基类将配置文件的内容读取后，通过基类提供的索引操作符获取对应的配置项的值，然后执行相应的类型转换并返给调用的客户端。在解析自定义配置节时，.NET 需要解析类型提供一些信息，以便将配置文件中的配置项映射到类型的字段。这个映射是通过特性来实现的，如代码清单 3-32 的第 3 行 StringValue 字段的 ConfigurationProperty 就是用来执行相应的映射工作

的。定义好解析类型之后，我们就可以在程序中使用配置项了，如代码清单 3-32 中第
24 ～ 26 行所示。

代码清单 3-32　将自定义配置节读取到对象中

```
01 public class DemoSection : ConfigurationSection
02 {
03     [ConfigurationProperty("stringValue", IsRequired = true)]
04     public string StringValue
05     {
06         get { return (string)base["stringValue"]; }
07     }
08
09     [ConfigurationProperty("boolValue")]
10     public bool BooleanValue
11     {
12         get { return (bool)base["boolValue"]; }
13     }
14
15     [ConfigurationProperty("timeSpanValue")]
16     public TimeSpan TimeSpanValue
17     {
18         get { return (TimeSpan)base["timeSpanValue"]; }
19     }
20 }
21
22 // ……
23
24 DemoSection demoSection =
25     ConfigurationManager.GetSection("demoSection") as DemoSection;
26 Console.WriteLine(" 自定义面向对象配置节: " + demoSection.StringValue);
```

.NET 框架的配置文件结构纷繁复杂，本节限于篇幅不可能面面俱到，所幸微软提供
了完整的文档说明配置文件的结构，读者可以将其作为日常工作中的参考书来使用（网址
为 https://docs.microsoft.com/en-us/dotnet/framework/configure-apps/file-schema/index）。

3.4.2　.NET Core 配置文件

在实际开发过程中，配置的渠道是多种多样的，特别是 ASP.NET Core 支持多种寄宿
（Osting）方式之后，除了从配置文件里读取配置信息以外，还可以从命令行参数、环境变
量、宿主进程甚至云端读取配置信息。配置文件的格式也是多样化的。.NET 框架 XML
格式的配置文件虽然严谨，但是配置起来略显烦琐，因此 ASP.NET Core 中的配置文件常
用的格式是 JSON。.NET Core 中与配置文件相关的类型和扩展方法都集中在 Microsoft.
Extensions.Configuration 命名空间。核心类型包含在同名组件包里，具体实现功能的类型

虽然定义在同一个命名空间，却分散在不同的组件包里。

　　首先来看最基本的从内存中读取配置信息。这个功能在编写单元测试用例时很有用，即当程序需要读取配置时，由于不同的测试用例大概率会用到不同的配置信息，如果从文件里读取，就需要准备很多配置文件，管理起来非常麻烦，而使用内存里的配置文件，可以将单元测试用例用到的配置信息直接与测试用例放在一起，便于管理和理解代码。以下命令可用于在 .NET Core 程序里引入配置组件包：

```
dotnet add package Microsoft.Extensions.Configuration
```

　　添加组件包的引用后，核心组件里自带的配置信息源来自内存，如代码清单 3-33 中第 9 ~ 13 行创建一个字典对象，其包含两个键 – 值对作为配置信息，第 16 行调用 AddInMemoryCollection 扩展方法将这个对象添加到配置信息源中。当第 17 行的 Build 方法将所有添加的配置信息源构建完成后，第 19 行就可以像字典类型那样根据键名读取配置信息了。

代码清单 3-33　从内存中读取配置信息

```
// 源码位置: 第 3 章 /Configuration/NetCore/Program.cs
// 编译: dotnet run
01 using System;
02 using System.Collections.Generic;
03 using Microsoft.Extensions.Configuration;
04
05 class Program
06 {
07     static void Main(string[] args)
08     {
09         var dict = new Dictionary<string, string>
10         {
11             {"mckey1", "mc-value-1"},
12             {"mckey2", "mc-value-2"}
13         };
14
15         var builder = new ConfigurationBuilder()
16             .AddInMemoryCollection(dict);
17         var config = builder.Build();
18
19         Console.WriteLine(" 内存配置: {0}", config["mckey1"]);
20     }
21 }
```

　　代码清单 3-33 中第 15 行的 ConfigurationBuilder 类型负责接收多种配置信息数据源，再将它们统一构建成便于使用的字典对象。数据源是从上往下依次处理的，因此同一个键名出现在多个数据源的话，最终的值取自最后一个数据源。在生产环境中，一般程序都是将配置信息写在文件中的。要在 .NET Core 程序中从文件读取配置信息，需要引入两个组件包：Microsoft.Extensions.Configuration.FileExtensions 和 Microsoft.Extensions.Configuration.Json。第一个包用来支持配置文件，第二个包用来读取 JSON 格式的配置信息。除了 JSON 格式，.NET Core 还支持 INI 和 XML 格式的配置文件，只要引入相应后缀名的组件包就可以使用。

代码清单 3-34 演示了从文件中读取配置信息的方法，第 4 行 AddJsonFile 扩展方法添加了 JSON 格式的配置数据源，读取的配置文件名被指定为 appsettings.json 文件，由于没有指明绝对路径，因此文件需要放在 .NET Core 的工作目录里（通常是程序所在的文件夹）。除了 appsettings.json 文件，第 6 行还根据环境变量 NETCORE_ENVIRONMENT 决定是否再添加一个文件数据源。这是软件工程的一个技巧，开发环境和最终的生产环境通常都会有一些不同的配置，例如不同的日志记录级别、不同的数据库连接字符串等。如果只使用一个配置文件，我们需要在日常的开发和生产环境不停地升级，非常容易因修改配置文件导致出错。而利用 .NET Core 的多个配置数据源的特性，我们可以将生产环境配置写在最终部署的 appsettings.json 文件里，将开发环境用到的配置信息放到单独的配置文件。一般为了便于管理，我们通常将这个配置文件命名为 appsettings.Debug.json，由 .NET Core 配置组件来完成最终的合并，并在开发时覆盖掉生产环境的配置信息。在运行时通过读取 NETCORE_ENVIRONMENT 环境变量来选择要使用的配置文件。

代码清单 3-34　.NET Core 从配置文件中读取配置

```
01 var environment = Environment.GetEnvironmentVariable("NETCORE_ENVIRONMENT");
02
03 var builder = new ConfigurationBuilder()
04     .AddJsonFile("appsettings.json");
05 if (!string.IsNullOrEmpty(environment))
06     builder = builder.AddJsonFile($"appsettings.{environment}.json");
07
08 var config = builder.Build();
09
10 Console.WriteLine("JSON 配置: {0}", config["JsonKey1"]);
11 Console.WriteLine("JSON 层级配置: {0}",
12     config["Logging:Debug:LogLevel:System"]);
```

.NET Core 的 JSON 配置文件解析器支持层级化配置项，当从 config 字典里读取层级化的配置时，使用 “：” 作为层级分隔符，如代码清单 3-34 的第 12 行。代码清单 3-35 列出了相应的配置文件。另外需要说明的是，在读取配置项时，键名是不区分大小写的，但笔者仍然建议读者严格遵循命名规则，以提高代码的可读性。

代码清单 3-35　.NET Core JSON 格式配置文件示例

```
{
    "Logging": {
      "Debug": {
        "IncludeScopes": false,
        "LogLevel": {
          "Default": "Debug",
          "System": "Debug",
          "Microsoft": "Debug"
        }
      }
    },
    "JsonKey1": "json-value-1",
    "JsonKey2": "json-value-2"
}
```

很多命令行程序都接收启动参数。在 .NET Core 程序从命令行参数传递配置信息时，我们只需要添加对 Microsoft.Extensions.Configuration.CommandLine 组件的引用，并在程序里调用 AddCommandLine 扩展方法。配置信息也是采取键 – 值对的形式传递，如表 3-3 所示。

表 3-3　从命令行参数传递配置信息

键名前缀	说明与示例
没有前缀	键 – 值必须使用英文的"="符号分隔，如 Key1=Value1
英文双横线"--"	键 – 值间可以用英文的"="符号或者空格符分隔，值里面包含空格的话，需要用引号括起来，如 --key2=value2, --key2 value2, --key2 "value 2"
英文斜杠"/"	键 – 值间可以用英文的"="符号或者空格符分隔，值里面包含空格的话，需要用引号括起来，如 /key3=value3, /key3 value3, --key3 "value 3"

AddCommandLine 方法有一个重载方法支持键名映射，即可以将键名映射到其他名称。但映射有两个要求。

1）映射的键名必须以英文横线"-"或者英文双横线"--"开始，如代码清单 3 - 36 .NET Core 命令行参数的键名映射第 3 ~ 4 行。

2）映射的字典里不能有同名的映射，如字典里同时包含 -d 和 d 是不允许的。

代码清单 3-36 中的键名映射配置传入 -d=value1、--k=value1 和 --CmdKey1=value1 的运行效果都是一样的。

代码清单 3-36　.NET Core 命令行参数的键名映射

```
01 var switchMapping = new Dictionary<string, string>
02 {
```

```
03      {"-d", "CmdKey1"},
04      {"--k", "CmdKey1"}
05 };
06
07 var config = new ConfigurationBuilder()
08      .AddCommandLine(args, switchMapping)
09      .Build();
10
11 Console.WriteLine(" 命令行配置: {0}", config["CmdKey1"]);
```

除了命令行参数，不少命令行程序会通过环境变量来读取设置。这种场景出现在使用 shell 或者批处理脚本程序中。很多系统管理员会使用 shell、批处理和 PowerShell 等脚本程序将一个或多个程序串行起来完成某个系统管理任务，如根据前一个程序的执行结果来判断是否要启动后一个程序等。在工程中增加 Microsoft.Extensions.Configuration. EnvironmentVariables 的组件引用，并调用 AddEnvironmentVariables 扩展方法可启用对环境变量的支持。该扩展方法有一个可选参数 prefix，用来设置环境变量名的前缀。ASP. NET Core 预置了一些环境变量前缀。有兴趣的读者可以参考文档：https://docs.microsoft. com/en-us/aspnet/core/fundamentals/configuration/?view=aspnetcore-2.2#environment-variables-configuration-provider。

代码清单 3-37 中的第 2 行开启了对 " CSHARP_" 为前缀的环境变量的支持，在 Mac 或者 Linux 的 shell 终端运行下面的命令就可以看到程序里正确读取了环境变量的值，也可以看到 C# 对环境变量名是不区分大小写的。

```
CSHARP_FROMENV=EnvValue dotnet run
```

代码清单 3-37　在 .NET Core 里添加环境变量参数设置的支持

```
01 var config = new ConfigurationBuilder()
02      .AddEnvironmentVariables("CSHARP_")
03      .Build();
04 Console.WriteLine(" 环境变量配置: {0}", config["FromEnv"]);
```

> 注意：上面的命令不能将 dotnet run 放到第 2 行执行，也不能在 dotnet 命令前面加 ";"或者 "&&" 符号。这是 shell 脚本执行命令的一个语法，意思是只在执行 dotnet 命令时设置 CSHARP_FROMENV 环境变量，命令执行完毕后环境变量就销毁了。

代码清单 3-38 演示了在 Linux 和 Mac 系统下 shell 脚本的常用技巧，其将 cat 程序的输出结果保存到 CSHARP_FROMENV 环境变量，然后在 dotnet run 执行时从环境变量里读取数据进行后续的处理。其中，命令"cat -"的意思是从 cat 程序的标准输入（即键盘）中读取用户敲入的字符串，再由"\$()"捕捉到命令"cat"的输出结果并赋值给环境变量。图 3-12 是执行效果。

代码清单 3-38　在 bash 脚本里设置环境变量的值

```
#! /bin/bash

echo "请输入环境变量 CSHARP_FROMENV 的值，以 CTRL+D 结束："
CSHARP_FROMENV=$(cat -) dotnet run
```

```
shiyimindeMacBook-Pro:NetCore shiyimin$ ./rundotnet.sh
请输入环境变量CSHARP_FROMENV的值，以 CTRL+D 结束：
This is a test
环境变量配置：This is a test
shiyimindeMacBook-Pro:NetCore shiyimin$ []
```

图 3-12　在 shell 脚本里设置环境变量由 dotnet run 程序读取执行结果

.NET Core 还支持将配置参数直接映射到类型。这个思路与 JSON 反序列化和处理数据库交互时的对象关系映射（OR Mapping）类似。将程序的配置以面向对象的方式处理，无疑提供了极大的方便。Microsoft.Extensions.Configuration.Binder 组件就是用来映射的。类型定义在 Microsoft.Extensions.Configuration 命名空间。我们在使用时可先在程序里定义好与配置信息相对应的映射类型（如表 3-4 所示）。映射实体类型也是不区分大小写的。

表 3-4　.NET Core 配置数据以及与之对应的类型

appsettings.json 配置	配置对象类型

<pre>{
    "option": {
    "site": "huobi",
    "quote": "USDT",
    "coin": "BTC",
    "price": 9700,
    "volumn": 1,
    "isbuy": true
    }
}</pre>
	<pre>class Option
	{
	    public string Site { get; set; }
	
	    public string Quote { get; set; }
	
	    public string Coin { get; set; }
	
	    public bool IsBuy { get; set; }
	
	    public decimal Price { get; set; }
	
	    public decimal Volumn { get; set; }
	}</pre>

映射完毕后，在代码中直接创建映射类型的对象实例，通过 IConfiguration 类型的 GetSection 方法从配置文件 appsettings.json 中读取对应的配置节，并调用 Binder 组件里的 Bind 扩展方法映射，如代码清单 3-39 所示。

代码清单 3-39　在 .NET Core 中执行配置信息映射

```
var option = new Option();
config.GetSection("option").Bind(option);
Console.WriteLine(
    $" 站点: {option.Site}, 方向: {option.IsBuy}, 价格: {option.Price}");
```

前面提到从 config 字典里读取层级化的配置时，使用"："作为层级分隔符，表 4-3 中的"option"配置项可以看成是一个层级化的配置，因此可以脱离配置文件，直接从命令行参数中传递层级配置。下面的命令也能实现表 4-3 中的配置效果：

```
dotnet run --option:site=huobi --option:isbuy=true --option:price=9800
```

.NET Core 的环境变量配置项也支持层级分隔符，然而由于环境变量名只能由字母、数字和下划线组成，因此要用两个下划线"__"替换"："这个层级分隔符，如环境变量名"OPTION__APIKEY"和命令行中"—option:apikey"的作用是一样的。

3.5　程序案例

本书附带示例程序 traderbot-v2 综合了前面讨论的知识，使用 dotnet new 命令的 console 模板创建一个从命令行向交易所下单的程序。构建工程的具体操作步骤请读者参考工程里面的 README.md 文档。

代码清单 3-40 是程序初始化依赖注入、日志和配置文件的代码，支持从配置文件、环境变量和命令行参数部分读取配置信息，如第 6 ~ 11 行。注意，这里三个配置信息源的添加顺序——配置文件里的配置信息优先级最低，命令行参数传入的配置信息优先级最高，即相同的配置项，命令行传入的值可以覆盖配置文件 appsettings.json 里的设置。而第 1 ~ 4 行创建了一个简单的映射，即将"-s"参数映射成"--Option:Site"参数。笔者在编写示例程序时，曾将"-p"映射成"--Option:Price"参数。但该参数与 dotnet run 命令本身的"-p"参数冲突了，因此这里只做一个演示，其他参数的映射请读者自行修改代码实现。

第 16 ~ 25 行执行依赖注入的初始化工作，其中第 17 行调用 AddLoggingDetails 方法配置好日志相关的设置，再将配置好的日志类型注入容器。第 18 ~ 20 行注入程序支持的交易所的订单类型封装。第 21 行从配置里读取访问交易所要用到的 key 和 secret（用在接口鉴权上）。示例代码是一个选择交易所下单的命令行程序，该程序没有对每个支持的交易所均设置对应的 key 和 secret，而且 key 和 secret 在同一个交易所的所有实例中都是共用的，因此将保存它们的对象注册为单例对象。

第 29 ~ 30 行根据读取的配置信息 option.Site 从容器中创建交易所对象，第 32 行读取 configdir 配置项对交易所对象进行初始化。在构造方法之外提供初始化方法的目的是支持懒加载，由于使用容器获取实例对象时，容器构建实例（即调用构造方法）的时间是不可控的，因此在示例代码中类型的构造方法都尽量简单，只用来赋值容器中注入的依赖的对象引用。Initialize 方法用来在必要的时候对上层应用执行完整的初始化。不同交易所的实现策略不同。最典型的例子就是不同交易所中可交易的数字资产交易对有很大差异。通常，交易所对最小下单量、下单价格精度都有不同的要求，虽然这些信息都可以通过交易所提供的接口获得，但每次在启动程序或者初始化类型时都调用一次接口获取信息没有太大必要，而且代码工作量也不小。示例代码的做法是先手动调用交易所的接口获得信息，然后按固定的格式缓存在单独的配置文件中，以便后续处理。最后第 34 ~ 36 行通过一个查询未成交订单的接口完成演示。

代码清单 3-40　交易所下单程序初始化部分

```
01 var switchMapping = new Dictionary<string, string>
02 {
03     {"-s", "Option:Site"}
04 };
05
06 var config = new ConfigurationBuilder()
07     .SetBasePath(Directory.GetCurrentDirectory())
08     .AddJsonFile("appsettings.json")
09     .AddEnvironmentVariables("TRADE_")
10     .AddCommandLine(args, switchMapping)
11     .Build();
12
13 var option = new Option();
14 config.GetSection("option").Bind(option);
15
16 var container = new ServiceCollection()
17     .AddLogging(AddLoggingDetails)
18     .AddSingleton<Huobi>()
19     .AddSingleton<HuobiMargin>()
20     .AddSingleton<Okex>()
21     .AddSingleton<ApiOption>(new ApiOption() {
22         ApiKey = option.ApiKey, ApiSecret = option.ApiSecret })
23     .AddTransient<BrokerFactoryDelegate>(CreateBrokerFactoryAnonymous)
24     .AddSingleton<IConfiguration>(config)
25     .BuildServiceProvider();
```

```
26
27 using (container)
28 {
29     var factory = container.GetService<BrokerFactoryDelegate>();
30     var broker = factory(option.Site);
31
32     broker.Initialize(config["configdir"]);
33
34     var orders = broker.GetOpenOrders(option.Quote, option.Coin);
35     foreach (var order in orders)
36         Console.WriteLine(" 未成交数量: {0}", order.QuantityRemaining);
37 }
```

　　笔者已经在示例程序的配置文件 appsettings.json 中保存好可以支持程序运行必要的配置项，直接运行 dotnet run 命令即可启动。我们也可以使用下面的命令通过环境变量和命令行参数覆盖配置文件中的配置项进行启动。

```
TRADE_OPTION__APIKEY=xxx-xxx TRADE_OPTION__APISECRET=yyy-yyy dotnet run -s
hbm --option:quote BTC --option:coin ETH --option:price 0.01 --option:volum 1
```

　　为了避免泄露交易时鉴权用的 API key 和 API secret，我们采用代码清单 3-40 演示的技巧，即在每次运行时由管理员手动接收数据。对于类似 API key、API secret 和数据库连接字符串这样需要严格控制访问权限的配置项，.NET 也提供了加密配置的解决方案。对于 .NET 框架的应用，读者可以参考 RsaProtectedConfigurationProvider 类型。ASP.NET Core 提供了 Secret Manager 方法，相关的文档请参考：https://docs.microsoft.com/en-us/aspnet/core/security/app-secrets。

3.6　本章小结

　　本章讨论了面向对象的编程，虽然示例代码中的交易所网站在国内无法访问，但整体编程思路是相通的。本章还探讨了依赖注入和日志等商业化程序常用的编程架构。关于依赖注入，本章仅限于使用层面，具体容器是如何发现类型中的构造方法的，每个构造方法的参数列表是怎样的等，这些信息可通过反射技术获取。下一章将探讨反射技术以及 .NET 对动态编程的支持。

第**4**章

反射与动态编程

C# 不只支持静态编程语言，还支持动态编程语言。静态编程语言和动态编程语言的区别在于，静态编程语言在程序中定义多少类型，类型里有哪些字段和方法都是在编译期就决定的，在运行时无法变更。而动态编程语言支持在运行时变更类型里的字段和方法，甚至支持定义新的类型。从 C# 4.0 开始引入了新的关键字，也是新的类型：dynamic。当一个对象被声明成 dynamic 类型时，在编译期就会跳过静态类型检查，而在运行时可以根据上下文决定对象的实际类型以及可操作的具体方法和字段。本章将展示 C# 动态编程的基础技术——反射、DLR（Dynamic Language Runtime，动态语言运行时）以及动态编程。

4.1 反射

在早期的编程语言中，由于计算机磁盘和内存资源都很有限，因此程序除了代码、静态字段以及必要的操作系统的可执行文件结构数据以外，基本没有额外信息。这种限制随着软件复杂度变得越来越高，如在支持插件的主程序和插件通过接口交互。随着版本升级，接口版本有可能更新。新老版本的主程序和插件程序混用时，主程序需要知道插件支持的接口版本。例如在分布式系统编程中，当程序调用其他机器上的代码时，即远程过程调用（Remote Procedure Call，RPC），需要将内存的对象和在网络上传输的字节数据相互转换。在缺少描述程序的代码和数据结构的信息下，这种转换几乎是不可能的。在 C/C++ 时代，这种内存中的对象和网络上传输的字节数据的转换是通过辅助文件——IDL（Interface Description Language，接口定义语言）文件来实现的。虽然不少语法与 C/C++ 语法类似，但 IDL 是有自己语法的独立语言。定义好的 IDL 文件需要使用 rpcgen 命令生成 C/C++ 存根代码源文件，编译进程序后才能进行远程过程调用。其结构如图 4-1 所示。

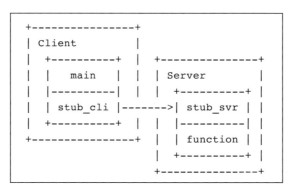

图 4-1   C/C++ 的 RPC 程序结构

这种结构不支持在运行时获取程序的代码和数据结构等组成信息，只能通过添加新的工具以打补丁的方式获取，这大大增加了 C/C++ 等分布式程序的编程复杂度。一方面出于简化编程的目的；另一方面出于硬件的能力的发展，后期的如 Java、C# 等编程语言都支持在运行时获取程序信息，该技术称为反射（Reflection）。

在 .NET 中，可执行文件如 exe 和 dll 文件都是以组装件（Assembly）的形式呈现的。实际上，最小的可执行单元是模块（Module），即组装件可以包含多个模块，但组装件通常只包括一个模块。当初这样设计的目的是在网络上下载并运行 .NET 程序时便于增量下载，如先下载主模块或者最常用的模块，对于用得很少的模块则可以按需下载。模块包含源文件中定义的类型（Type），如类（Class）、结构体（Struct）、接口（Interface）、委托（Delegate）和枚举（Enum），等等。类型包含成员，如方法、字段等。这些包含关系是一个树形结构，.NET 的反射技术支持遍历所有的信息。System.Reflection 命名空间包含与反射技术相关的大部分类型，而这些与反射相关的类型大部分是通过 System.Type 类来访问的。

4.1.1 获取类型信息

.NET 通过反射技术获取加载进内存的类型信息。CLR 为其创建了一个 System.Type

类型的对象。通过这个对象，.NET 可以获取类型所在的组装件信息、类型中的成员信息、访问和调用方法等。程序可以通过下面几种方法获得 Type 类型的对象。

1）Object.GetType 方法：这是定义在 Object 类型的实例方法，用来返回对象的类型信息。因为该方法是在 Object 类型上定义的，所以所有的 .NET 对象，包括值类型变量，采用装箱（Boxing）操作获取描述其类型信息的 Type 对象，如代码清单 4-1 中第 9 行获取值类型变量 i 的类型信息。

2）typeof 关键字：其是 C# 关键字，用于为类型获取 Type 对象，如代码清单 4-1 中第 13 行获取 int 类型的对象。typeof 关键字一般用在接口编程模式下。主程序定义好接口后，通过遍历动态加载与接口匹配的对象类型。typeof 运算符也可获取开放式泛型类型。在 4.1.2 节中，我们将讨论它与 Object.GetType 方法的比较。

3）Assembly.GetType 或 Assembly.GetTypes 方法：在加载到进程的组装件对象中搜索匹配的类型，并返回 Type 对象。

代码清单 4-1 演示了通过 Type 对象查询的类型信息，例如 Assembly 字段返回包含类型定义的组装件信息，GetConstructors 方法返回类型的构造函数列表，GetMethods 方法返回类型定义的方法列表，GetFields 和 GetProperties 方法则分别获取类型中的字段和属性等成员信息。由于类型里有静态成员和实例成员之分，成员的访问修饰符也有区别，因此这些方法都可以用 BindingFlags 枚举进行过滤。这里演示了标志位枚举的典型用法，并通过逻辑或"|"操作符传入多个筛选条件。

第 14 行的运行结果视运行的平台不同而不同。如果在 Windows 的 .NET 框架下运行，System.Int32 类型是在 mscorlib 组装件里定义；如果在 macOS 的 .NET Core 下运行，System.Int32 是在 System.Private.CoreLib 里定义。

第 17 行获取的是示例代码中定义的类型信息，Assembly 字段返回的是编译后生成的组装件信息，即 ReflectionDemo。如果编译时 csc 命令的 /out 参数指明了生成的组装件名称，那么 Assembly 字段返回的是 /out 参数指定的名称。

代码清单 4-1　通过反射获取类型信息

```
// 源码位置：第 4 章 \ReflectionDemo.cs
// 编译命令：csc ReflectionDemo.cs
01 using System;
02 using System.Reflection;
03
04 public class ReflectionDemo
05 {
06     static void Main()
07     {
08         int i = 42;
```

```
09          Type type = i.GetType();
10          // 打印：变量 i 的类型：System.Int32
11          Console.WriteLine($" 变量 i 的类型：{type}");
12          // 打印：变量 i 的类型：System.Int32，属于：System.Private.CoreLib ……
13          type = typeof(int);
14          Console.WriteLine($" 变量 i 的类型：{type}，属于：{type.Assembly}");
15          // 打印：本类：ReflectionDemo，属于：ReflectionDemo ……
16          type = typeof(ReflectionDemo);
17          Console.WriteLine($" 本类：{type}，属于：{type.Assembly}");
18          // 打印：当前组装件：ReflectionDemo, ……
19          Assembly assembly = Assembly.GetExecutingAssembly();
20          Console.WriteLine($" 当前组装件：{assembly}");
21
22          type = typeof(DateTime);
23          ConstructorInfo[] ctors = type.GetConstructors(
24              BindingFlags.Public | BindingFlags.Instance);
25          PrintMembers(ctors);
26          MethodInfo[] methods = type.GetMethods(
27              BindingFlags.Public | BindingFlags.Instance);
28          PrintMembers(methods);
29          FieldInfo[] fields = type.GetFields(
30              BindingFlags.Public | BindingFlags.Instance);
31          PrintMembers(fields);
32          PropertyInfo[] properties = type.GetProperties(
33              BindingFlags.Public | BindingFlags.Instance);
34          PrintMembers(properties);
35      }
36
37      static void PrintMembers(MemberInfo[] members)
38      {
39          foreach (var member in members)
40              Console.WriteLine($"{member.MemberType} {member.Name}");
41
42          Console.WriteLine("------------");
43      }
44 }
```

　　反射技术之所以能够在运行时提供如此丰富的信息，是因为 .NET 在编译期就已经将包含的类型和类型成员信息作为元数据（Meta Data）打包进组装件里。每个组装件自带一个清单文件（Manifest），里面包含了组装件的标识信息，如名称、版本号、组装件里的类型和资源列表、引用的其他组装件列表等。在 Windows 系统下使用 .NET SDK 自带的 ildasm.exe 就可以查看组装件里的元数据信息；在 Linux 和 macOS 下需使用 Mono 平台提供的 monodis 命令查看或者在工程里引用 dotnet-ildasm 包为 dotnet 提供扩展命令。其中，ildasm.exe 是图形化工具，另外两个都是命令行工具。

　　图 4-2 是使用 ildasm 命令打开的一个组装件的界面。可以发现，组装件内部构成的

树形控件结构，最上面是清单文件，其下按照命名空间展示组装件里的类型信息，依次遍历每个类型的成员。清单文件界面如图 4-3 所示，双击类型中的成员方法可以打开反编译的 IL 代码界面。

图 4-2　使用 ildasm 反编译组装件

图 4-3　组装件的清单文件界面

我们从图 4-3 可以看到，第一部分是引用的组装件列表，打开的示例程序比较简单，只引用了 mscorlib 组装件。它是 .NET 的核心库，称为 BCL（Basic Class Library, 基础类库）。所有的 .NET 程序都会引用它。

反射技术是一个基础技术，在应用开发的场景里不常用。以下是主要的反射技术应用场景。

- ❏ 序列化和反序列化：使用反射技术递归遍历对象的成员，将每个成员的值写到字节流中；或者使用反射技术获取类型的成员信息，将字节流中的数据转换成类型成员的值。
- ❏ 远程过程调用：客户端将要调用的方法序列化到网络字节流中，服务器端收到数据后转换成方法调用并将结果序列化回客户端。
- ❏ 对象关系映射：将数据库特别是关系型数据库中的表结构映射到 .NET 类型，实现在程序中通过对象来访问数据库。
- ❏ 与动态脚本语言交互：将 .NET 对象传给动态脚本语言，以便脚本语言将其当作原生对象操作。
- ❏ 插件化架构：程序通过插件补充自身功能，通过将编译好的组装件放到主程序的插件文件夹中，以便主程序加载和使用。
- ❏ 依赖注入：通过反射技术获取对象的构造函数和相关参数，递归在反向控制容器中创建调用构造函数的实例；或者通过反射技术获取对象的属性成员，根据容器中注册的实例化方法给属性赋值。

4.1.2　动态加载

大型程序特别是客户端程序常常采用插件化架构。在这种架构下，首先程序定义好主要框架，然后第三方程序或功能由插件提供。插件往往是部署到主程序指定的文件夹。然后由主程序加载到内存中。Assembly 类型的 Load 方法家族就是在运行时将新的组装件加载进内存，再通过反射等技术利用新组装件。代码清单 4-2 展示了动态加载组装件并使用类型成员。

代码清单 4-2　动态加载组装件并使用类型成员

```
01 Assembly assembly = Assembly.LoadFrom(args[0]);
02 Type type = assembly.GetType("DemoClass");
03 MethodInfo sAdd = type.GetMethod("Add",
04     BindingFlags.Static | BindingFlags.NonPublic);
05 int result = (int)sAdd.Invoke(null, new object[] { 1, 2 });
06 Console.WriteLine($"Static Add: {result}");
07 ConstructorInfo ctor = type.GetConstructor(new Type[] { typeof(int) });
```

```
08 object dcInst = ctor.Invoke(new object[] { 10 });
09 PropertyInfo property = type.GetProperty("Value");
10 result = (int) property.GetValue(dcInst);
11 Console.WriteLine($"Value: {result}");
12 MethodInfo add = type.GetMethod("Add", new Type[] { typeof(int) });
13 add.Invoke(dcInst, new object[] { 3 });
14 property = type.GetProperty("Value");
15 result = (int) property.GetValue(dcInst);
16 Console.WriteLine($"Instance Add: {result}");
```

代码清单 4-2 中第 1 行使用 Assembly.LoadFrom 静态方法从文件系统里加载组装件，其路径通过命令行参数传入。加载成功的话，第 2 行通过类型名搜索类型得到 Type 对象，再根据成员名称在类型中搜索方法和字段等成员，如第 3 行搜索静态的非公开 Add 方法，第 7 行搜索构造函数。由于构造函数可能有多个重载方法，因此在搜索时指定了参数类型列表，以过滤出符合条件的重载方法。第 9 行搜索 Value 属性，第 12 行搜索名为 Add 的实例方法。从这几行搜索条件也可以看到，GetXXX 方法默认搜索的是公开的实例成员，搜索静态的成员需要用 BindingFlags 条件过滤。BindingFlags 枚举有很多搜索条件，包括搜索非公开成员，如第 4 行的 BindingFlags.NonPublic 条件。通过反射技术使用类型的成员，一般是先在类型中搜索到相应的成员，然后直接使用。如果成员是实例成员，在通过反射技术调用成员时，需要传入对象的实例，如第 8 行通过搜索到的构造函数创建类型的实例，然后在第 10 行和第 13 行调用实例属性和实例方法时传入该实例，以便利用实例中保存的状态。如果成员是静态成员，那么在调用时无须传入实例，只要传入 null 值即可，如第 5 行对静态非公开方法 Add 的调用。

代码清单 4-3 是加载的组装件源码，可以看到 DemoClass 类型中定义了两个 Add 方法的重载，并定义了一个只读的 Get 属性。如第 7 行的静态 Add 方法通过代码清单 4-2 的第 3 ～ 5 行的方法获取并调用，第 12 行的实例 Add 方法通过代码清单 4-2 的第 12 ～ 13 行的方法获取并调用，而第 3 行的 Value 属性值则通过代码清单 4-2 的第 9 ～ 10 行读取。

代码清单 4-3　动态加载的 DemoClass 源码

```
// 源码位置: 第 4 章 \reflection-call-demo\DemoClass.cs
// 编译命令: csc /t:library DemoClass.cs
01 public class DemoClass
02 {
03     public int Value { get; private set; }
04
05     public DemoClass(int v) { Value = v;}
06
07     static int Add(int left, int right)
08     {
```

```
09          return left + right;
10      }
11
12      public void Add(int value)
13      {
14          Value += value;
15      }
16 }
```

一般来说，动态加载的组装件都是用来补充主程序功能的，基本上是 dll 后缀的函数库，因此编译时使用了 /t:library 开关。Assembly.LoadXXX 方法家族不仅可以加载 dll 文件，还可以加载 exe 后缀的组装件，只要被加载的文件是 .NET 的组装件即可。Assembly.Load 等方法在加载不成功时会抛出 FileNotFoundException 异常，这个异常容易引起误解，特别是待加载的组装件和主程序在同一个文件夹时抛出这个异常，更让人费解。如代码清单 4-4 的异常描述，如果只看异常类型的话，往往会让人以为是找不到文件引发的异常，但仔细看后面的异常描述，实际上是无法加载组装件或者组装件无法引用依赖文件引发的。而且异常的最后一句话更是说明了错误的原因，虽然待加载的组装件和其依赖文件都已经找到了，但是文件夹中的依赖文件的清单描述与编译待加载组装件时用到的依赖文件不符。这种错误往往是编译期和运行时采用了不同版本的依赖组装件造成的。举个例子，如果组装件 A 引用了组装件 B，在编译期引用的是 B 的 2.0 版本，在运行时却存放的是 B 的 1.0 版本，那么当程序试图加载 A 时，发现无法满足加载 B 的 2.0 版本的要求，就会抛出如代码清单 4-4 的异常。

代码清单 4-4　Assembly 无法加载时的错误描述

```
Unhandled Exception: System.Reflection.TargetInvocationException: Exception has
been thrown by the target of an invocation. --->System.IO.FileLoadException:
Could not load file or assembly 'C, Version=2.0.0.0, Culture=neutral,
PublicKeyToken=ec0688dd1bfc339c' or one of its dependencies. The located
assembly's manifest definition does not match the assembly reference. (Exception
from HRESULT: 0x80131040)
   at B.HelloWorld()
   at DemoClass.Add(Int32 value)
   --- End of inner exception stack trace ---
......
```

当 .NET 程序在启动或加载某个组装件出现这种错误时，第一步需仔细看一下异常说明。这些异常说明往往很详尽，如错误：Could not load file or assembly 'C, Version=2.0.0.0, Culture=neutral, PublicKeyToken=ec0688dd1bfc339c' or one of its dependencies. 基本上说清楚了是名为 C，版本号是 2.0.0.0，且公钥签名是 xxx 的组装件找不到，或者其某个依赖找不到造成了该异常发生。拿到异常信息先用排除法看看 C.dll

的版本号是不是 2.0.0.0，公钥签名是不是匹配，如果不匹配的话，就使用匹配的 C.dll 再次尝试看能否解决问题。

排除了直接加载的组装件——C.dll 文件的嫌疑之后，再判断具体是哪一个依赖项的问题，这是一个棘手的事情。不过，.NET 事先准备了跟踪工具——Fusion 日志辅助程序员定位问题。Fusion 是 .NET 中处理组装件加载的模块的开发代号。其在加载组装件时会输出大量日志来记录加载过程，出于性能和节约资源的考虑，默认是关闭的。在 Windows 系统里，我们需要修改注册表的 HKEY_LOCAL_MACHINE\SOFTWARE\Microsoft\Fusion 项目，新增表 4-1 所示的键 – 值对来启用日志。不过，这个注册表只能控制 .NET 框架的加载日志的启用功能。启用日志后，再次出现加载错误，我们就可以在 LogPath 指定的文件夹里找到日志。

表 4-1　键 – 值对

键名	类型	值
ForceLog	DWORD	1
LogFailures	DWORD	1
LogResourceBinds	DWORD	1
EnableLog	DWORD	1
LogPath	String	文件夹绝对路径，需要以 "\" 结尾，且文件夹必须存在，如 "c:\fusionlogs\"

对于 .NET Core，修改 Fusion 注册表项的方法并不适用。但其支持通过环境变量 COREHOST_TRACE 来跟踪 .NET Core 在运行时的整个日志。我们可在终端执行如下命令启用日志：

```
export COREHOST_TRACE=1
```

输出的日志很多，一般来说会将输出重定向到文件中，慢慢分析。该日志是输出到标准错误文件中的，因此需要使用 "2>" 重定向符号，如：

```
dotnet ReflectionCall.exe A.dll 2> load.log
```

4.1.3　序列化

序列化是将内存中的对象转换成字节流，以便在网络传输或者在硬盘中保存，如图 4-4 所示。程序将对象序列化成字节流时，不光保存了数据，还保存了对象类型、版本号、区域设置、组装件名称等信息。在反序列化时，程序可以通过这些信息在字节流中重新构建对象。.NET 支持将对象序列化成多种格式：二进制、XML、SOAP 协议以及程序自定义格式（最常见的是 JSON 格式），而且具体选择对象的哪些字段序列化也是高度可定制的。序列化有很多应用场景，例如在 Web 服务调用中，客户端需要调用服务器端的 Web 服务，通常需要将调用的参数打包发给 Web 服务的 API，而服务器端也需要将结果数据返给客户端，使用序列化就能方便地完成这个任务。而且序列化支持多种格式，这使得其不管是在面向开放网络需要支持 SOAP 格式的数据，还是为了效率在内部网络需要支持二进制格式的数据都非常有用。又例如在需要保存数据时，序列化可以很方便地将对象的状态保存到持久化设备里。还有一个经常用到序列化的地方是，多个 GUI 程序通过剪贴板共享数据。一个 GUI 程序将需要共享的数据序列化并放到剪贴板里，另外一个程序从剪贴板里读取数据后反序列化成对象并使用。

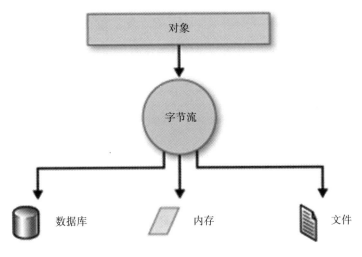

图 4-4　序列化示意图

在 .NET 里，与序列化相关的类型都放在 System.Runtime.Serialization 命名空间中。而且序列化经常跟 Stream 抽象类一起使用，这也很符合分而治之的编程思想，即序列化只考虑如何在对象和字节之间相互转换的问题，而具体的读写操作交给 Stream 类型家族。序列化一个对象需要用到两个对象。反序列化也如此。

❑ Stream 对象：用来保存序列化后的对象。

❑ Fomatter 对象：用来实现序列化。

在代码清单 4-5 中，第 16 行创建了 BinaryFomatter 对象。从名字可以看出，这里采用的是二进制序列化格式。第 4 行引入了其所在的命名空间。接下来在第 18 行打开了用来保存结果数据的 FileStream 对象，最后在第 20 行调用 BinaryFomatter 的 Serialize 方法完成序列化。Serialize 方法只需要两个参数：一个参数用来保存结果的 Stream 对象，另一个参数用来序列化对象。具体的序列化操作由 BinaryFomatter 对象采用反射技术递归遍历 order 对象的成员属性或者字段完成。反序列化过程类似，打开 Stream 对象后，在第 25 行使用 Deserialize 方法从 Stream 对象中读取数据。由于数据中包含对象的类型信息，因此 .NET 可以独自恢复对象的状态。由于 Deserialize 不是泛型方法，其返回的结果是通用的 object 类型，因此我们需要做一个到目标类型的强制转换。

代码清单 4-5　序列化和反序列化示例

```
// 源码位置: 第 4 章 \SerializationDemo.cs
// 编译命令: csc SerializationDemo.cs
01 using System;
02 using System.IO;
03 using System.Runtime.Serialization;
04 using System.Runtime.Serialization.Formatters.Binary;
05
06 public class SerializationDemo
07 {
08     static void Main()
09     {
10         var order = new Order {
11             Id = Guid.NewGuid(), UserId = 888, Market = "BTC/USDT",
12             Volume = 1.23m, PlacedDate = DateTime.Now,
13             ClientIdentity = Guid.NewGuid().ToByteArray()
14         };
15
16         IFormatter formatter = new BinaryFormatter();
17         var filename = "serialization.bin";
18         using (var stream = new FileStream(
19             filename, FileMode.OpenOrCreate, FileAccess.Write))
20             formatter.Serialize(stream, order);
21
22         Order deserialized = null;
23         using (var stream = new FileStream(
24             filename, FileMode.Open, FileAccess.Read))
25             deserialized = (Order) formatter.Deserialize(stream);
26
27         Console.WriteLine(
28             $"order.Id: {order.Id}, deserialized.Id: {deserialized.Id}");
29     }
30 }
```

要使用其他格式如 SOAP 进行序列化也很简单，如代码清单 4-6 所示，只需要将执行序列化的 formatter 从 BinaryFomatter 替换成 SoapFomatter 类型，再引用 SoapFormatter 的命名空间即可。由于两个类型都实现了 IFormatter 接口，因此可以相互替换。其他代码则保持一致。这是一种典型的 Visitor 设计模式，即递归遍历对象成员字段的方式是一致的，通过更换不同的 Visitor（即 IFormatter 对象）来实现不同的结果。

代码清单 4-6　使用其他格式进行序列化

```
01 using System.Runtime.Serialization.Formatters.Soap;
02 // ...
03 // IFormatter formatter = new BinaryFormatter();
04 // var filename = "serialization.bin";
05 IFormatter formatter = new SoapFormatter();
06 var filename = "serialization.xml";
```

在使用代码清单 4-5 的例子时，细心的读者会发现被序列化的 Order 类型的定义上标注了 Serializable 特性，如代码清单 4-7 的第 1 行。如果去掉第 1 行，序列化时会抛出如 System.Runtime.Serialization.SerializationException: Type 'Order' in Assembly 'Serialization-Demo, Version=0.0.0.0, Culture=neutral, PublicKeyToken=null' is not marked as serializable. 的异常信息。这是因为不同的 IFormatter 类型序列化对象字段时遍历的深度不一样，如 BinaryFormatter 十分强大，直接通过给对象的成员甚至是私有成员赋值来构建对象，不用调用类型的构造函数。但这种做法带来了以下两个问题。

1）对象的一些状态是不适合序列化和持久化的，例如打开的文件句柄（Handle）、内存地址等，这些状态从一台机器传输到另一台机器上就失去原先的意义了。

2）直接访问私有成员破坏了类型的封装，这导致类型在后续的版本升级时删改字段非常麻烦。

综上所述，BinaryFormatter 要求程序员给类型加上 Serializable 特性。该特性作为特殊标注表示已经考虑过上面提到的潜在问题，同时表示类型的所有成员字段和属性都是可序列化的。如果想忽略成员，只要在要忽略的成员上标注 NonSerializedAttribute 特性即可。为了避免序列化不同版本的类型因字段差异而导致序列化失败，.NET 允许程序员细粒度地控制序列化的过程，即实现 ISerializable 接口。在代码清单 4-7 中，取消第 2 行的注释，BinaryFormatter 等类型在执行过程中会采用 ISerializable 的 GetObjectData 方法获取需要序列化的字段信息，如第 27 ~ 37 行。ISerializable 接口还要求类型有一个特殊的构造函数，如第 16 行。这个构造函数在反序列化时调用，以便正确地在序列化数据中构建对象。ISerializable 接口除了允许细粒度地控制序列化过程以外，还可以用来支持序列化接口，即接口只要继承它即可。

代码清单 4-7　Order 类型的定义

```
01 [Serializable]
02 public class Order // : ISerializable
03 {
04     public Guid Id { get; set; }
05     public uint UserId { get; set; }
06     public string Market { get; set; }
```

```
07        public decimal? Price { get; set; }
08        public decimal Volume { get; set; }
09        public DateTime PlacedDate { get; set; }
10        public bool IsCancelled { get; set; }
11        public byte[] ClientIdentity { get; set; }
12
13        #region ISerializable 成员
14        public Order() { }
15
16        public Order(SerializationInfo info, StreamingContext context)
17        {
18            IsCancelled = info.GetBoolean("c");
19            PlacedDate = new DateTime(info.GetInt64("d"));
20            Id = (Guid) info.GetValue("i", typeof(Guid));
21            Market = (string) info.GetValue("m", typeof(string));
22            Price = (decimal) info.GetValue("p", typeof(decimal));
23            UserId = (uint) info.GetValue("u", typeof(uint));
24            Volume = (decimal) info.GetValue("v", typeof(decimal));
25        }
26
27        public void GetObjectData(
28            SerializationInfo info, StreamingContext context)
29        {
30            info.AddValue("c", IsCancelled);
31            info.AddValue("d", PlacedDate.ToUniversalTime().Ticks);
32            info.AddValue("i", Id);
33            info.AddValue("m", Market);
34            info.AddValue("p", Price.HasValue? Price.Value : 0);
35            info.AddValue("u", UserId);
36            info.AddValue("v", Volume);
37        }
38        #endregion
39 }
```

对于那些只访问公开成员的序列化器，我们不要求其加上 Serializable 特性。Newtonsoft.Json 可以将任意的 .NET 对象序列化成 JSON 格式。关于 Newtonsoft.Json 的使用，有兴趣的读者自行在其官网阅读开发文档。

4.1.4　使用特性

特性类似于在代码里打的标签，可以作为元数据与组装件的任意部分关联，包括组装件本身、类型、方法、属性等。代码中的这些"标签"可以在运行时通过反射技术查询。支持这些"标签"的程序可以在这部分代码上做特殊处理。这里面最常见的特性应该是 AssemblyVersionAttributte。每当在 Visual Studio 里新建一个 .NET 工程，IDE 都会默默加上一个名为 AssemblyInfo.cs 的文件。其用来保存关于该工程生成的组装件的基本信息，如图 4-5 所示。编译器会将这些特性打包进组装件的元数据中。我们在 Windows 的资源管理器右键点击组装件文件，在"详细信息"标签页就能查询到这些信息。

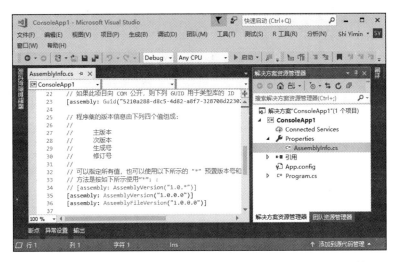

图 4-5　在 Visual Studio 中新建工程自带的 AssemblyInfo.cs 文件

图 4-5 演示了在组装件的元数据中添加一些特性，由其他程序在使用组装件时通过检查特性的存在与否来决定一些运行策略。在日常编程中，我们经常会碰到特性的应用。图 4-6 演示了几种特性的使用场景。这里，组装件中包含自动化测试用例的代码。通过在源码的不同部分打上标签——特性，Visual Studio IDE 集成的各种开发工具可以对源码进行有针对性的处理。

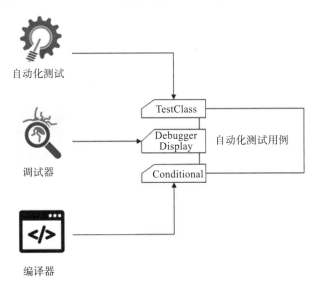

图 4-6　不同工具对特性元数据的使用

1. 特性元数据使用案例：自动化测试

很多 IDE（如 Visual Studio）自带单元测试用例管理和执行程序。测试管理程序通过特性找到测试用例。加在类型上的 TestClass 特性表示该类型是测试类型。执行自动化测试用例的程序在加载组装件时，通过此特性识别出组装件中所有的测试用例类型，如为"演示特性在测试中的应用"类型标注了 TestClass 类型，表明这是一个包含单元测试用例的测试类型。接着测试管理程序遍历测试类型中标注了 TestMethod 特性的方法，如通过"使用 Person 类型"，测试管理程序可枚举所有的 Person 类型的测试用例并显示它们，如图 4-7 右侧的"单元测试"面板里的测试用例列表。在面板里右键单击"使用 Person 类型"测试用例，或者直接单击整个"演示特性在测试中的应用"类型，前者表示运行单个测试用例，后者表示运行类型里所有的测试用例。运行完毕后，测试结果在最下面的"测试结果"面板里显示，默认情况下"成功的测试"是不显示的，需要手动勾选，如图 4-7 所示。

图 4-7　在 Visual Studio 中通过特性识别测试用例

2. 特性元数据使用案例：调试器指令

调试器通过在调试过程中识别一些特性对类型变量的显示进行特殊处理。图 4-8 中在 Person 类型上标注了 DebuggerDisplay 特性。这个特性表示通知调试器在"变量"窗口呈现该类型对象的方式——接收一个字符串参数。该字符串可以用大括号"{"和"}"将需要直接呈现的类型成员包含起来，实现类似 String.Format 的格式化效果，如代码清单 4-8 的第 1 行。nq 后缀是告诉调试器表达式求值程序在显示 Name 成员字段的值时不要包含双引号，即 no quotes 的意思。

代码清单 4-8　使用 DebuggerDisplay 特性

```
01 [DebuggerDisplay(" 姓名：{Name,nq}")]
02 public class Person
03 {
04     public string Name { get; set; }
05
06     public DateTime BirthDay { get; set; }
07 }
```

最终在程序调试过程中，图 4-8 中的 person 变量使用 DebuggerDisplay 特性来自定义在调试器"局部变量"一栏的展示方式。作为对比请参照 PersonNoAttribute 类型的 person1 变量，后者没有打上 DebuggerDisplay 特性，因此调试器在"局部变量"窗口采用的是默认方式——显示变量类型名，而 person 变量采用了更有意义的显示方式。

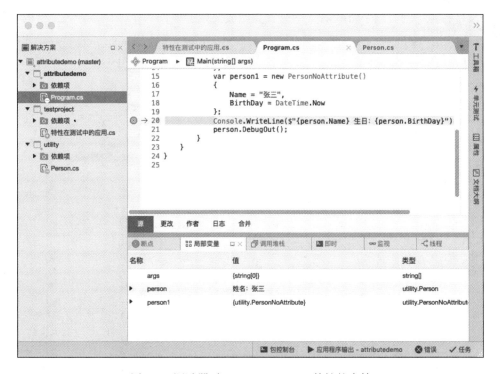

图 4-8　调试器对 DebuggerDisplay 特性的支持

3. 特性元数据使用案例：编译器指令

程序也可以通过特性与编译器交流，指导编译过程。在实际编程项目中，有的基础函数库可能会被很多程序依赖。而前面的版本可能因考虑不周全，或者因后期版本的需求变更，需要废弃掉一些 API。如果直接在新版本里废弃，但依赖程序不及时升级必然造成灾难性的影响。而大型项目通常很难做到依赖程序及时升级，我们可以根据机制提醒依赖程序及时升级。.NET 使用 Obsolete 特性实现这个机制，如代码清单 4-9 中的第 7 行。

代码清单 4-9　使用 Obsolete 标注废弃 API

```
01 public class Person
02 {
03     public string Name { get; set; }
04
05     public DateTime BirthDay { get; set; }
06
07     [Obsolete("Age 字段表示年龄很烦琐，请新的代码采用 BirthDay 字段 ")]
08     public int Age { get; set; }
09 }
```

当类型或者类型的成员被标上 Obsolete 特性的时候，其还能被正常使用。但在编译时，编译器识别到有这个特性的类型或者类型成员则会输出一个编译警告。警告内容即 Obsolete 构造方法的字符串说明。除了编译器之外，IDE 也能识别 Obsolete 特性，实时反馈警告信息，如图 4-9 中第 14 行 Age 字段下面的波浪线。将鼠标悬停在 Age 字段上，编辑器也会显示 Obsolete 说明。

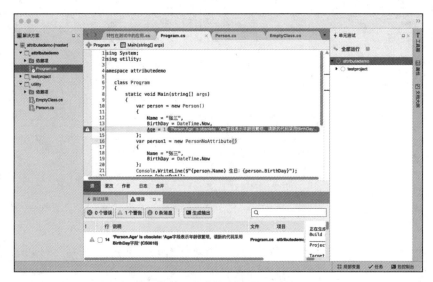

图 4-9　使用 Obsolete 特性指明废弃 API

除了 Obsolete 特性，另一个常用的编译器支持的特性是 Conditional 特性。该特性只能用在方法或者其他特性上。其作用是告诉编译器只有在定义了指定的条件编译符号的前提下才启用被标注的方法或特性。代码清单 4-10 中第 16 行 OnlyDebug 方法上标注了 Conditional 特性。构造方法里的参数指明只有定义了 DEBUG 条件编译符号，编译器才会将 OnlyDebug 的代码输出到最终的组装件。我们有两种方法定义 DEBUG 条件编译符号：一种方法如第 3 行直接在源码中使用 #define 预编译指令定义，但这种方法没有弹性，如果多个源码文件使用到 DEBUG 条件编译符号，需要逐个文件去定义；另一种常用的方法是通过编译器的 /define 开关在编译期动态定义，如第 2 行注释里的编译命令。当去掉 DEBUG 条件编译符号定义时，编译器除了会自动去掉 OnlyDebug 方法的定义，还会去掉所有调用它的代码，如代码清单 4-10 中第 12 行的代码。

代码清单 4-10　Conditional 特性示例

```
01 // 源码位置：第 4 章 \attributedemo\utility\ConditionalAttrDemo.cs
02 // 编译命令：csc /define:DEBUG SerializationDemo.cs
03 // #define DEBUG
04 using System;
05 using System.Diagnostics;
06
07 public class ConditionalAttrDemo
08 {
09     static void Main()
10     {
11         Console.WriteLine(" 证明确实有文本输出 ");
12         OnlyDebug();
13     }
14
15     [Conditional("DEBUG")]
16     private static void OnlyDebug()
17     {
18         Console.WriteLine("OnlyDebug Called");
19     }
20 }
```

一个项目通常有很多源码文件。逐个打开 /define 编译开关是很麻烦的事情，IDE 提供了更为便利的方式来统一管理编译配置。IDE 默认会给项目分配两个编译配置：Debug 和 Release 配置。在 IDE 中右击项目，在快捷菜单中选择“选项”命令，在弹出“项目选项”界面选择“编译器”标签，在其右侧的“配置”下拉框中选择 Debug 配置，在“定义符号”文本框中可以看到默认情况下 DEBUG 条件编译符号已经在 Debug 编译配置里定义，如图 4-10 所示。当“配置”下拉框切换到 Release 配置时，DEBUG 条件编译符号会在该配置中去掉。

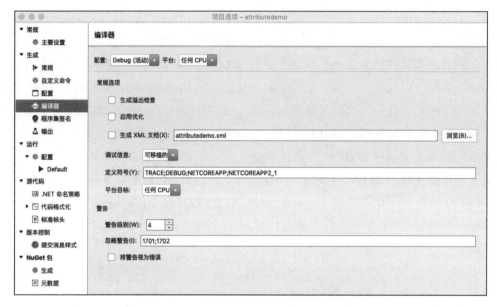

图 4-10　项目选项中 Debug 编译配置的符号定义

　　笔者在项目开发时经常组合利用特性、预编译符号和编译配置。如执行单元测试时，为了更方便地控制程序的内部状态，我们会在项目源码里添加很多测试用代码。但这些测试用代码仅仅在单元测试中有用，对发布给测试人员在测试环境测试的版本和最终发布在生产环境的代码没有任何帮助，反而会带来潜在的性能影响。笔者的做法是首先给项目创建一个名为 UnitTest 的编译配置，在该编译配置中定义一个名为 UNITTEST 的条件编译符号，将这些测试用代码使用 Conditional 特性或 #if 预编译指令封装起来。当需要执行自动化测试时，采用 UnitTest 配置编译并执行测试用例；当发布测试时，则采用 Debug 配置生成，最后在生产环境上使用的是 Release 配置。

4. 使用反射识别特性元数据

　　在前面演示的特性的应用中，我们可以发现一个规律——在装配件的源码中先标注好特性，再由某个外部程序读取这些标注的特性来实施特性的处理逻辑。实际上，这就是特性的应用场景。如代码清单 4-11 定义了一个名为 AuthorAttribute 的特性。注意，C# 要求所有特性类型必须继承自 Attribute 基类。特性类型一般只定义属性，以保存特性相关的信息，如第 9 行的 Name 和第 11 行的 Version 属性。其中，Name 属性的 set 方法是私有的，只能通过构造函数赋值，而 Version 属性可以在函数外部直接赋值，在第 19 行使用的时候，参数"施懿民"是通过调用构造函数来完成对 Name 属性的赋值的。Version 属性则直接使用公开的 set 方法赋值为 1.0.0.0。当使用特性标注源码中的其他成员时，C#

提供了一个语法糖，即允许省略 Attribute 后缀，因此第 19 ~ 20 行直接写成了 Author，而不是 AuthorAttribute。特性类型本身也可以被标注，如第 4 行使用 AttributeUsage 特性告诉 C# 编译器 Author 特性只能标注在类和结构体之上，标注在其他的成员上都会触发编译错误。AttributeUsage 还有一个 AllowMultiple 属性，用于控制是否允许特性多次标注相同的成员，如第 19 ~ 20 行使用了两个 Author 特性标注 FooClass 类。

代码清单 4-11　创建和使用特性

```
01 using System;
02 using System.Reflection;
03
04 [AttributeUsage(AttributeTargets.Class |
05                 AttributeTargets.Struct,
06                 AllowMultiple = true)]
07 public class AuthorAttribute : Attribute
08 {
09     public string Name { get; private set; }
10
11     public string Version { get; set; }
12
13     public AuthorAttribute(string name)
14     {
15         Name = name;
16     }
17 }
18
19 [Author(" 施懿民 ", Version = "1.0.0.0")]
20 [Author(" 张三 ", Version = "1.1.0.0")]
21 public class FooClass
22 {
23     public int Bar { get; set; }
24 }
```

给源码中的成员做好标注后，通过识别此标注的外部程序就可以完成特性处理，如代码清单 4-12 中的第 6 行先通过反射技术获取要处理的类型信息，接下来第 7 行通过 GetCustomAttributes 方法根据指定的特性类型获取标注在 FooClass 类上的特性实例列表。特性支持通过类型继承关系传递，因此第 2 个参数用来限定是否要处理从（祖）父类继承的特性。如果在 FooClass 类上找到满足条件的标注特性，GetCustomAttributes 方法则返回包含这个特性实例的数组。这是因为特性可能会重复标注在源码成员上，如 Author 特性。第 8 ~ 10 行通过一个循环过滤出所有的特性实例数组，并进行特性化处理。示例中是将标注在 FooClass 类上的作者信息打印出来。一般来说，代码清单 4-12 中的程序是一个外部程序，如图 4-6 中的编译器、调试器等。这里为了演示做了简化处理。

代码清单 4-12　使用自定义特性

```
01 public class PrintCodeAuthor
02 {
03     public static void Main()
04     {
05         var assembly = Assembly.GetExecutingAssembly();
06         var type = assembly.GetType("FooClass", true);
07         var attrs = type.GetCustomAttributes(typeof(AuthorAttribute), false);
08         foreach (AuthorAttribute author in attrs)
09             Console.WriteLine(
10                 $" 类型 {type.Name} v{author.Version} 的作者是: {author.Name}");
11     }
12 }
```

4.1.5　版本控制

组件化编程思想允许组件方和组件客户方分别升级，即组件的开发者可以部署新版本的组件而不影响依赖老组件的客户程序。在 .NET 之前，特别是 16 位的 Windows 操作系统，由于所有进程都运行在同一个内存地址空间，被多个程序所引用的 DLL 文件的升级和部署变得异常复杂。不同进程可能依赖不同版本的 DLL 文件，而不同版本的 DLL 文件又因为兼容性问题致使依赖它的客户端程序无法正常工作，这就是著名的 DLL HELL 问题。因此，组件化编程框架必须提供版本控制机制来保证客户程序能够与兼容版本的组件交互。成熟的组件化编程框架应该允许不同的客户程序依赖不同版本的同名组件。这些被多个程序依赖的组件通常放在一个全局的目录里。在 Windows 系统中，我们常用的是 "\Windows\System32" 文件夹。

在 .NET 中，组件有两种部署方式。

❑ 私有组件（Private Component）：这种组件与客户程序部署在一起。由于升级更新是一起执行的，因此很少需要对私有组件进行版本控制。

❑ 共享组件（Shared Component）：其会被多个程序依赖，因此需要保存于全局目录——GAC（Global Assemby Cache，全局装配件缓存）。

1. GAC 中同名组件多版本共存

GAC 支持同时保存多版本的同名组件，这样即使组件升级也不会有任何兼容性问题。除了版本控制之外，GAC 还需要保证程序使用的组件是原始版本，中间没有经过黑客或者其他用户修改。.NET 通过装配件的版本号和强签名技术来解决这两个问题。

当在 Visual Studio 里新建一个工程时，Visual Studio 会自动添加一个名为 AssemblyInfo.cs 的文件，里面包含 AssemblyVersion 特性指定装配件的版本号，如图 4-11 所示。

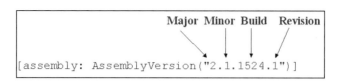

图 4-11　装配件版本号组成部分

编译后装配件版本号会记录在装配件的清单文件中。每当客户程序引用此装配件时，会记录装配件的名称和具体的版本号，这样就明确了依赖关系。版本号分为 4 部分：主版本号（Major Version Number）、小版本号（Minor Version Number）、编译号（Build Number）、修订号（Revision Number）。这 4 个部分都是可选的，没有指定的话，默认是 0。一般来说，程序员需要指明主版本号和小版本号，使用 "*" 号填充编译号和修订号，如 [AssemblyVersion（"1.2.*"）]，编译器能够自动生成编译号和修订号。编译号一般采用自 2000 年 1 月 1 日到目前本地时间的天数，修订号则采用本地时间 0 点到现在的秒数除以 999 求模。因此前面的例子中，编译器生成的版本号可能是：1.2.789.42。

.NET 框架的工作是确保装配件的依赖兼容。当客户端程序需要加载依赖的装配件时，.NET 会根据清单文件中的装配件版本号查找与之兼容的最新版本，即主版本号和小版本号相同，且编译号和修订号是最新的版本。.NET 先在 GAC 里查找，找不到的话则在客户程序相同的文件夹里查找，如果还找不到同名装配件，或者版本号不兼容，则会抛出加载异常。

GAC 里保存的装配件都是可以被多个客户程序所依赖的共享装配件。GAC 里允许多个版本的同名装配件共存，这样可以满足依赖不同版本的客户程序都能使用对应版本的装配件。由于 GAC 里会保存不同组织发布的装配件，因此需要保证装配件的名称唯一。在 COM 时代，COM 组件名的唯一性是通过 GUID 实现的。然而，以 GUID 作为名字一方面是难以记忆和识别，另一方面是黑客可以通过将同名 GUID 下的 COM 组件替换成恶意代码实现入侵操作。因此，.NET 采用强签名技术来给装配件命名。在 GAC 里保存的装配件必须采用强签名命名。如果只是与客户程序一起发布的私有装配件，则没有这个要求。强签名实际上是证明装配件完整性的数字签名。在使用强签名时，首先需要使用非对称加密技术创建私钥和公钥，然后编译器将编译好的二进制文件进行一次哈希计算得到哈希值，最后用私钥加密哈希值，即签名与公钥一起保存到装配件的清单文件里。当 .NET 加载强签名的装配件时，先从清单文件中读取公钥并对签名解密得到装配件编译时计算的哈希值，再哈希计算装配件得到当前加载装配件的哈希值。如果两个哈希值一致，则表明装配件没有被黑客篡改过，是原厂的版本。因此在 .NET 里，一个装配件的名称由以下 4 部分组成。

```
mscorlib, Version=2.0.0.0, Culture=neutral, PublicKeyToken=b77a5c561934e089
```

1）名称：即装配件的文件名，如在上面的装配件名称中，文件名是 mscorlib。

2）版本号：装配件的版本，.NET 通过该部分的判定将同文件名但版本不同的装配件保存在 GAC 中。

3）区域设置：用来表示装配件支持的文化区域，主要用在国际化场景中。当你要发布一个国际化版本时，通常针对每个文化区域都有相应的文字翻译、时间等设置，这些设置可以单独保存在区域相关的装配件中。如果不考虑国际化场景，一般来讲，区域设置的值都是 neutral。

4）公钥令牌：装配件开发商的公钥，用来证明此装配件的发布者身份。

2. 创建强签名装配件

.NET SDK 提供了命令行工具来帮助程序员创建强签名装配件所需的密钥对。

1）首先打开 Visual Studio CommandLine Prompt 窗口，以便在命令行环境正确设置 PATH 环境变量并找到 .NET SDK 的命令行工具。

2）进入 C# 源程序目录，使用 sn 命令生成公私密钥对并保存在名为 key.snk 的文件里：

```
sn -k key.snk
```

3）得到密钥对之后，通过以下几种方法创建强签名装配件。

① 在命令行中使用 csc.exe 编译器生成强签名装配件，/keyfile 参数接收密钥对并进行签名，如：

```
csc /t:library/keyfile:key.snkAssemblyVersionDemo.cs
```

② 在源文件中加上 AssemblyKeyFile 特性来通知编译器创建强签名装配件：

```
[assembly:AssemblyKeyFile("key.snk")]
```

③ 在 Visual Studio 中的工程属性页指明密钥对文件，如图 4-12 所示。

图 4-12　在 Visual Studio 里指明强签名密钥对

3. 不同版本的强签名装配件的加载问题

对于私有装配件，如果其没有强签名的话，.NET 会忽略兼容性要求。也就是说，如果客户程序要加载没有强签名的私有装配件，只会在客户程序的文件夹中查找，而不会去 GAC 里查找，也不会要求版本一致。这是因为私有装配件通常是与客户程序一起发布的，.NET 假设客户程序的开发人员已经有过兼容性考虑。但如果私有装配件包含强签名，.NET 则会强制考虑兼容性要求。以下示例演示了强签名装配件的兼容性要求以及其临时解决方案。这个例子中总共有 3 个组件：A、B 和 C，其中 A 和 B 都依赖同一个组件 C，然而 B 依赖 2.0 版本的组件 C，A 依赖 1.0 版本的组件 C。当使用的 ReflectionCall.exe 尝试加载组件 A 时，CLR 会抛出 FileLoadException 异常。

代码清单 4-13 是通用版本库 C.dll 的源码，其中只有一个方法 Output，会被其他两个装配件 B.dll 和 A.dll 里面的代码引用。第 4 行标注了 AssemblyVersion 特性，assembly: 说明这个特性是用来标注整个装配件的，特性的值是 2.0，表明当前装配件的版本号是 2.0。

代码清单 4-13　版本兼容性示例 C.cs

```
// 源码位置：第 4 章 \reflection-call-demo\C.cs
01 using System;
02 using System.Reflection;
03
04 [assembly: AssemblyVersion("2.0")]
05 public class C
06 {
07 public static void Output(string value)
08 {
09     Console.WriteLine("Output C "+typeof(C).Assembly.GetName().Version);
10     Console.WriteLine(value);
11 }
12 }
```

代码清单 4-14 是依赖 C.dll 的一个装配件 B.dll 的源码，里面的 HelloWorld 方法出于示例需要调用了 C.dll 中的 Output 方法。除此之外，第 9 行演示了通过反射获取当前装配件版本号的方法。

代码清单 4-14　版本兼容性示例 B.cs

```
// 源码位置：第 4 章 \reflection-call-demo\B.cs
01 using System;
02 using System.Reflection;
03
04 [assembly: AssemblyVersion("1.0")]
05 public class B
06 {
```

```
07     public static void HelloWorld()
08     {
09         string str = "HelloWorld B " + typeof(B).Assembly.GetName().Version;
10         C.Output(str);
11     }
12 }
```

代码清单 4-15 是依赖 C.dll 的另一个装配件 A.dll 的源码。

代码清单 4-15   版本兼容性示例 A.cs

```
// 源码位置: 第 4 章 \reflection-call-demo\A.cs
01 public class DemoClass
02 {
03     publicint Value { get; privateset; }
04
05     public DemoClass(int v) { Value = v; }
06
07     static int Add(int left, int right)
08     {
09         return left + right;
10     }
11
12     public void Add(int value)
13     {
14         B.HelloWorld();
15         C.Output("A Add");
16     }
17 }
```

从上述代码可以看出，A 不仅引用了 B，还直接引用了 C，这两点可以分别从源码的第 14 行和第 15 行看出。图 4-13 直观地展示了版本兼容性示例代码之间的依赖关系。

前面示例代码中 A.dll 同时依赖 B.dll 和 C.dll，而 B.dll 也依赖 C.dll。当 A.dll 和 B.dll 引用不同版本的 C.dll 时，加载 A.dll 就会因版本不同而出现无法加载装配件的异常。读者可以通过下面的编译步骤重现这个问题。

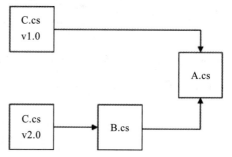

图 4-13   版本兼容性示例代码之间的依赖关系

1）打开 Visual Studio 的开发人员命令提示符窗口，使用 sn 命令创建密钥对：

```
sn -k key.snk
```

2）修改 C.cs 的版本号为 2.0，再编译生成 C.dll：

```
csc /t:library /keyfile:key.snkC.cs
```

3）使用 2.0 的 C.dll 作为依赖组件，编译生成 B.dll：

```
csc /t:library /r:C.dll B.cs
```

4）再修改 C.cs 的版本号为 1.0，编译生成 1.0 版本的 C.dll：

```
csc /t:library /keyfile:key.snkC.cs
```

5）接下来使用 C.dll 1.0 和 B.dll，编译生成 A.dll：

```
csc /t:library /r:B.dll /r:C.dll A.cs
```

6）最后尝试加载 A.dll，发生 FileLoadException 异常：

```
ReflectionCall.exe A.dll
```

发生这个错误的原因是 A.dll 同时依赖 1.0 和 2.0 版本的 C.dll。2.0 的版本由 B.dll 引用，两个版本的 C.dll 都是强签名的，强制 CLR 在加载时考虑版本兼容性问题。碰到这种情况时，一般的解决思路是首先通过 FusionLog 定位加载不成功的装配件，再使用装配件版本重定向策略将所有对老版本的依赖引导到最新版本的组件上。图 4-13 中的问题可以通过修改 ReflectionCall.exe.config 配置文件，加上如代码清单 4-16 所示的配置项来解决。

代码清单 4-16　强制装配件版本升级的配置项

```
01 <?xml version="1.0"?>
02 <configuration>
03　<runtime>
04　<assemblyBinding xmlns="urn:schemas-microsoft-com:asm.v1">
05　　<dependentAssembly>
06　　<assemblyIdentity name="C" publicKeyToken="b71c1ff0daa4ebf6" />
07　　<bindingRedirect oldVersion="1.0.0.0" newVersion="2.0.0.0" />
08　　</dependentAssembly>
09　</assemblyBinding>
10　</runtime>
11 </configuration>
```

其中，第 6 行的 name 属性指明需要执行版本重定向的组件名，publicKeyToken 则是强签名装配件的公钥信息，使用 sn.exe 命令可以获取。注意，参数是大写的 T。

```
sn -T C.dll
```

有了名字和公钥等强签名信息，第 7 行的 bindingRedirect 指明将哪些旧版本 --oldVersion 的依赖指向最新的版本 newVersion。oldVersion 属性可以是一个用字符“ - ”分隔的版本范围，如：

```
n.n.n.n - n.n.n.n
```

前面笔者采用了尽量简化的步骤来重现动态加载时常见的错误。当运行 ASP.NET 程序，特别是在发生 FileNotFoundException 或者 FileLoadException 异常时，应该先启用 FusionLog 来跟踪引发这个异常的具体装配件信息。如果是版本不同造成的，异常的消息描述通常会说明 x.x.x.x 版本的装配件无法加载。这时，我们通过版本重定向一般能解决加载问题。

4. 延迟签名装配件

强签名的装配件发布代表的是整个开发团队对外界的保证，说明装配件是经过团队授权认可的，因此用来执行强签名的私钥，即前文使用 sn 命令创建的密钥对文件，如 key.snk 文件，是一个非常机密的文件，只能由管理员保存。通常情况下，其只会在正式发布装配件的时候使用。开发阶段只使用所谓的延迟签名装配件（Delay Signed Assembly），减小私钥的泄露的概率。在延迟签名过程中，编译时采用只包含公钥部分的密钥——snk 文件进行签名，并打开 csc.exe 的 /delaysign 开关，或者在源码里加上如下特性表明采用延迟签名：

```
Assembly:AssemblyDelaySignAttribute(true)
```

这样，编译器只是把公钥信息放在生成的装配件里，而不是执行实际的签名。在引用延迟签名时，为了防止因没有实际的签名而导致的 CLR 加载失败，需要在运行延迟签名装配件的系统里，注册需要针对某些装配件跳过签名验证的信息。这个步骤可以通过 sn 命令完成。sn 命令中的参数 /Vr 和 /Vu 分别用来注册和注销需要跳过延迟签名的装配件信息（注意，参数是严格区分字母大小写的）。/Vr 参数为例说明如下。

- ❑ sn -Vr xxx.dll：对名为 xxx.dll 的装配件跳过强签名校验。
- ❑ sn -Vr *,token：对所有公钥为 token 的装配件跳过强签名。token 信息可以通过 -T 参数获取。
- ❑ sn -Vr *,*：对所有装配件跳过强签名。

sn 命令有很多用法，读者可参考微软官方文档：https://docs.microsoft.com/en-us/dotnet/framework/tools/sn-exe-strong-name-tool。

CLR 加载强签名的装配件时需要做签名校验，这是一个耗时的操作。对于一些完全信任的环境，例如企业内部开发的 .NET 应用，没有必要每次执行强签名校验，因此 .NET 3.5 SP1 之后的版本通过配置项来关闭强签名校验功能。具体的步骤，读者可以参考文档：https://docs.microsoft.com/en-us/dotnet/framework/app-domains/how-to-disable-the-strong-name-bypass-feature。

4.2 代码生成和动态执行

除了利用反射技术在运行时动态读写和调用 .NET 装配件的成员与方法以外，.NET

还提供了几种方法允许我们在运行时动态创建代码并执行——既可以在运行时通过 CodeDOM 技术生成 C#、VB.NET 等源代码文件并编译、执行，也可以直接动态生成 CLR 虚拟机的 IL 代码并执行。本节依次探讨这些技术。

4.2.1　CodeDOM 生成源码

在很多场景里，我们需要在运行时生成 C# 等语言的源码。

1）WinForm、WPF 等窗体应用的 IDE 支持。用户可以在 IDE 上拖拉控件设计窗体界面，同时由 IDE 生成相应的 C# 或者 VB.NET 等源码。

2）ASP.NET 等 Web 编程框架通常需要在 HTML 模板文件里内嵌 C#、VB.NET 等代码，在编译时需要将这些模板文件转换成 C#、VB.NET 代码才可以编译，也需要用到代码生成工具。

3）Entity Framework、调用 Web 服务或 Remoting Service 的客户端的编程框架，需要生成一些处理底层协议的存根代码。

.NET 支持很多编程语言，如 C#、VB.NET、F# 甚至是 Python（只要这些语言能够生成 IL 语言就可以），那么上述场景中的 IDE 或编程框架必须能生成所有 .NET 现在以及将来支持的编程语言的源码，这明显任务量很大。因此，.NET 提供的解决方案是 CodeDOM 技术。

CodeDOM 与编译器的编译过程是相反的。在编译中，编译器一般会将源码解析成语法树，而 CodeDOM 是先构建类似语法树的树形结构，再遍历这个树形结构来反向生成源码。这样，使用同一套描述源码的树形结构——DOM（Document Object Model，文档对象模型），并采用不同语言的代码生成器就可以生成不同语言版本的源码了。我们先来看下代码清单 4-17 的例子。

代码清单 4-17　CodeDOM 的使用示例

```
01 CodeCompileUnit GenerateCSharpCode()
02 {
03     CodeCompileUnit compileUnit = new CodeCompileUnit();
04
05     CodeNamespace codedomsamplenamespace=new CodeNamespace("CodeDomSampleNS");
06     CodeNamespaceImport firstimport = new CodeNamespaceImport("System");
07     codedomsamplenamespace.Imports.Add(firstimport);
08     CodeTypeDeclaration newType = new CodeTypeDeclaration("CodeDomSample");
09     newType.Attributes = MemberAttributes.Public;
10
11     CodeEntryPointMethod mainmethod = new CodeEntryPointMethod();
12     CodeMethodInvokeExpression mainexp1 = new CodeMethodInvokeExpression(
13         new CodeTypeReferenceExpression("System.Console"),
```

```
14            "WriteLine", new CodePrimitiveExpression("Inside Main ..."));
15        mainmethod.Statements.Add(mainexp1);
16        CodeStatement cs = new CodeVariableDeclarationStatement(
17            typeof(CodeDomSample), "cs",
18            new CodeObjectCreateExpression(
19                new CodeTypeReference(typeof(CodeDomSample))));
20        mainmethod.Statements.Add(cs);
21
22        CodeConstructor constructor = new CodeConstructor();
23        constructor.Attributes = MemberAttributes.Public;
24        CodeMethodInvokeExpression constructorexp=new CodeMethodInvokeExpression(
25            new CodeTypeReferenceExpression("System.Console"), "WriteLine",
26            new CodePrimitiveExpression("Inside CodeDomSample Constructor ..."));
27        constructor.Statements.Add(constructorexp);
28
29        newType.Members.Add(constructor);
30        newType.Members.Add(mainmethod);
31
32        codedomsamplenamespace.Types.Add(newType);
33        compileUnit.Namespaces.Add(codedomsamplenamespace);
34
35        return compileUnit;
36 }
```

CodeDOM 以编译单元作为代码生成的单位，通常这是一个代码源文件。如果你坚持一个类型对应一个文件的编程习惯，应在第 3 行先构建一个代码编译单元。该代码编译单元可以想象成 DOM 树的根节点，并在根节点下添加子节点来完善 GenerateCSharpCode 方法剩余的代码。

1）大部分面向对象编程的语言都支持命名空间，第 5 行新增了一个名为 CodeDomSampleNS 的命名空间，接着第 6 ~ 7 行在这个命名空间里添加了一个针对 System 命名空间的引用。下面是组装的代码（以 C# 代码描述）示例：

```
namespace CodeDomSampleNS
{
    using System;
```

2）第 8 行创建了名为 CodeDomSample 的类型，第 9 行指明其是 public 访问权限。

3）第 11 行创建一个入口方法，由于不同语言的入口方法可能不同，因此不能将其简单地与 Main 方法等同。第 12 ~ 15 行在入口方法里添加了一条语句，意思是调用 System.Console 类型的 WriteLine 方法，参数是 Inside Main …。第 16 ~ 20 行添加了第 2 条语句，调用 CodeDomSample 的构造方法创建实例并赋值给名为 cs 的变量。下面是组装的代码：

```
public static void Main()
```

```
{
    System.Console.WriteLine("Inside Main ...");
    CodeDomSample cs = new CodeDomSample();
}
```

4）第 22 ~ 27 行创建了另一个方法——类型的构造方法，里面有一条打印输出字符串的语句。

5）最后第 29 ~ 33 行先将创建好的方法添加到类型里，接着将类型添加到命名空间，最后将命名空间添加到代码编译单元里。

生成的代码 DOM 树的根节点可以使用 CodeDomProvider 的子类型遍历生成源码，如代码清单 4-18 通过 CSharpCodeProvider 生成 C# 源码。

代码清单 4-18　使用 CSharpCodeProvider 遍历 CodeDOM 生成 C# 源码

```
void GenerateCode(CodeCompileUnit ccu)
{
    var csharpcodeprovider = new CSharpCodeProvider();
    var tw1 = new IndentedTextWriter(
        new StreamWriter("CSharpSample.cs", false), "    ");
    csharpcodeprovider.GenerateCodeFromCompileUnit(
            ccu, tw1, new CodeGeneratorOptions());
    tw1.Close();
}
```

结果如图 4-14 所示。

```
//------------------------------------------------
// <auto-generated>
//     This code was generated by a tool.
//     Runtime Version:4.0.30319.42000
//
//     Changes to this file may cause incorrect behavior and will be lost if
//     the code is regenerated.
// </auto-generated>
//------------------------------------------------

namespace CodeDomSampleNS {
    using System;


    public class CodeDomSample {

        public CodeDomSample() {
            System.Console.WriteLine("Inside CodeDomSample Constructor ...");
        }

        public static void Main() {
            System.Console.WriteLine("Inside Main ...");
            CodeDomSample cs = new CodeDomSample();
        }
    }
}
```

图 4-14　通过 CodeDOM 生成的 C# 源码

采用 VBCodeProvider 可以生成 VB.NET 源码，如代码清单 4-19 所示。注意，生成的 VB 代码与图 4-14 中的 C# 代码的作用是相同的，只是在生成中更换抽象类 CodeDomProvider 的实例即可得到不同编程语言版本的源码，即生成 VB.NET 的源码。

代码清单 4-19　使用 VBCodeProvider 遍历 CodeDOM 生成 VB.NET 源码

```
void GenerateCode(CodeCompileUnit ccu)
{
    VBCodeProvider vbcodeprovider = new VBCodeProvider();
    IndentedTextWriter tw2 = new IndentedTextWriter(
        new StreamWriter("VBSample.vb", false), "    ");
    vbcodeprovider.GenerateCodeFromCompileUnit(
        ccu, tw2, new CodeGeneratorOptions());
    tw2.Close();
}
```

结果如图 4-15 所示。

```
'------------------------------------------------------------
' <auto-generated>
'     This code was generated by a tool.
'     Runtime Version:4.0.30319.42000
'
'     Changes to this file may cause incorrect behavior and will be lost if
'     the code is regenerated.
' </auto-generated>
'------------------------------------------------------------

Option Strict Off
Option Explicit On

Imports System

Namespace CodeDomSampleNS

    Public Class CodeDomSample

        Public Sub New()
            MyBase.New
            System.Console.WriteLine("Inside CodeDomSample Constructor ...")
        End Sub

        Public Shared Sub Main()
            System.Console.WriteLine("Inside Main ...")
            Dim cs As CodeDomSample = New CodeDomSample()
        End Sub
    End Class
End Namespace
```

图 4-15　使用 VbCodeProvider 生成的 VB.NET 源码

很多编程语言有其独一无二的特性，因此 CodeDOM 技术只支持众多编程语言的功能子集，如面向对象、变量、条件和循环语句等。除了生成源码，CodeDOM 还支持在运行时编译生成的源码。编译工作由 System.CodeDOM.Compiler 命名空间里的类型完成。CodeDomProvider 也提供了入口方法，以便使用该命名空间的类型，如代码清单 4-20 所示。

代码清单 4-20　编译 CodeDOM 生成的源码

```
01 static private CompilerResults CompileCode(
02     CodeDomProvider provider, CodeCompileUnit ccu, string fileName)
03 {
04     var cp = new CompilerParameters();
05     // 是生成 .exe 可执行文件，还是生成一个 .dll 类库文件
06     cp.GenerateExecutable = true;
07     // 输出的文件名
08     cp.OutputAssembly = fileName;
09     // 输出文件保存到硬盘中
10     cp.GenerateInMemory = false;
11     // 是否包含调试信息
12     cp.IncludeDebugInformation = true;
13     // 允许设置其他编译器选项
14     cp.CompilerOptions = "/optimize";
15     return provider.CompileAssemblyFromDom(cp, ccu);
16 }
17
18 static public void Main()
19 {
20     // 省略无关代码
21     CompilerResults cr = CompileCode(
22         new CSharpCodeProvider(), ccu, "csharpdemo.exe");
23     Console.WriteLine("编译结果:" + (cr.Errors.Count > 0 ? "失败" : "成功"));
24     cr = CompileCode(
25         new VBCodeProvider(), ccu, "vbdemo.exe");
26     Console.WriteLine("编译结果:" + (cr.Errors.Count > 0 ? "失败" : "成功"));
27 }
```

第 4 ~ 14 行设置一些编译参数，在第 15 行将生成的 CodeDOM 对象和设置好的编译参数提供给 CompileAssemblyFromDom 方法。注意，第 15 行的 provider 用的是 CodeDomProvider 抽象类型，也就是说只要是其子类都应该支持编译功能。最后在第 21 行和第 24 行分别使用 CSharpCodeProvider 和 VBCodeProvider 方法来编译相应的源文件，并创建装配件。CompileAssemblyFromDom 返回 CompileResults 的实例对象，其包含了编译结果的完整信息，如第 23 行做了一个简单的判断，如果 Errors 成员集合里有任何错误信息，就当作编译失败。

CodeDOM 的主要应用场景是与 IDE 等工具辅助程序员生成一部分代码，这些代码

将会和程序员自己编写的代码一起编译生成装配件文件，如通过程序员在 Winform 的窗体设计器上的拖拉空间操作，Visual Studio 可以生成绘制窗体的 C#/VB.NET 源文件，而具体的事件处理程序，如处理某个按钮被按下的操作，以及在某个文本框输入数据的操作，则由程序员在另一个源文件里完成。在这个场景里，一个窗体类通常会在两个源文件中定义（使用 partial 关键字），IDE 的窗体设计器负责修改绘制窗体的源文件，程序员则在另一个源文件中完成窗体事件的处理操作。

4.2.2　Reflection.Emit

如果想动态生成代码并执行，使用 Reflection.Emit 命名空间会更方便一些。其允许直接在运行时生成 IL 代码并执行，这样就节省了 CodeDOM 生成代码 DOM 树并编译的时间，效率相对来说更高一些。在 .NET 运行环境中，所有的装配件运行在应用程序域（Application Domain）中。应用程序域目前可以简单地看成进程中的子进程。我们将在后文探讨它的一些应用场景和特性。应用程序域、装配件、类型、方法和 IL 代码的关系如图 4-16 所示。使用 Reflection.Emit 命名空间里的类型在运行时动态创建装配件并执行代码的方法其实就是依循图 4-16 的结构逐步组装装配件。

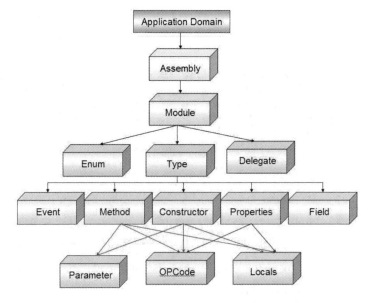

图 4-16　应用程序域、装配件和类型之间的关系

然而在 .NET Core 环境里，虽然还有 AppDomain 类型，但大部分功能都已经弱化甚至被移除。在微软的官方博客里提到，.NET Native 将不会引入 AppDomain 的概念。

AppDomain 将会被其他概念替代，如对于原来 AppDomain 作为进程内执行代码隔离的功能，官方建议直接使用进程或者容器；而对于动态加载装配件的功能，官方建议通过 AssemblyLoadContext 类型来完成。这个改变也影响到了 Emit 的使用。代码清单 4-21 演示了在运行时动态创建代码的过程，以及在 .NET 框架和 .NET Core 环境下的异同。由于本书代码是在 macOS 的 .NET Core 环境中运行通过的，注释掉的代码可以用在 .NET 框架中。

代码清单 4-21　使用 Reflection.Emit 动态生成代码

```
// 代码位置: \第 4 章 \reflection-emit\Program.cs
// 编译和运行方法:
//   dotnet build
//   dotnet run
01 var an = new AssemblyName("EmitDemo");
02 // AppDomain ad = AppDomain.CurrentDomain;
03 // AssemblyBuilder builder = ad.DefineDynamicAssembly(
04 //     an, AssemblyBuilderAccess.RunAndSave);
05 AssemblyBuilder builder = AssemblyBuilder.DefineDynamicAssembly(
06     an, AssemblyBuilderAccess.Run);
07 ModuleBuilder moduleBuilder = builder.DefineDynamicModule("Main");
08 TypeBuilder typeBuilder = moduleBuilder.DefineType(
09     "EmitDemo", TypeAttributes.Public | TypeAttributes.Class);
10 MethodBuilder methodBuilder = typeBuilder.DefineMethod("DemoMethod",
11     MethodAttributes.Public,
12     typeof(void),
13     new Type[] { typeof(string) });
14 ILGenerator generator = methodBuilder.GetILGenerator();
15 // ldstr "Hello"
16 generator.Emit(OpCodes.Ldstr, "Hello ");
17 // ldarg.1
18 generator.Emit(OpCodes.Ldarg_1);
19 // call string string::Concat(string, string)
20 generator.Emit(OpCodes.Call,
21     typeof(string).GetMethod(
22         "Concat", new Type[] {
23             typeof(string), typeof(string)
24         }
25     )
26 );
27 // call void class [mscorlib]System.Console::WriteLine(string)
28 generator.Emit(OpCodes.Call,
29     typeof(Console).GetMethod(
30         "WriteLine", new Type[] {
31             typeof(string)
32         }
33     )
34 );
```

```
35 // ret
36 generator.Emit(OpCodes.Ret);
37
38 Type t = typeBuilder.CreateType();
39 object instance = Activator.CreateInstance(t);
40 t.InvokeMember("DemoMethod",
41     BindingFlags.Public | BindingFlags.Instance | BindingFlags.InvokeMethod,
42     null, instance, new object[] { "Emitted C# code" });
43
44 dynamic di = instance;
45 di.DemoMethod("Dynamic");
46 // builder.Save("EmitDemo.dll");
```

上述代码先在第 5 行使用 AssemblyBuilder 的 DefineDynamicAssembly 方法动态创建装配件，接着第 6 行在即将组装的装配件里新增一个模块，取名为 Main，然后第 8 行和第 10 行依次创建名为 EmitDemo 的类型和其一个实例方法 DemoMethod。DemoMethod 方法的返回值是 void 类型，接收一个 string 类型的参数。通过创建的 DemoMethod 实例方法在第 14 行获取 ILGenerator 实例，并在第 16 ~ 36 行填充方法里的 IL 代码，如第 17 行将方法的参数加载到栈上。由于是实例方法，第 1 个参数永远是 this 对象，因此方法的参数是从 1 开始编号的，所以 IL 代码里生成的是 ldarg.1 指令。第 20 和第 28 行都是生成调用方法的指令，可以看到指令名是 Call。该指令要求指明被调用方法所属的类型。方法名以及参数列表用来在多个重载方法里过滤出需要的版本，如第 28 行指明调用 Console 类型的 WriteLine 方法使用的重载方法只接收一个 string 类型的参数。当类型的成员都定义好之后，就可以创建类型并使用了，如第 38 行创建类型，并在第 39 行使用 Activator 类实例化这个类型，然后赋值给变量 instance。这时，我们就可以通过反射技术读写和调用动态生成的成员了，如第 40 行。C# 4.0 之后引入了 dynamic 关键字，允许在 C# 使用类似 Python 这些动态语言来调用方法。第 44 ~ 45 行将 instance 实例复制给 dynamic 实例。我们将在后文详细讨论 dynamic 关键字。

如果只是为了动态创建方法并执行，我们可以使用 .NET 提供的 DynamicMethod 类型直接创建方法并填充 IL 代码，最后通过 DynamicMethod 类型的 Invoke 方法来执行。有兴趣的读者自行参阅 DynamicMethod 类型的微软官方文档。

直接通过 IL 代码动态生成装配件需要熟悉 IL 代码。一个简单的技巧是先用 C# 等编程语言写好目标代码并编译，再使用反编译工具（如 ildasm）来查看编译器生成的 IL 代码。在 macOS 或者 Linux 系统下，我们可以使用 monodis 命令行工具反编译并查看代码。monodis 命令的用法如下：

```
monodis< 结果可执行文件 >.exe
```

代码清单 4-22 是原始 C# 源码。

代码清单 4-22　需要反编译的装配件 C# 源码

```
// Windows 请使用 ildasm 反编译获取 IL 代码
// Mac 和 Linux 请使用命令:
//       monodis EmitDemo1.dll
using System;

public class EmitDemo
{
    public void DemoMethod(string arg)
    {
        Console.WriteLine("Hello" + arg);
    }
}
```

反编译后的 IL 代码如图 4-17 所示。

```
// method line 1
.method public hidebysig
       instance default void DemoMethod (string arg)  cil managed
{
    // Method begins at RVA 0x2050
    // Code size 19 (0x13)
    .maxstack 8
    IL_0000:  nop
    IL_0001:  ldstr "Hello"
    IL_0006:  ldarg.1
    IL_0007:  call string string::Concat(string, string)
    IL_000c:  call void class [mscorlib]System.Console::WriteLine(string)
    IL_0011:  nop
    IL_0012:  ret
} // end of method EmitDemo::DemoMethod
```

图 4-17　反编译后的 IL 代码

细心的读者可能发现图 4-17 中反编译的代码比代码清单 4-21 使用 Reflection.Emit 动态生成的 IL 代码少一些指令，如 nop 指令。nop 指令是一个空指令，主要作用有以下几点。

❑ 便于调试器插入断点指令。在调试代码需要插入断点时，调试器将对应源码行的 nop 指令替换成断点（OpCodes.Break）指令即可。

❑ 允许加载程序（Loader）和链接器（Linker）在运行时插入跳转操作，执行一些特殊处理。

❑ 用来执行结果代码块对齐操作，便于缓存处理。

一般来说，两个 nop 指令之间的 IL 代码对应 C# 的一条语句，如 IL_0000 的位置是方法的入口点。当在调试器的入口方法的大括号处设置断点时，实际上是在这个位置插入断点指令。IL_0011 则是方法结束运行并返回前的最后一个指令，用来支持在方法的出口大括号处设置断点。IL_0000 和 IL_0011 之间的 IL 代码实际上对应的是代码清单 4-22 的 "Console.WriteLine("Hello" + arg);"语句。

Reflection.Emit 动态生成 IL 代码有以下常见的应用场景。

1）编译正则表达式并保存到装配件中，加快正则表达式的初始化。例如在 ASP.NET 里使用正则表达式编写自定义路由是一个典型的场景。匹配路由的正则表达式在网站开发时已经固定，实际使用时会大量匹配客户端的 HTTP 请求，将路由匹配的正则表达式预编译成 IL 代码，并存储在装配件里，以提高运行时的性能。代码清单 4-23 就演示了编译正则表达式来提高执行效率的方法。

代码清单 4-23　将正则表达式编译成 IL 代码

```
01 var pattern = @"\p{Sc}*(\s?\d+[.,]?\d*)";
02 var replacement = "$1";
03 var input = "$16.32 12.19 £16.29 €18.29 €18,29 ¥123.34 $123,456.00";
04
05 var begin = DateTime.Now;
06 for (var i = 0; i < int.Parse(args[0]); ++i)
07     Regex.Replace(input, pattern, replacement);
08 var elapsed = DateTime.Now - begin;
09 Console.WriteLine("Regex.Replace: {0}", elapsed.TotalMilliseconds);
10
11 var regex = new Regex(pattern, RegexOptions.Compiled);
12 begin = DateTime.Now;
13 for (var i = 0; i < int.Parse(args[0]); ++i)
14     regex.Replace(input, replacement);
15 elapsed = DateTime.Now - begin;
16 Console.WriteLine("Compiled: {0}", elapsed.TotalMilliseconds);
```

代码清单 4-23 的第 11 行设置 RegexOptions.Compiled 参数，以便在构造正则表达式的同时编译成 IL 代码。图 4-18 展示了编译前后正则表达式的性能差异。可以看到，编译后的正则表达式的性能有明显的改进。

2）序列化。前文演示过将对象序列化成字节流，由于序列化时需要通过反射技术递归遍历对象的成员字段，在每次运行时都做一次遍历操作实际上很费时也没必要，因此 .NET 在第一次序列化递归遍历成员字段后，采用动态生成 IL 代码的方式硬编码序列化和反序列化过程，提高效率。

3）自动接口实现。单元测试时，我们需要临时实现一个或多个接口来辅助完成测试流程。在这些情况下，每一个测试用例都由人工实现接口是很烦琐的，因此 moq 等模拟对象（Mock Object）框架大量使用 Reflection.Emit 技术动态生成代码来实现接口。

```
shiyimindeMac:第5章  shiyimin$ dotnet regexcompiledemo.exe 100000
Regex.Replace: 708.184
Compiled: 583.85
shiyimindeMac:第5章  shiyimin$ dotnet regexcompiledemo.exe 1000000
Regex.Replace: 5895.213
Compiled: 5716.919
shiyimindeMac:第5章  shiyimin$ dotnet regexcompiledemo.exe 10000
Regex.Replace: 86.95
Compiled: 65.502
shiyimindeMac:第5章  shiyimin$
```

图 4-18　正则表达式的性能差异

还有一些其他有意思的场景，如比较两个对象实例也可以采用类似序列化中采用的优化方案——通过反射技术递归遍历对象的成员信息后，生成 IL 代码以比较对象实例，从而提升性能。或者针对图片处理等需要大量数据计算的场景，只要对数据有清晰的代码处理模式，就可以使用动态生成代码的方式提高效率，在《代码之美》的第 8 章有很精彩的例子。

4.2.3　IL 语言

.NET 程序也是可以跨平台执行的。C#、VB.NET 等 .NET 编程语言都是先被编译成 MSIL（Microsoft Intermediate Language）程序，再由 CLR 运行时即时解释执行。MSIL 语言通常简称为 IL 语言。.NET SDK 自带 MSIL 语言的编译器——ilasm.exe，其可以将 IL 源码编译成 exe 和 dll 文件。代码清单 4-24 演示了最简化版本的 IL 程序。IL 语言支持的编程语言范围很广，包含一些 C# 以外的语法，比如 C++ 语法，这是因为开发者当初开发 .NET 时设计了既支持托管世界又支持原生指针等非托管语义的 Managed C++ 语言。代码清单 4-24 中第 1 行的 .assembly 指令告诉编译器生成的装配件名称是 ilbasic。

第 2 行中 method 指令定义了一个方法。方法的访问修饰符是 public，返回类型为 void，方法名是 demo，不接收任何参数。

第 4 行中 entrypoint 指令告诉编译器这是一个入口方法，也就是说执行程序时应该从这个方法进入。IL 语言与 C#、VB.NET 等高级语言要求入口方法必须命名为 Main 方法不一样。IL 语言虽然支持面向对象，但是代码清单 4-26 中并没有定义类型，只是定义了一个方法。这一点与 C#、VB.NET 等高级语言不一样，而在 IL 语言中是允许这样做的。

第 5 ~ 6 行调用 WriteLine 方法输出 "Hello, world"。IL 语言是基于栈的编程语言（Stack-Based Language），即程序在执行时会用到一个隐含的栈。大部分操作符用到的操作数都从栈上获取。在执行一个操作符指令之前，需要将用到的操作数或者参数压栈（Push），执行指令时将操作数出栈（pop）。用到几个操作数就会执行几个出栈操作。出栈操作是在指令执行时的隐含操作。第 5 行使用 ldstr 指令将 " Hello, world" 字符串压入栈，第 6 行的 call 指令是 IL 语言调用方法的指令。IL 需要完整的方法信息才能调用方法。call 指令需要具体的特征码（Signature）才能找到 WriteLine 方法的具体重载版本。特征码包括重载方法所在的类型名、命名空间和装配件名。最后第 7 行使用 ret 指令结束 demo 方法的运行并返回。

代码清单 4-24　IL 语言版的 Hello,world

```
01 .assembly ilbasic {}
02 .method publicstatic void demo()
03 {
04     .entrypoint
05     ldstr "Hello, world"
06     call void [mscorlib]System.Console::WriteLine(class System.String)
07     ret
08 }
```

编译 IL 程序的过程与编译 C# 程序的过程类似，Windows 系统在 Visual Studio Command Prompt 窗口、macOS 系统在 Terminal 窗口里执行下面的命令进行编译：

ilasm ilbasic.il

编译完成之后，IL 程序就可以当作普通 .NET 程序执行了。代码清单 4-25 是一个稍微复杂的 IL 程序，演示了如何在 IL 里定义和使用类型成员。

第 1 ~ 5 行引入了 mscorlib 的外部引用，第 3 ~ 4 行指明了装配件的完整信息。

第 7 行使用 .class 指令定义了 DemoIlClass 类型，访问修饰符是私有的，auto 关键字告诉 CLR 类型成员可以由 CLR 决定内存中的布局，ansi 指明使用 ANSI 编码处理字符串，beforefieldinit 说明类型可以在任何静态字段初始化之前初始化，CLR 指明可以懒加载（Lazy Initialized）类型。

第 8 行设置基类为 object 类型，第 10 行 .field 指令在类型里定义了一个整数类型的成员字段 IntValue。这段代码相应的 C# 代码请参考代码清单 4-26 中的第 1 ~ 5 行。

代码清单 4-25　IL 面向对象编程

```
01 .assembly extern mscorlib
02 {
03   .ver 4:0:0:0
04   .publickeytoken = (B7 7A 5C 56 19 34 E0 89 ) // .z\V.4..
05 }
06 .assembly ilmethodcall {}
```

```
07  .class private auto ansi beforefieldinit DemoIlClass
08      extends [mscorlib]System.Object
09  {
10      .field   private   int32 IntValue
11
12      .method private static hidebysig
13              default void Main ()  cil managed
14      {
15          .entrypoint
16          .locals init (class DemoIlClass dc)
17          newobj instance void class DemoIlClass::'.ctor'()
18          stloc dc
19          ldloc.0
20          ldc.i4.2
21          call void class DemoIlClass::DemoMethod(class DemoIlClass, int32)
22          ret
23      }
24
25      .method private static hidebysig
26              default void DemoMethod (class DemoIlClass dc, int32 i) il managed
27      {
28          ldarg dc
29          dup
30          ldfld int32 DemoIlClass::IntValue
31          ldargi
32          add
33          stfld int32 DemoIlClass::IntValue
34          ldstr "{0}"
35          ldarg.0
36          ldfld int32 DemoIlClass::IntValue
37          box [mscorlib]System.Int32
38          call void class [mscorlib]System.Console::WriteLine(string, object)
39          ret
40      }
41
42      .method public hidebysig specialname rtspecialname
43              instance default void '.ctor' ()  cil managed
44      {
45          .maxstack 8
46          ldarg.0
47          call instance void object::'.ctor'()
48          ret
49      }
50  }
```

MSIL 中的局部变量是在 .locals 指令中定义的，如第 16 行定义了名为 dc 的 DemoIlClass 变量。在 IL 语言里，变量名是可以省略的，后续指令通过索引号读写，如果是人工编程，不建议这样编写代码。.locals 旁边的 init 指令强制 CLR 使用默认值初始化变量。这里 dc 的初始值是 null。

第 17 行 newobj 指令实例化对象并将对象的引用压入操作数栈，通过 DemoIlClass 的构造函数实例化对象。

第 18 行将刚刚创建的对象的引用从栈中取出并赋值给变量（stloc 是 store locals 的缩写），这个操作会使对象的引用出栈。如果要在其他指令中使用该变量，还需要将其压入栈。

第 19 行将变量 dc 压入栈，这里笔者没有写变量名，而是通过索引号来引用变量。

第 20 行将常量 2 压入栈，类型是整型，i4 中的 i 表示整型，4 表示占用 4 字节。这也对应第 21 行里调用的 DemoMethod 方法的第 2 个 int32 参数，相应的 C# 代码为代码清单 4-26 的第 7 ~ 11 行的 Main 方法。

第 25 ~ 40 行在 DemoIlClass 中定义了一个静态方法 DemoMethod，其接收两个参数。第 28 行的 ldarg dc 指令将方法的参数 dc 引用压入栈。

第 29 行将栈顶的值赋值复制后再压入栈，也就是说 dc 这个参数被压入了两次。

第 30 行加载 dc 的成员变量 IntValue，这个操作导致 dc 变量出栈，将 IntValue 字段的值压入栈。

第 31 ~ 32 行分别将第 2 个参数 i 压入栈，并将栈顶的两个元素 i 和 IntValue 的值相加，然后将结果压入栈。此时，i 和 IntValue 都已经出栈，栈里只有相加的结果值和前面 dup 指令赋值的 dc 引用，第 33 行的 stfld 指令将相加的结果赋值给 dc 的 IntValue 字段，这些指令的作用相当于代码清单 4-26 的第 15 行。

第 34 行加载了一个字符串 "{0}" 并压入栈，第 35 行使用索引的方式将第 1 个参数（也就是 db 变量）压入栈，接着将 dc 的 IntValue 字段压入栈，以便在第 38 行调用 WriteLine 方法所需要的两个参数。这里值得注意的是，由于 WriteLine 方法的第 2 个参数接收的是 object 类型，因此在第 37 行对值类型的 IntValue 字段进行 box 操作。DemoMethod 对应代码清单 4-26 的第 13 ~ 17 行的 C# DemoMethod 方法。

最后第 42 ~ 48 行是 DemoIlClass 的默认构造方法。虽然代码清单 4-26 的 C# 代码并没有为其编写构造函数的代码，但是在编译时 C# 编译器还是调用了基类 object 的构造方法。

代码清单 4-26　IL 面向对象编程相应的 C# 源码

```
01 using System;
02
03 class DemoIlClass
04 {
05     private int IntValue;
06
07     static void Main()
08     {
```

```
09          var dc = new DemoIlClass();
10          DemoMethod(dc, 2);
11      }
12
13      static void DemoMethod(DemoIlClass dc, int i)
14      {
15          dc.IntValue += i;
16          Console.WriteLine("{0}", dc.IntValue);
17      }
18  }
```

由于 IL 语言还支持 C++ 以及后文要探讨的 C# unsafe 代码，即允许程序执行指针等操作，因此 IL 语言也支持指针操作。代码清单 4-27 演示了 IL 语言中的指针操作。

第 5 行定义了两个局部变量：v 和 j，其中 v 是一个 int 型的指针。

第 6 行的 ldloca 指令用于加载局部变量的地址，获取变量 j 的地址，然后在第 7 行将地址赋值给 v。

第 8 ~ 10 行将常量 2 赋值给变量 v，这里使用的是 stobj 指令，而不是前面常见的 stloc 指令。stobj 指令是根据引用（或者说指针）赋值，即通过指针 v 保存的地址赋值。

最后在第 11 行打印变量 j 的值，可以看到程序输出的结果 j 的值已经赋值为 2，这就是 IL 语言对原生指针的支持方法。

代码清单 4-27　在 IL 里使用指针操作

```
01 .assembly ilpointer { }
02 .method public hidebysig static void Main() cil managed
03 {
04      .entrypoint
05      .locals(int32* v, int32 j)
06      ldloca j
07      stloc v
08      ldloc v
09      ldc.i4.2
10      stobj int32
11      ldloc j
12      call void[mscorlib] System.Console::WriteLine(int32)
13      ret
14 }
```

4.2.4　多模块组装件

前面介绍使用 Reflection.Emit 生成代码时，虽然装配件是最小的部署单元，但其是由模块组成的，当初这样设计的初衷是出于以下几点考虑。

1）支持包含多种编程语言模块的装配件，也就是说装配件可以由多个团队开发，一个团队可能使用 C# 开发，另一个团队可能使用 VB.NET 开发，每个团队的源码编译成独立的模块，再组装成一个装配件。

2）支持增量式下载。当装配件由多个模块组成时，如果装配件是通过 HTTP 站点发布的，在浏览器下载运行 .NET 程序时，CLR 一开始会只下载主模块，并按需下载其他模块。

3）支持将同一套源码编译到多个装配件中。当通用的源码被多个装配件使用时，可以将这个通用的源码编译成模块，再组装到依赖它的装配件上。

这里笔者简单演示多模块组装件的生成方法，有兴趣的读者可以考虑更合适的应用场景。代码清单 4-28 和代码清单 4-29 分别是由 VB.NET 和 C# 两种编程语言编写的模块，其中 C# 模块依赖 VB.NET 模块的代码。

代码清单 4-28　多模块组装件中的 VB.NET 模块

```
Public Class Calc
Public Function Add(left As Integer, right As Integer) As Integer
    Return left + right
End Function
End Class
```

注意，target 参数设置的是 module，而不是 exe 或者 library 等常见的编译成装配件的参数。

```
vbc /target:modulevbmodule.vb
```

代码清单 4-29　多模块组装件中的 C# 模块

```
using System;

public class MultiModuleDemo
{
public static voidMain()
    {
    var calc = newCalc();
    Console.WriteLine("结果: " + calc.Add(1, 2));
    }
}
```

由于 VB.NET 模块和 C# 模块在同一个组装件里，因此我们可以在 C# 模块中直接调用 VB.NET 模块里的类型和方法，但需要在编译时指明依赖的 VB.NET 模块信息。以下命令将代码清单 4-29 编译成 C# 模块：

```
csc /addmodule:vbmodule.netmodule /target:modulecsmodule.cs
```

编译完两个模块后，需要使用链接器 al.exe（assembly linker）将两个模块链接成一个装配件。实际上，与 C/C++ 语言的编译过程类似，vbc 和 csc 都是编译器，将源码编译成 IL 模块之后，再用 al.exe 命令将多个模块链接成一个装配件。以下命令用于链接多个模块：

```
al csmodule.netmodulevbmodule.netmodule /target:exe /main:MultiModuleDemo.
Main /out:MultiModuleDemo.exe
```

包含多模块的 exe 装配件只能在 Windows 系统上运行，其他操作系统不支持多模块的装配件。在 macOS 系统上，al.exe 是由 Mono 开发的。笔者尝试过，生成的多模块装配件会由于找不到入口方法而无法运行。

4.3　dynamic 关键字

从 C# 4.0 开始，C# 引入了 dynamic 关键字，以便优化与 COM 组件、JavaScript 等其他动态编程语言编写的外部组件的交互。引入 dynamic 关键字之后，虽然底层还是依赖反射技术，但允许程序员使用更为直观、简洁的代码来与这些组件交互。然而 C# 是静态语言，不能像动态语言那样在运行时动态地在类型中添加成员，只是 C# 编译器在看到使用 dynamic 关键字定义的变量时，会自动关闭类型检查功能，而且将变量的类型声明为 object 类型，以便在运行时通过反射这样的类型成员发现机制来动态地访问类型成员。如代码清单 4-30 中第 1 行定义了一个 dynamic 类型的变量 o，赋值一个整数。这时，o 的实际类型是整型，因此其可以作为 "++" 操作符的操作数。而在第 3 行又将其赋值为一个字符串，更换了底层类型，那么第 5 行再次使用 "++" 操作符时，抛出一个 RuntimeBinderException 异常。

代码清单 4-30　dynamic 关键字示例

```
01 dynamic o = 1;
02 Console.WriteLine("o: " + o++);
03 o = "test string";
04 Console.WriteLine(o);
05 // Console.WriteLine(o++);
```

细心的读者可能会有疑惑，代码清单 4-30 中 dynamic、object 和 var 这 3 个关键字有什么区别呢？如果在第 1 行将 dynamic 换成 object 关键字，编译器会在第 2 行报告 " error CS0023: Operator '++' cannot be applied to operand of type 'object'" 的编译错误，这是因为编译器认为 o 的类型是 object 类型，而 object 类型并不适用 "++" 操作符。这与使用 dynamic 定义是不同的。虽然 dynamic 定义的 o 的实际类型也是 object 类型，但 dynamic 实际上会通知编译器针对 o 变量忽略类型检查，若使用 object 定义则还是会执行类型检查。如果在第 1 行将 dynamic 换成 var 关键字，会在第 3 行报告 " error CS0029:

Cannot implicitly convert type 'string' to 'int'"的编译错误，这是因为 var 关键字通过类型推演将 o 的类型定义为 int，第 3 行实际上尝试将字符串赋值给一个整型变量，显然是错误的。从这个例子，我们也可以看到 dynamic 关键字的好处——可以当作 object 类型任意赋值，在使用时可以不用强制转换类型就能直接访问类型成员。

在 C# 支持 dynamic 关键字之前，匿名类型仅限于在定义的方法中使用。dynamic 关键字允许方法返回匿名类型，这扩大了匿名类型的使用场景。代码清单 4-31 中第 23 行方法的返回类型是 dynamic，因此可以直接在第 30 行返回匿名类型，并在外部方法中调用匿名类型的成员，甚至可以调用匿名类型的委托成员，如第 14 ~ 16 行。然而由于返回的类型本质上是一个静态类型，因此我们不能在运行时动态地给 iunknow 对象添加新的成员，如第 18 行。取消这一行的注释会导致 RuntimeBinderException 异常出现。同样地，第 26 行将一个 object 对象赋值给声明为 dynamic 的变量 obj，但并不能改变 obj 是一个静态类型的事实。取消第 27 行的注释，在运行时同样会导致 RuntimeBinderException 异常出现。总体来看，dynamic 关键字并没有改变 C# 是静态语言的事实，它只能让程序用动态语言来查询和使用动态变量，但并不能在运行时修改变量的成员信息。

代码清单 4-31　dynamic 与匿名类型

```
01 // 源码位置: 第 4 章 \dynamicdemo\Program.cs
02 // 编译和运行命令: dotnet run
03 using System;
04 using System.Reflection;
05 // 采用的外部包: Newtonsoft.Json.dll
06 using Newtonsoft.Json;
07 using Newtonsoft.Json.Linq;
08
09 public class DynamicKeywordDemo
10 {
11     public static void Main()
12     {
13         dynamic iunknow = CreateDynamicObject();
14         Console.WriteLine(iunknow.DemoStringProperty);
15         Console.WriteLine(iunknow.DemoIntProperty);
16         iunknow.DemoDelegate("anonymous function");
17
18         // iunknow.NoExtendedValueAvailable = 123.456;
19         // 序列化成 JSON 格式
20         Console.WriteLine(iunknow.ToString());
21     }
22
23     private static dynamic CreateDynamicObject()
24     {
25         /*
```

```
26          dynamic obj = new object();
27          obj.DemoStringProperty = "A string property";
28          */
29
30          dynamic obj = new {
31              DemoStringProperty = "A string property",
32              DemoIntProperty = 123,
33              DemoDelegate = (Action<string>)delegate(string s) {
34                  Console.WriteLine("Hello, " + s);
35              }
36          };
37
38          return obj;
39      }
40  }
```

　　dynamic 关键字在处理 COMInterop 和 JSON 序列化时非常有用。代码清单 4-31 的第 20 行演示了将匿名类型或者 dynamic 变量序列化成 JSON 字符串的方法，需要引入流行的 JSON 处理包 NewtonSoft.Json。其对 dynamic 变量添加了扩展方法 ToString，直接将对象序列化为 JSON 字符串。

　　代码清单 4-32 试图将一个由 Stores 和 Manufactures 两个成员组成的 JSON 字符串反序列化成变量 o。JSON 字符串看起来比较直观，很容易写一个类型与之对应，但仔细观察会发现第 8 行和第 14 行的 Products 成员的类型不一致——第 8 行为数组类型，第 14 行为整型。当服务器端的程序是 Node.js、PHP 这样的动态语言编写时，这种情况经常发生，而对应使用如 C# 这样的静态语言的客户端，如果要定义与 JSON 字符串对应的类型，除了将 Products 这样的成员字段定义为 object 类型外，似乎没有更好的办法。而采用 dynamic 关键字就变得简单多了，像第 20 行通过判断 Products 的类型进行相应的处理，如果是整型则执行第 21 行的代码，否则执行第 23 行的代码，并且直接访问 Products 数组元素的成员变量。

代码清单 4-32　使用 dynamic 操作反序列化后的对象

```
01 dynamic o = JObject.Parse(@"{
02     'Stores': [
03         'Lambton Quay',
04         'Willis Street'
05     ],
06     'Manufacturers': [{
07         'Name': 'Acme Co',
08         'Products': [{
09             'Name': 'Anvil',
10             'Price': 50
11         }]
```

```
12        }, {
13            'Name': 'Contoso',
14            'Products': 0
15        }
16    ]
17 }");
18 Console.WriteLine($"Count: {o.Stores.Count}, [0]: {o.Stores[0]}");
19 for (var i = 0; i<o.Manufacturers.Count; ++i) {
20     if (o.Manufacturers[i].Products.Type == JTokenType.Integer) {
21         Console.WriteLine("Products 的值为 0");
22     } else {
23         Console.WriteLine($"Products:{o.Manufacturers[i].Products[0].Name}");
24     }
25 }
```

从前面几个例子里可以看出使用 dynamic 关键字的好处。

❏ 支持与其他动态语言交互。

❏ 简化 RESTful API 等返回 JSON 格式的服务器接口的使用方式。

❏ 相对于使用反射技术，使用 dynamic 关键字极大地简化了程序代码。

4.4 动态语言运行时

在 C# 4.0 引入 dynamic 关键字之前，微软针对动态语言的支持也做了不少尝试，其中比较出名的是 IronPython 和 IronRuby。微软还发布了 JavaScript 的托管版本——ManagedJS。由于支持这些动态语言的原理类似，因此笔者围绕 IronPython 来聊一下 .NET 中的 DLR（动态语言运行时）。

4.4.1 IronPython

IronPython 在 .NET 上实现 Python 完整语法并与 cpython 兼容，目前兼容的是 Python 2.7，对 Python 3.x 的支持还不完善。由于开发团队的资源有限，版本更新速度较慢，建议读者在采用时先做充分调研。独立的 IronPython 解释器可以在 https://ironpython.net/ 下载，有 Windows、macOS 等多个版本可以使用。然而截至本书编写完成时，IronPython 2.7.9 版本在 macOS 上还有一些问题，建议使用稍微旧一点的版本。下载安装后，在命令行中执行解释器 ipy.exe 即可进入交互环境，如图 4-19 所示。

IronPython 不只是在 .NET 上实现了 cpython，由于其是 .NET 上原生的编程语言，因此其能直接应用 .NET 框架中现成的组件，如 WinForm、ASP.NET 等。当然，IronPython 可以跨平台运行，因此其调用的 .NET 组件需要平台支持，例如 WinForm 截至本书写作完成时还只能在 Windows 系统中使用，因此代码清单 4-33 只能在 Windows 系统上试验。

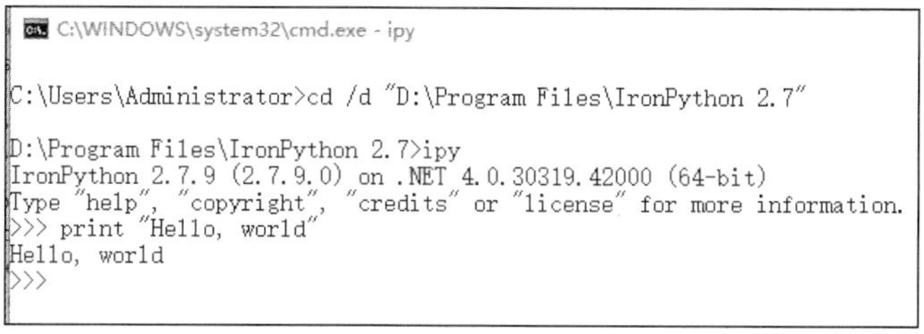

图 4-19 IronPython 交互环境

代码清单 4-33 在 IronPython 中调用 .NET 框架中的组件

```
01  import clr;
02  clr.AddReference("System.Windows.Forms")
03  fromSystem.Windows.Formsimport *
04  f = Form()
05  f.MaximizeBox = False;
06  f.MinimizeBox = True;
07  f.Text = " 演示 Winform"
08
09  clr.AddReference("System.Drawing")
10  fromSystem.Drawingimport Point
11  button1 = Button()
12  button1.Text = "OK"
13  button1.Location = Point(10, 10)
14  f.Controls.Add(button1)
15
16  defon_button1_ok(sender, args):
17      print" 按下了 OK 按钮 "
18
19  button1.Click += on_button1_ok
20
21  f.ShowDialog()
22
23  fromSystem.GuidimportNewGuid
24  NewGuid()
25
26  fromSystem.Collections.Genericimport List, Dictionary
27  int_list = List[int]()
28  str_float_dict = Dictionary[str, float]()
29
30  int_list.Add(1)
31  int_list[0]
32
33  str_float_dict.Add("key", 123.456)
34  str_float_dict["key"]
```

在 IronPython 中，.NET 的装配件通过 clr 模块加载。代码清单 4-33 中的第 1 行使用 import clr 引入 clr 模块后，就可以用其 AddReference 方法加载需要的装配件，进而通过 from … import … 形式的 Python 语法从命名空间中引入需要的类型。"＊"表示引入命名空间中的所有类型，如果不想引入所有的类型，就需要指明引入的类型名，如第 3 行和第 10 行。

IronPython 也支持使用 from … import … 语法引入单个类型的静态方法，如第 23 行引入了 System.Guid 的静态方法 NewGuid，其在第 24 行可以当作普通方法调用。

第 16 行在 Python 里定义了一个方法，用来处理 .NET 的事件，即 Winform 中按钮被点击的事件。可以看到，IronPython 几乎无缝支持 .NET 组件和特性。

最后在第 26 ～ 34 行演示了 IronPython 里使用 .NET 泛型的方法。程序的运行结果如图 4-20 所示，第 21 行的 ShowDialog 方法是一个同步方法，需要关闭窗口之后才会执行后面的语句。

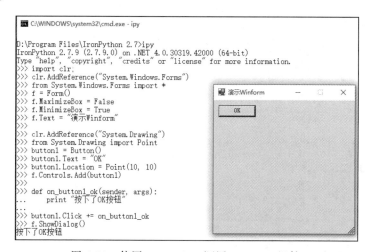

图 4-20　使用 IronPython 调用 Winform 组件

除了可以直接在 Python 里使用 .NET 组件以外，IronPython 还支持将解释器引擎完整地嵌套在其他程序，为宿主进程提供 Python 语言的扩展能力。这种嵌套引擎的方式既支持在宿主程序中执行一小段 Python 代码，也支持指定 Python 入口程序执行完整的 Python 程序，还支持宿主进程和 Python 程序相互使用变量与调用方法。如代码清单 4-34 中的第 1 行首先创建 Python 运行引擎，相关类型需要在工程里引入 nuget 包 IronPython：

```
dotnet add package IronPython
```

接下来第 4 行通过 Python 引擎的 CreateScriptSourceFromString 方法从 Python 代码片段中创建可执行的脚本，最后在第 5 行里运行脚本。这就是最简单的在宿主 C# 进程中执行 Python 脚本以扩展程序功能的做法。

代码清单 4-34　在 C# 中执行 Python 代码片段

```
01 Microsoft.Scripting.Hosting.ScriptEngine pythonEngine =
02     IronPython.Hosting.Python.CreateEngine();
03 Microsoft.Scripting.Hosting.ScriptSource pythonScript =
04     pythonEngine.CreateScriptSourceFromString("print 'Hello World'");
05 pythonScript.Execute();
```

代码清单 4-35 演示了执行 Python 文件的方法。由于源文件可能有多种编码，因此在第 4 行强制将源码的编码格式当作 UTF8 处理。同时，该代码示例演示了在宿主进程中读写 Python 变量的方法，首先第 5 行在 Python 引擎中创建一个变量作用范围，然后在第 6 行给该变量作用范围添加一个变量 csvariable。由于 Python 脚本的执行环境包含这个作用范围，因此脚本里的代码会将 csvariable 当作全局变量来处理。接着在第 7 行将设置好的作用范围传入执行脚本，最后第 8 行宿主程序读取脚本里的全局变量值——不仅可以读取第 6 行由宿主程序设置的全局变量，还可以读取脚本里自己定义的全局变量，如第 9 行。

代码清单 4-35　在 C# 中设置和访问 Python 变量

```
01 var pythonEngine =
02     IronPython.Hosting.Python.CreateEngine();
03 var pythonScript = pythonEngine.CreateScriptSourceFromFile(
04     args[0], System.Text.Encoding.UTF8);
05 Microsoft.Scripting.Hosting.ScriptScope scope = pythonEngine.CreateScope();
06 scope.SetVariable("csvariable", "String from C# code");
07 pythonScript.Execute(scope);
08 Console.WriteLine("csvariable: {0}", scope.GetVariable("csvariable"));
09 Console.WriteLine("m: {0}", scope.GetVariable("m"));
```

代码清单 4-35 中所调用的 Python 源码，如代码清单 4-36 所示。

代码清单 4-36　所调用的 Python 源码

```
import md5
print csvariable
m = md5.new(csvariable.encode('utf-8')).hexdigest()
print m
csvariable = "Value from python"
```

代码清单 4-37 演示了宿主程序调用 Python 函数的方法。从代码中可以看到，Python 函数是被当作一个委托变量来访问的，如第 3 行是一个简短的判断奇数的函数，第 4 ~ 7 行依次创建脚本执行引擎和变量作用范围，然后执行该脚本。脚本只有一个函数定义。宿主 C# 程序在第 8 行将 isodd 当作委托变量读取，最后在第 10 行调用该委托变量完成对 Python 方法的调用。

代码清单 4-37   C# 程序调用 Python 函数

```
01 var pythonEngine =
02     IronPython.Hosting.Python.CreateEngine();
03 var pyFunc = @"def isodd(n): return 1 == n % 2;";
04 var source =
05     pythonEngine.CreateScriptSourceFromString(pyFunc);
06 var scope = pythonEngine.CreateScope();
07 source.Execute(scope);
08 Func<int, bool>IsOdd = scope.GetVariable<Func<int, bool>>("isodd");
09
10 Console.WriteLine(" 调用 python 方法的结果: {0}", IsOdd(101));
```

4.4.2 DLR

在 .NET 4.0 中，与 dynamic 关键字同时发布的还有 DLR，DLR 的工作是在 .NET 上提供对动态语言的系统支持，允许 C#、VB.NET 这些静态语言能够添加动态语言的特性，以及添加对动态语言互操作的支持。图 4-21 展示了 DLR 在 .NET 框架中的角色和架构。可以看到，DLR 是运行在 CLR 之上的，IronPython、IronRuby 等动态语言以及 C#、VB.NET 等静态语言的动态特性都是由 DLR 提供的。DLR 主要由表达式树（Expression Trees）、调用站点缓存（Call Site Caching）和动态对象互操作（Dynamic Object Interoperability）3 个组件组成。图 4-21 右侧展示了 DLR 的使用场景，主要是绑定 .NET 应用、Office 程序和 Silverlight 程序的对象。微软官方已经放弃 Silverlight，因此 DLR 只在前两者中应用。DLR 提供了以下几个默认的绑定器（Binder），分别是 .NET、JavaScript、IronRuby、IronPython 和 COM 绑定器。

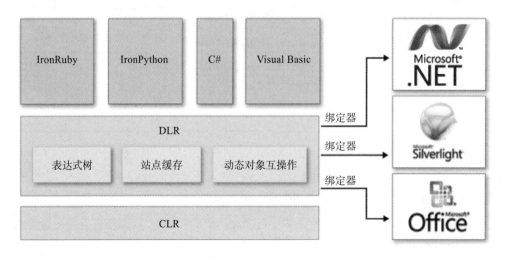

图 4-21   DLR 架构

根据微软的官方说法，DLR 有以下几个优势。

1）减少移植新的动态语言到 .NET 框架的工作量，这主要由表达式树实现，即动态语言的实现者将源码翻译成表达式树，并提供必要的运行时函数库，同时可选择性地实现 IDynamicMetaObjectProvider 接口的动态对象。而 DLR 可根据表达式树生成具体的可执行代码。我们将在后面的章节里讨论表达式树的应用。

2）在静态类型语言中添加动态语言的特性。

3）支持在 .NET 框架和动态语言函数库之间的代码共享。

4）支持快速地动态访问和调用成员，这点主要是通过调用站点缓存实现的。当某个操作之前执行过，DLR 自动缓存必要的信息，以便后续快速访问。

前面探讨 dynamic 关键字时，提到当将普通的 .NET 对象赋值给 dynamic 变量时，并不能在运行时动态扩展这些对象的成员。DLR 提供了 ExpandoObject 类型来解决这个问题，如代码清单 4-38 中，如果将第 9 行和第 10 行互换，在运行时会出现 RuntimeBinderException 异常。由于 ExpandoObject 是 DLR 引入的特殊类型，其实现了 IDynamicMetaObjectProvider 接口，因此在运行时 DLR 能够正确处理这种类型的对象，实现动态增减成员，甚至允许 ExandoObject 的成员字段也是 ExpandoObject 类型，从而实现完整的动态语言语义，如第 10 ~ 15 行。一般在动态语言中，对象通常可以当作字典（Dictionary）对象处理，即字段、方法等成员名作为字典的键名，按照键 – 值对的方式取出成员的值，如第 20 行；也可以给对象动态添加成员。由于添加成员涉及后面章节要讲解的 Lambda 表达式，因此代码清单 4-38 没有列出，读者可以打开示例代码的 ExpandoObjectDemo.cs 文件参考实现方式。

代码清单 4-38　使用 ExpandoObject 扩展对象成员

```
// 源码位置：第 4 章 \dlr\ExpandoObjectDemo.cs
// 编译命令：csc ExpandoObjectDemo.cs
01 using System;
02 using System.Dynamic;
03
04 public class ExpandoObjectDemo
05 {
06     static void Main()
07     {
08         // 使用下面一行会导致 RuntimeBinderException 异常
09         // dynamic contact = new object();
10         dynamic contact = new ExpandoObject();
11         contact.Name = " 施懿民 ";
12         contact.Phone = "18621519910";
13         contact.Address = new ExpandoObject();
14         contact.Address.City = " 上海 ";
```

```
15          contact.Address.Address = " 某个不知名的小区 ";
16
17          Console.WriteLine(contact.Address.Address);
18
19          foreach (var property in contact)
20              Console.WriteLine("{0}: {1}", property.Key, property.Value);
21      }
22 }
```

4.5　本章小结

　　本章先讨论了反射技术（服务化编程的基石）。在反射技术的基础上，CLR 实现了运行时的代码生成，以及对动态语言编程范式的支持。本章最后讨论给对象动态添加成员时如何使用 Lambda 表达式。接下来，我们将讨论 Lambda 的"魔力"。

第**5**章

数据处理编程

程序在运行过程中虽然可以有多种数据源，但最常用的还是数据库。在推出 .NET 技术之前，微软的数据访问技术经历几次迭代，从最开始的 ODBC 到 OLEDB 再到 ADO 技术，最后到 .NET 框架中的 ADO.NET，能够支持的数据源也从关系型数据库扩展到 XML 文件等非数据库数据源。.NET 框架在 ADO.NET 的基础上衍生出对象关系映射（ORM）框架 Entity Framework 和 LINQ 等技术。这些技术之间的关系大致如图 5-1 所示。

最开始每种数据库都有自己的开发 SDK，以便客户端程序与之连接，如 Oracle 数据库系统提供 OCI（Oracle Call Interface）接口就是 SDK。OCI 是一个 C 语言库。客户端应用要么使用 C/C++ 代码与之对接，要么通过互操作技术，如 Java 语言的 JNI 对接。20 世纪 80 年代，PC 刚开始流行，一家公司只有一个数据库系统。随着 IT 技术的流行，公司内部开始有多个数据库系统，如果客户端程序要切换到其他数据库系统，就必须对接新的 SDK，费时费力。因此在 20 世纪 80 年代末 90 年代初，多家厂商联合制定了一个通用的数据库访问协议——ODBC。

ODBC（Open DataBase Connectivity，开放数据库连接）的作用是在数据库程序和需要访问数据的客户端程序之间提供一个中间的翻译层。ODBC 协议不依赖任何编程语言、数据库系统或者操作系统，也就是说使用 ODBC 技术访问数据库的程序可以不用改动就能对接所有支持 ODBC 协议的数据库。应用程序可通过 ODBC 驱动连接、查询数据库。

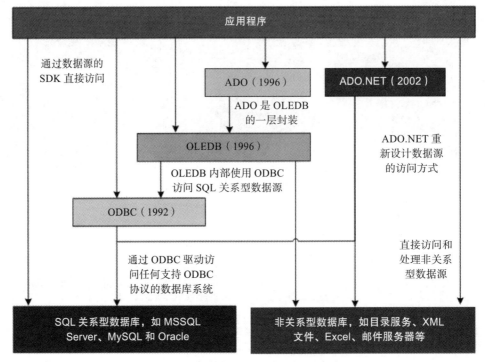

图 5-1 微软数据访问技术之间的关系

ODBC 驱动类似打印机驱动等操作系统常见的硬件驱动，提供一系列标准功能，以便程序能与任意的数据库系统对接。当然，不同的数据库系统提供的 ODBC 驱动通常会夹带一些数据库厂商特有的功能。ODBC 是业界的数据访问标准协议，受包括 Windows 在内的大部分操作系统支持。Sun 公司在 ODBC 的基础上开发了 Java 语言的数据库访问标准协议（Java Database Connectivity，JDBC），因此很多时候我们可以将 JDBC 看成 ODBC 的 Java 版本。

ODBC 在设计时只考虑了对数据库系统特别是关系型数据库系统的支持，并没有提供对其他如 Excel 电子表格等非关系型数据源的支持，因此微软设计了能访问多种数据源的统一编程接口——OLEDB。OLEDB 是一系列 COM 接口定义的集合，与微软自家的 MS SQL Server、MS Office Access 等数据库和 MS Office Excel 等程序集成得很好，而且提供的功能较 ODBC 丰富。OLEDB 内置了 ODBC 桥接组件，以便通过 ODBC 广泛支持数据库系统。OLEDB 支持很多数据源，除了关系型数据库之外，还支持大型机的 ISAM/VSAM、层级数据库、电子邮件服务、文件系统、文本、地理信息数据等非关系型数据源。由于 20 世纪 90 年代微软在软件行业的霸主地位，很多数据库厂商也提供了 OLEDB 驱动。

OLEDB 是直接与数据源打交道的 COM 代码库，采用 C/C++ 的 API 暴露，这对于其他编程语言来说不是很友好。因此，ADO 对其做了一层封装，添加了一些 COM 时代的"反射技术"——自动化接口，以便支持集成开发环境、数据库工具和更多的编程语言，如 VB。

ODBC、OLEDB 和 ADO 技术都是 .NET 框架出现之前的数据访问技术。在前 .NET 时代，如果程序访问的是微软的数据源，一般推荐使用 ADO 或者 OLEDB 进行连接，而 VB 和 ASP 程序一般使用的是 ADO 技术。如果程序访问的数据库会更换，而且数据库运行的操作系统不是 Windows 平台，那就使用 ODBC 技术。

5.1　ADO.NET

ODBC、OLEDB 和 ADO 技术是逐层演进的。到了 .NET 时代，微软综合数据访问技术的设计和开发经验，设计了 ADO.NET 技术并将其作为 .NET 平台数据访问的统一技术。其与 ADO 技术一样，支持多种编程语言。ADO.NET 支持在线和离线两种数据处理模式。在线模式通过数据提供器（Data Provider）对接多种数据源。.NET 框架自带如下数据提供器。

❑ System.Data.SqlClient：对接 SQL Server 数据库系统的数据提供器。

❑ System.Data.OleDb：对接 OLEDB 接口的数据提供器。

❑ System.Data.Odbc：对接 ODBC 接口的数据提供器。

❑ System.Data.OracleClient：对接 Oracle 数据库系统的数据提供器，不过最新的 .NET 框架已经放弃支持。

数据提供器由一系列类型组成。

❑ 数据库连接（Connection）类型，如 SqlConnection、OleDbConnection、OdbcConnection 等类型。

❑ 数据库命令（Command）类型，如 SqlCommand、OleDbCommand、OdbcCommand 等类型。

❑ 数据读取（DataReader）类型，如 SqlDataReader、OleDbDataReader、OdbcDataReader 等类型。

❑ 数据转换器（DataAdapter）类型，如 SqlDataAdapter、OleDbDataAdapter、Odbc-DataAdapter 等类型。

DataSet 及其相关类型用在离线数据处理模式中。程序可以从数据库加载一部分数据到进程中的 DataSet 对象，然后使用数据绑定技术将 UI 控件绑定到 DataSet 对象，在本地进行增、删、改、查操作，最后将数据更新的结果整体提交到数据库中保存。图 5-2 演示了 ADO.NET 的整体架构以及类型之间的关系。可以看到，为了实现离线处理数据的功能，DataSet 几乎是在 .NET 进程里实现了一个小型的数据库系统。

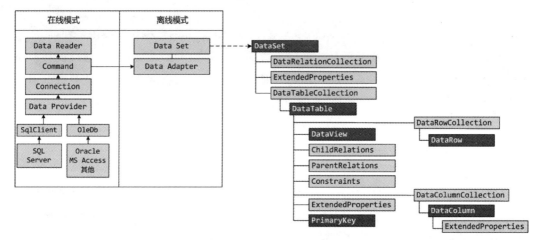

图 5-2　ADO.NET 架构

只要在 .NET 程序中添加对应数据源的数据提供器所在的命名空间，就可以使用数据库系统，如对接微软的 SQL Server 数据库，需要引用 System.Data.SqlClient 命名空间；而对接 OleDb API，需要引用 System.Data.OleDb 命名空间。引入数据提供器后，ADO.NET 处理数据方法如下。

1）首先使用数据库连接字符串创建数据库连接对象。数据库连接会占用服务器端数据库系统的资源，因此程序在使用完毕后应该及时关闭连接。数据库连接属于非托管资源，这样数据库连接类型都实现了 IDisposable 接口，建议在 using 语句中创建和使用数据库连接对象，以便及时释放服务器端资源。

2）再使用数据库连接对象的 Open 方法打开数据库连接。这是一个典型的延迟使用的设计，在数据库服务器端为新连接分配资源是一个昂贵的操作，而长时间保持不必要的数据库连接也是对服务器端资源的一种浪费。现代大部分数据库系统支持连接池技术，即服务器会事先创建一些数据库连接并分配好资源，当接收到新的客户端连接请求时，服务器从连接池中取出可用的连接服务客户端的请求；当客户端关闭连接时，服务器将分配给它的连接回收到连接池中。连接池使打开数据库连接不再是一个昂贵的操作，然而连接池中的数据库连接数是有限的，因此建议读者在编程中只在需要的时候打开数据库连接，使用结束后及时关闭连接。

3）如果连接的是关系型数据库，使用 SQL 语句创建命令对象，然后用命令对象的

ExecuteXXX 方法执行 SQL 语句。对于 SELECT 这样的查询 SQL 语句，ExecuteReader 方法返回一个 DataRender 对象。这个对象类似数据库中的游标，会逐行读取结果数据集。而对于 INSERT、UPDATE、DELETE 这些数据处理语句，ExecuteNonQuery 命令执行成功后会返回受被执行的 SQL 语句影响的行数。如果执行的是 Update 语句，返回更新的数据行数。通过这个返回值，我们可以判断 SQL 语句执行成功与否。

　　4）最后通过数据库连接对象的 Close 方法关闭连接。由于数据库操作很有可能在中间处理过程中有未处理异常抛出，因此将整个数据库连接过程包含在 using 语句中是一个很好的做法。using 语句是 C# 中使用支持 IDisposable 接口的类型的语法糖，其作用与 try … finally … 语句块类似。大部分程序员习惯将 try … finally …语句块写成 try … catch … finally …语句块。很多编程建议中不建议在程序的中间代码里处理异常，特别是捕捉所有异常导致上层调用者不知道具体出错的原因，但是编程初学者很容易在 try … catch … finally…的 catch 子块中因捕捉所有的异常而违反这个编程建议，此时使用 using 语句就很好地解决这个问题。表 5-1 中两个语句块的执行效果是一样的，代码量不仅 using 语句块略胜一筹，而且变量 conn 的定义和使用也更简洁一些，如 using 语句中定义和实例化 conn 变量的操作在一行语句中就完成了，但是 try…finally …语句块中需要分好几行实现。

表 5-1　using 语句和 try…finally…语句块的对比

using 语句块	try…finally …语句块

01 using (var conn = newSqlConnection(
02　　builder.ConnectionString))
03 {
04　　conn = newSqlConnection(
05　　　builder.ConnectionString);
06　　conn.Open();
07
08　　// 执行数据库操作……
09 }
	01 SqlConnection conn = null;
	02 try
	03 {
	04　　conn = newSqlConnection(
	05　　　builder.ConnectionString);
	06　　conn.Open();
	07
	08　　// 执行数据库操作……
	09 }
	10 finally
	11 {
	12　　conn.Dispose();
	13 }

　　代码清单 5-1 使用 ADO.NET 读取 MySQL 数据库中的数据。示例代码中使用了开源的 MySQL Connector 库，需要使用 dotnet add package MySqlConnector 命令将其添加进工程，并在源码中引入相应的命名空间，如第 1 行。第 3 行使用 using 语句创建数据库连接对象，构造时需要传入连接字符串信息。第 6 行打开数据库连接，接着在第 8 行使用

SELECT 语句创建一个查询命令对象，并在第 9 行针对数据库执行这个查询命令。查询结果使用游标的方式返回，这个游标保存在 reader 对象中。如果查询有结果，Read 方法的返回值为 true，表示可以继续读取，没有数据的话则返回 false，因此一般使用循环语句读取 DataReader 读取的结果，如第 10 ~ 12 行的循环语句。DataReader 类型定义了很多 GetXXX 方法，以便从数据库中读取不同数据类型的数据，如第 11 行。

代码清单 5-1　使用 ADO.NET 访问 MySQL 数据库

```
// 源码位置: 第 5 章 \ADO.NET\mysql-basic\Program.cs
// 运行方法: dotnet run
01 usingMySql.Data.MySqlClient;
02
03 using (var connection = newMySqlConnection(
04     "server=localhost;port=3306;database=DemoMysqlDb;user=root;password=xxx"))
05 {
06     connection.Open();
07
08     using (var command=newMySqlCommand("SELECT * FROM tblCSharp", connection))
09     using (var reader = command.ExecuteReader())
10         while (reader.Read())
11             Console.WriteLine(
12                 $"id: {reader.GetInt32(0)}, name: {reader.GetString(1)}");
13 }
```

5.1.1　使用 ODBC 连接数据源

代码清单 5-1 中使用的是为 MySQL 特意编写的数据提供器。MySQL Connector 是第三方开发的开源库，其比 Oracle 自己提供的 MySQL C# connector 更能很好地利用 C# 最新的特性，如异步（Async）编程等。除了使用定制的数据提供器，MySQL Connector 也可以使用 .NET 自带的 ODBC 或者 OleDB 数据提供器来访问 MySQL 数据库。MySQL 安装程序在 Windows 平台下会自动安装 ODBC 驱动。我们可以在"控制面板"依次选择"管理工具"→"ODBC 数据源"查看。由于目前大部分 PC 是 64 位架构的 CPU，因此我们在"管理工具"中会同时看到"ODBC 数据源（32 位）"和"ODBC 数据源（64 位）"两个图标。如果下载的 MySQL 是 64 位的，则会安装 64 位的驱动，否则安装 32 位的驱动，如图 5-3 所示。除非是维护的 32 位 CPU 架构的旧系统，不然推荐读者都在 64 位 CPU 架构上开发程序，并安装支持 x64 架构的 MySQL 驱动。

图 5-3　ODBC 数据源管理程序中的 MySQL 驱动

ODBC 连接需要创建 DSN（Data Source Name，数据源名称）文件。首先在"ODBC 数据源管理程序"中创建 DSN 文件，在"ODBC 数据源管理程序"窗口中选择"用户 DSN"页签，然后点击"添加"按钮，在弹出的 MySQL Connector/ODBC Data Source Configuration 对话框中输入连接信息，点击 Test 按钮测试是否能够正常连接，如果连接成功，点击 OK 按钮完成 DSN 文件的创建，如图 5-4 所示。新创建的 DNS 文件名在 MySQL Connector/ODBC Data Source Configuration 对话框中的 Data Source Name 文本框中指定。程序通过这个名字找到 DSN 及相关连接信息。

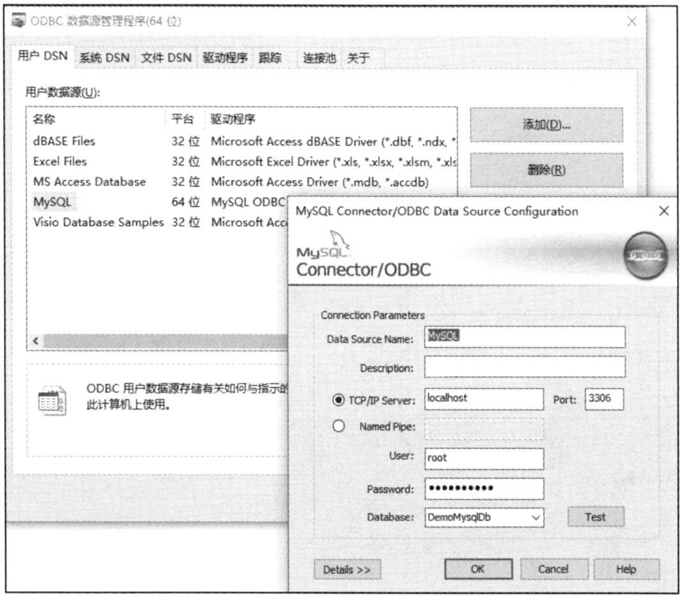

图 5-4　添加 MySQL ODBC DSN 配置

对于客户端来说，使用 ODBC 数据提供器处理数据的方式和前面定制的 MySQL 数据提供器类似，区别仅仅是数据连接类型、命令类型、数据读取类型等不一样，导致连接字符串不同，如代码清单 5-2 所示。其中，第 4 行中 ODBC 连接字符串只需要指明图 5-4 中创建的 DSN 文件就可以连接到数据库。

代码清单 5-2　使用 ODBC 访问 MySQL 数据库

```
// 源码位置：第 5 章 \ADO.NET\mysql-odbc\mysql-odbc\mysql-odbc\Program.cs
// 运行方式：在 Visual Studio 中启动运行
01 usingSystem.Data.Odbc;
02
03 // ... ...
04 using (var conn = newOdbcConnection("Dsn=MySQL"))
05 {
06     conn.Open();
07     var cmd = newOdbcCommand("SELECT * FROM tblCSharp", conn);
08     using (OdbcDataReader reader = cmd.ExecuteReader())
09     {
10         while (reader.Read())
11             Console.WriteLine(
12                 $"id: {reader.GetInt32(0)}, name: {reader.GetString(1)}");
13     }
14 }
```

除了通过 DSN 文件连接，ODBC 连接字符串也可以直接指明 ODBC 驱动信息，包括含版本号的驱动程序名、数据库服务器地址、连接数据库的用户名和密码等。DSN 文件的形式多样，具体采用什么形式的连接字符串读者可以自由决定。如果读者在 64 位的操作系统上，按照本节配置 DSN 的方法，在 Visual Studio 中新建工程运行示例代码时，可能会碰到如下异常：

System.Data.Odbc.OdbcException：“ERROR [IM014] [Microsoft][ODBC 驱动程序管理器] 在指定的 DSN 中，驱动程序和应用程序之间的体系结构不匹配”

发生这个异常的原因是 Visual Studio 为了保证最大的架构兼容性，创建的工程默认是以 32 位架构运行的，而前文我们只配置了 64 位架构下的 DSN，而且只安装了 64 位的 MySQL 驱动，进而造成体系架构不匹配。解决这个问题的方式是修改工程的生成设置，找到“平台目标”选项，保持默认值 Any CPU，取消勾选“首选 32 位”复选框，使生成的 .NET 程序采用操作系统相同的体系架构运行，或者直接将“平台目标”硬性设置为 x64 架构，如图 5-5 所示。

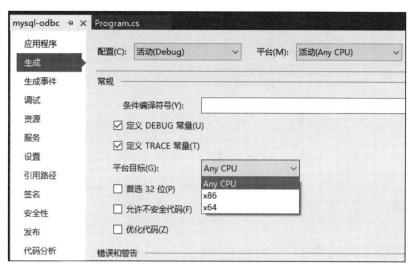

图 5-5 关闭 Visual Studio 中"首选 32 位"体系架构的设置

5.1.2 在线读写数据

前面的示例代码总是假设读取的数据行相应的列是有数据的，但在实际应用中经常会发生数据行的可空列是没有值的。ADO.NET 里数据库的空值不是映射成 null，而是映射成 DBnull。当读取的单元格是空值时，DataReader 的 GetInt32 等返回值类型的方法会抛出 System.InvalidCastException 异常，例如运行代码清单 5-3 中第 8 行注释的代码就会抛出这样的异常。对于一些空值不敏感的场景，例如报表统计这样的场景，常常需要将空值转换成 0，以便于计算。与其在代码里嵌入大量的 if 语句，笔者习惯写一个小的扩展方法来处理，如代码清单 5-3 第 15 ～ 21 行定义的 Get 方法是一个泛型方法，可根据泛型参数决定要返回的数据类型，同时定义为扩展方法，这样不仅让代码更直观，还能利用 IDE 的智能提示特性。扩展方法是 C# 3.0 后引入的语法糖，作用是在不改变其类型定义和代码的前提下，在类型上附加一些新的方法和属性。通过扩展方法，程序员可以对一些没有源码或者不好修改源码的类型做一些定制型的升级。只需要满足两个条件，我们即可在 C# 中定义扩展方法。

1）扩展方法必须定义在静态类型中，因此其也必须是静态方法。

2）被扩展的类型的实例必须是该扩展方法的第一个方法，且前面加上 this 关键字，如第 15 行 reader 参数的定义。该参数其实是扩展类型的正常实例方法中被 C# 隐藏的 this 实例。

扩展方法可以当作类型的实例方法使用，如第 10 行 reader.Get 方法的调用，也可以直接当作全局的静态方法调用，如第 11 行的 Get 方法的调用。

代码清单 5-3　DataReader 返回 DBNull 表明读取到空值

```
01 using (var cmd = newOdbcCommand(
02     "SELECT id, name, chars FROM tblCSharp WHERE id = 6", conn))
03 {
04     using (var reader = cmd.ExecuteReader())
05     {
06         reader.Read();
07         Console.WriteLine($" 名字索引 :{reader["chars"]}，数字索引: {reader[2]}");
08         // Console.WriteLine($"GetInt32(2): {reader.GetInt32(2)}");
09         Console.WriteLine($"reader[2]??: {reader[2] ?? 0}");
10         Console.WriteLine($"Get<int>(2): {reader.Get<int>(2)}");
11         Console.WriteLine($"Get<int>(null, 1): {Get<int>(null, 1)}");12    }
13 }
14
15 static T Get<T>(thisOdbcDataReader reader, inti)
16 {
17     var value = reader?.GetValue(i);
18
19     return value == null || value == DBNull.Value?
20         default(T) : (T) value;
21 }
```

除了 GetXXX 方法，DataReader 还定义了使用索引器模拟字典的形式读取数据。代码清单 5-3 中第 7 行同时演示了根据列号和列名在 DataReader 当前读取的数据行中索引单元格的方法。C# 允许类型通过索引器提供类似字典类型的行为。定义索引器的语法与定义属性类似，只不过属性的名称采用 this 关键字命名，并加上支持的索引类型作为参数。索引器可以有多个参数，即可以从多个维度进行索引。

代码清单 5-4 演示了在 C# 中定义索引器的方式，第 11 行定义的是根据索引号获取元素的索引器。这个索引器用于以类似数组索引的方式从类型的实例中读取数据，如第 1 行。第 29 行定义的是根据键名和索引号两个维度读写元素的索引器。第 2 行和第 3 行分别演示了用这两个维度读取和修改数据的方法。限于篇幅，示例代码中去掉了必要的错误检查代码，读者在自己实现时应该加上这些检查。

代码清单 5-4　类型自定义索引器示例

```
// 源码位置：第 5 章 \IndexerDemo.cs
// 编译命令：cscIndexerDemo.cs
// 运行命令：dotnet IndexerDemo.exe
01 Console.WriteLine($"bag[0]: {bag[0]}");
02 Console.WriteLine($"bag[\" 第 5 章 \", 1]: {bag[" 第 5 章 ", 1]}");
03 bag[" 第 5 章 ", 1] = "Lambda";
04 Console.WriteLine($"bag[\" 第 5 章 \", 1]: {bag[" 第 5 章 ", 1]}");
```

```
05  // ... 忽略其他代码 ...
06  publicclassIndexableObject<T>
07  {
08      private Dictionary<string, List<T>> _items =
09          new Dictionary<string, List<T>>();
10
11      public T this[intidx] {
12          get {
13              vari = 0;
14              foreach (var list in _items)
15              {
16                  foreach (var item inlist.Value)
17                  {
18                      if (i == idx)
19                          returnitem;
20                      else
21                          i++;
22                  }
23              }
24
25              thrownewIndexOutOfRangeException($"{idx} 不在集合里! ");
26          }
27      }
28
29      public T this[string key, intidx] {
30          get {
31              var list = _items[key];
32              return list[idx];
33          }
34          set {
35              var list = _items[key];
36              list[idx] = value;
37          }
38      }
39
40      publicvoidAdd(string key, T item)
41      {
42          var list = _items.ContainsKey(key) ? _items[key] :new List<T>();
43          list.Add(item);
44          _items[key] = list;
45      }
46  }
```

　　然而，DataReader 的索引器读取到空值返回的也是 DBnull 结构，无法强制转换成值
类型。代码清单 5-3 中第 9 行的三目判断表达式无法针对空值得出期望的 0，因此笔者倾
向于在一些空值不敏感的业务中使用自己的扩展方法读取数据。代码清单 5-3 中第 9 行
和第 17 行演示了 C# 6.0 之后增加的语法糖——null 值条件判断操作符。在很多编程语言

里，三目判断语句是一个简化的 if … else …语句，如代码清单 5-4 中第 42 行通过判断 _items 集合里是否包含键名 key 来决定是获取已有的 List 对象还是创建一个新的 List 对象。如果三目判断语句中的条件部分是判断一个表达式是否为 null 值，可以用 " ??" 操作符简化三目表达式。下面语句的作用是判断 reader[2] 的值是否为 null，如果为 null 则返回 0，否则返回 reader[2] 本身的值。

```
reader[2] ?? 0
```

" ??" 操作符只能用在判断表达式是否为 null 的场景，如果要访问表达式中的一个成员，还是得写成如下的形式：

```
count = rows != null ? rows.Count : 0
```

为了解决这个问题，C# 引入了 "?" 操作符。下面的表达式中 rows?.Count 的意思是，如果 rows 为 null，rows?.Count 表达式返回 null，否则返回 rows.Count 的值。

```
count = rows?.Count?? 0
```

在实际开发场景里，很多 SQL 语句都是参数化的，例如向数据库中新增一行数据，或者执行一条搜索查询语句，这些语句的参数通常是客户端应用根据用户输入拼接成一条完整的 SQL 语句发到服务器端执行。然而采用普通字符串拼接的方式组装 SQL 语句有很大的安全隐患——SQL 注入，如代码清单 5-5 的程序就是将用户输入的查询条件用字符串拼接的方式直接发送给服务器端。第 1 行注释里的文字说明了攻击方式。由于程序并没有对输入做检查，因此用户可以恶意在命令行中输入额外的查询条件绕过预设的限制。

代码清单 5-5　会引起 SQL 注入的程序

```
01 // 在命令行中输入: 6 OR id < 7;
02 Console.Write("请输入要查询的id: ");
03 var id = Console.ReadLine();
04 using (var cmd = newOdbcCommand(
05     $"SELECT id, name, chars FROM tblCSharp WHERE id >{id}", conn))
06 {
07     // 省略其他代码
08 }
```

通常程序里会用到大量 SQL 语句，针对每条 SQL 语句完整检查的工作量非常大，因此大部分数据提供器支持参数化 SQL 命令。参数化 SQL 命令就是将需要用户输入数据的地方用占位符表示，如代码清单 5-6 是连接 MySQL 数据库系统的 SqlClient 数据提供器的参数化 SQL 示例。第 8 行执行一个存储过程 uspGetManagerImployees（该存储过程接收一个整型的员工 ID 作为参数），并查询向该员工直接汇报和间接汇报的员工列表。第 8 行的 SQL 命令中的 " @eid" 占位符表示要查询的员工 ID。当程序执行到第 11 行，接收到用户在程序里输入的员工 ID 后，向 SQL 命令对象——cmd 变量的 Parameters 数组中添加参数值。新添加的参数通过名称与 SQL 命令中的参数对应。即使 SQL 命令的参数是字符串形式，也不需要用单引号"'"将参数括起来，如第 25 行根据产品前缀进行通配符匹配的搜索命令里，参数值 {prefix}% 并没有使用单引号括起来。

代码清单 5-6　使用参数化 SQL 命令

```
01 var builder = newSqlConnectionStringBuilder();
02 builder.DataSource = ".\\sqlexpress";
03 builder.IntegratedSecurity = true;
04 builder.InitialCatalog = "AdventureWorks";
05
06 using (var conn = newSqlConnection(builder.ConnectionString)) {
07     conn = newSqlConnection(builder.ConnectionString);
08     var cmd = newSqlCommand("EXEC uspGetManagerEmployees @eid", conn);
09     Console.Write("请输入要查询的经理 ID: ");
10     var eid = Console.ReadLine();
11     cmd.Parameters.AddWithValue("@eid", eid.Trim());
12
13     conn.Open();
14     SqlDataReader reader = cmd.ExecuteReader();
15     while (reader.Read()) {
16         // 显示读取到的数据 ……
17     }
18
19     reader.Close();
20
21     cmd = newSqlCommand(
22         "SELECT * FROM Production.Product WHERE ProductNumber LIKE @pn",conn);
23     Console.Write("请输入要查询的产品前缀: ");
24     var prefix = Console.ReadLine();
25     cmd.Parameters.AddWithValue("@pn", $"{prefix}%");
26
27     reader = cmd.ExecuteReader();
28     // 读取数据 ……
29
30     reader.Close();
```

在与数据库打交道时，除了 SQL 命令容易发生 SQL 注入问题，在桌面程序中数据库连接字符串也可能会有注入攻击。这是因为与 Web 应用不同，桌面程序在启动时往往会弹出登录对话框，让用户输入数据连接信息，如服务器地址、用户名和密码等。如果采用字符串拼接的方式组装连接字符串，可能会有恶意用户输入一些额外的字符绕过限制获得更高的数据库访问权限。因此，代码清单 5-6 中第 1 行使用连接字符串组建对象来预防注入攻击。由于 Web 应用中连接字符串保存在服务器端的配置文件中，因此这种注入攻击很少用于 Web 应用。

　　参数化 SQL 命令中的参数的格式因数据提供器不同而不同。代码清单 5-6 中的 SqlClient 支持命名参数，ODBC 数据提供器中的 OdbcCommand 只支持位置参数。如代码清单 5-7 所示，ODBC 中 SQL 命令的参数使用 "?" 作为占位符。由于参数没有名字，因此在添加参数值的时候，参数值添加顺序需要与该参数在 SQL 命令中的位置相对应。也正是由于参数没有名字，在添加参数时可以任意给参数取名，如第 4 ~ 6 行。

代码清单 5-7　ODBC 命令中的 SQL 参数示例

```
01 using (var cmd = newOdbcCommand(
02     $"SELECT id, name, chars FROM tblCSharp WHERE id = ? OR `name` = ?", conn))
03 {
04     cmd.Parameters.AddWithValue("@id", 1);
05     cmd.Parameters.AddWithValue("@1", "第 5 章");
06     // cmd.Parameters.AddWithValue("?", "第 5 章");
07     using (var reader = cmd.ExecuteReader())
08     {
09         while (reader.Read())
10         {
11             Console.WriteLine($"id: {reader["id"]}, name: {reader["name"]}");
12         }
13     }
14 }
```

　　在修改数据库时，有时会涉及事务（Transaction）处理。数据库事务处理是原子操作，即在事务范围内，无论执行多少个数据修改操作，要么一起成功，要么一起失败。事务有本地事务（Local Transaction）和分布式事务（Distribute Transaction）两种。一般只在一个数据库中处理的事务属于本地事务，而跨多个数据库、需要事务管理器进行协调的事务属于分布式事务。在 ADO.NET 中，本地事务的处理比较简单，大致流程如下。

　　1）调用数据连接（IDbConnection）对象的 BeginTransaction 方法开始处理事务，如第 8 行。同时该方法返回相应事务对象（IDbTransaction）的引用，以便将需要添加到事务的 SQL 命令注册进来。

　　2）每个数据库命令（IDbCommand）对象有一个名为 Transaction 的属性，将前面创建的事务引用赋值给这个属性以注册加入事务的 SQL 命令，如第 16 ~ 17 行。如果数据库命令关联的数据库连接有一个激活的事务，而这个命令没有加入事务，ADO.NET 会抛出异常。

　　3）依次执行加入事务的数据库命令，如第 19 ~ 20 行。

　　4）如果所有的命令成功执行，调用事务对象的 Commit 方法提交事务，将修改持久化到数据库中；否则调用 Rollback 方法回滚，取消事务关联的所有数据库命令的执行结果。通常的代码写法是将第 1 ~ 3 步放在 try … catch …语句块中的 try 语句块部分，在 try 语句块的最后调用 Commit 方法，如第 21 行，而在 catch 语句块中调用 Rollback 方法，如第 29 行。

上述流程大致与代码清单 5-8 对应。

代码清单 5-8　ADO.NET 事务示例

```
01 using (var conn = newOdbcConnection("Dsn=MySQL"))
02 {
03     conn.Open();
04
05     OdbcTransaction transaction = null;
06     try
07     {
08       transaction = conn.BeginTransaction();
09       using (var cmd1 = newOdbcCommand(
10         "INSERT INTO tblCSharp (`name`, chars) VALUES ('第 7 章', 50000)",conn))
11       // using (var cmd2 = new OdbcCommand(
12       //     "INSERT INTO tblCSharp (id, `name`, chars) VALUES (6, '第 5 章',
             60000)", conn))
13       using (var cmd2 = newOdbcCommand(
14         "INSERT INTO tblCSharp (`name`, chars) VALUES ('第 5 章',
             60000)",conn))
15     {
16         cmd1.Transaction = transaction;
17         cmd2.Transaction = transaction;
18
19         cmd1.ExecuteNonQuery();
20         cmd2.ExecuteNonQuery();
21         transaction.Commit();
22     }
23
24       Console.WriteLine("提交事务！");
25     }
26     catch (Exception e)
27     {
28       Console.WriteLine($"执行事务发生错误：{e.Message}，回滚事务！");
29       transaction?.Rollback();
30     }
31 }
```

5.2　Lambda 和 LINQ

Lambda 表达式和 LINQ 是 C# 3.0 中两个重大的功能改进。Lambda 表达式表面上看是实现委托的一个语法糖，LINQ 以及相关的扩展方法大量使用了 Lambda 表达式，给人的感觉是 Lambda 是配合 LINQ 实现的一个辅助功能。实际上，Lambda 和 LINQ 可以说是 C# 在支持函数式编程的早期探索。本节从最基本的语法开始逐一展示它们的用法。

5.2.1　匿名方法和 Lambda 表达式

在语法层面，我们可以简单地把 Lambda 表达式看成是一个没有名称的方法。这个方法的定义使用 "=>" 操作符将方法的参数列表（Input　Parameter）和方法体（Method Body）分开。下面有两种形式来定义 Lambda 表达式。

❑ Lambda 语句（Statement Lambda）：方法体是一个语句块，根据保存 Lambda 语句的委托变量的方法签名来确定返回类型。

```
(input-parameters) =>{ <sequence-of-statements> }
```

❑ Lambda 表达式（Expression Lambda）：如果方法体只有一条语句，可以省略语句块外面的大括号和 return 关键字，即表达式的计算结果就是方法的返回值。

```
(input-parameters) => expression
```

因此，Lambda 操作符 "=>" 也读作 go to，表示从输入数据的参数列表到方法体执行的输出结果。任何 Lambda 表达式都可以转换成一个委托类型。C# 的委托有点类似 C/C++ 的函数指针，或者说定义一个委托可以看成定义一类有相同方法签名（Method Signature）的方法类型，如 System 命名空间中很常用的泛型委托 Func。

```
publicdelegateTResultFunc<inT, outTResult>(T arg);
```

只要一个方法（无论是实例还是静态方法）的签名与 Func<string,int> 的签名相同，就可以赋值给该委托类型的变量，如：

```
Func<string, int> parser = Int32.Parse;
```

C# 2.0 提供了匿名方法语法糖，避免了 1.x 时代为了使用委托而需要定义新方法的问题。很多时候，某个方法只会在使用委托时用到一次，如事件的委托、回调方法的委托、匿名委托，示例如下：

```
Func<int,int,int> calculator=delegate(intleft,int right){returnleft+right;};
```

由于 delegate 关键字、left 和 right 参数的类型可以由编译器推导出来，因此 C# 3.0 中引入了 Lambda 表达式，使实现方式更为简洁。

```
Func<int,int,int> calculator = (left, right) => left * right;
```

由于上面的 Lambda 中的方法体只有一行语句，因此采用了 Lambda 表达式形式，而且参数、返回值也是交给编译器推导而出。当然，我们也可以把上面的 Lambda 表达式写成下面这样的 Lambda 语句。不过，下面这种写法就失去了 Lambda 的简洁性。

```
Func<int,int,int> calculator = (int left, int right) =>{return left * right;};
```

既然可以将 Lambda 和匿名方法赋值给委托变量，也就可以在代码中直接使用它们。

```
var result = new Func<int, int, int>((left, right) => left + right)(12, 34);
```

由于匿名方法和 Lambda 都可以在方法里定义，因此它们的方法体中的代码不仅可以访问自身的局部变量，也可以访问包含它们的方法里的局部变量，也就是支持闭包（Closure）。如代码清单 5-9 中第 2 行的匿名方法访问并修改了外部变量 total，在第 4 行的输出值是 12，第 7 行的 Lambda 表达式同样读写了外部变量 total，输出的结果也是 12。这说明变量作用范围（Scope）在匿名方法和 Lambda 表达式中是可见的，这就是闭包的基本概念。

代码清单 5-9　匿名方法和 Lambda 中的闭包

```
// 源码位置：第 5 章 \Lambda\Lambdademo.cs
// 编译：csc Lambdademo.cs
01 int total = 0;
02 Action<int> sum = delegate (int n) { total = total + n; };
03 sum(12);
04 Console.WriteLine($"total: {total}");
05
06 total = 0;
07 sum = n => total = total + n;
08 sum(12);
09 Console.WriteLine($"total: {total}");
```

反编译代码清单 5-9 中生成的程序，以匿名方法为例，可以看到 C# 编译器实际在背后为使用闭包的匿名方法单独创建了一个类型。类型的名字是随机生成的，只要符合 IL 语言中的命名规范即可。匿名方法中使用到的全部外部变量被定义成这个类型的变量，如代码清单 5-10 中第 7 行的变量 total。匿名方法的方法体被定义为这个类型的实例方法，以便读写被封装实例化的外部变量 total，如第 32 行和第 35 行分别读写了实例变量 total。从代码清单 5-10 中还可以看到 C# 编译器里代码的生成过程，如第 30 行和 31 行执行了两次 ldarg.0 指令，即把方法的第一个参数加载两次到栈上。我们知道 C# 中实例方法的第一个参数是 this 对象，这个 this 对象将会用在第 32 行，以便读取 total 实例属性，而第 30 行的 ldarg.0 指令加载的也是 this 对象，用在第 35 行修改 total 实例变量。

代码清单 5-10　匿名方法和 Lambda 表达式反编译的 IL 代码

```
01 .class nested private auto ansi sealed beforefieldinit '<>c__DisplayClass0_0'
02     extends[mscorlib] System.Object
03 {
```

```
04.custom instance void class [mscorlib] System.Runtime.CompilerServices.
05      CompilerGeneratedAttribute::'.ctor'() =  (01 00 00 00 ) // ....
06
07    .field public int32 total
08
09    // method line 3
10    .method public hidebysig specialname rtspecialname
11            instance default void '.ctor' () cil managed
12    {
13        // Method begins at RVA 0x209c
14        // Code size 8 (0x8)
15        .maxstack 8
16        IL_0000:  ldarg.0
17        IL_0001:  call instance void object::'.ctor'()
18        IL_0006:  nop
19        IL_0007:  ret
20    } // end of method <>c__DisplayClass0_0::.ctor
21
22    // method line 4
23    .method assembly hidebysig
24            instance default void '<Main>b__0' (int32 n) cil managed
25    {
26        // Method begins at RVA 0x20a5
27        // Code size 16 (0x10)
28        .maxstack 8
29        IL_0000:  nop
30        IL_0001:  ldarg.0
31        IL_0002:  ldarg.0
32        IL_0003:  ldfld int32 LambdaDemo/'<>c__DisplayClass0_0'::total
33        IL_0008:  ldarg.1
34        IL_0009:  add
35        IL_000a:  stfld int32 LambdaDemo/'<>c__DisplayClass0_0'::total
36        IL_000f:  ret
37    } // end of method <>c__DisplayClass0_0::<Main>b__0
38 } // end of class <>c__DisplayClass0_0
```

  C# 编译器对 Lambda 表达式的闭包处理与匿名方法是类似的。相对于单独定义方法来实现委托，支持闭包的 Lambda 表达式和匿名方法允许定义它们的方法将本地变量传入而不需要定义一个新参数。如代码清单 5-9 中第 2 行的 sum 方法使用到外部变量 total，如果是通过单独定义方法实现的话，这个方法要么定义一个参数以便接收 total 变量，要么需要将 total 定义为类型的实例变量才可以访问。闭包则免掉了这个麻烦。闭包还可以支持类似代码清单 5-11 的使用场景，即把 Lambda 表达式赋值给一个变量并由程序的其他模块调用，这个 Lambda 可能会用到外部变量，如前面例子中的 total 变量。total 变量可能对于其他模块是不可见的，但外部模块可以通过调用 Lambda 表达式或者匿名方法读写 total 变量。代码清单 5-11 中的第 6 行将创建的 Lambda 表达式赋值给 sum 变量，并传递给 UseDelegate 方法。然而程序在执行过程中实际上修改了 total 变量，因此 UseDelegate 在第 6 行执行完毕后，在第 7 行输出修改后的 total 变量值。因为这个特性，total 变量通常被称为捕捉变量（Captured Variable）。

代码清单 5-11　将 Lambda 赋值给变量并返给其他模块调用

```
// 源码位置: 第 5 章 \Lambda\Lambdademo.cs
// 编译: csc Lambdademo.cs
01 static void UseDelegate(Action<int> action, int value) {
02     action(value);
03 }
04
05 // ...
06 UseDelegate(sum, 34);
07 Console.WriteLine($"total: {total}");
```

初步看上去，Lambda 表达式与匿名方法是相同的，只不过前者采用了更简洁的语法。两者最大的区别是匿名方法的确是一个方法，但是 C# 可以将 Lambda 表达式的中间编译结果抽象语法树（Abstract Syntax Tree）赋值给变量，并根据抽象语法树生成自己的代码，如后面要讲到的 LINQ 就是根据抽象语法树实时生成 SQL 语句。代码清单 5-12 中将 Lambda 表达式赋值给 Expression 类型的变量 expr 时，expr 保存的就是 Lambda 表达式编译后的抽象语法树。第 3 行直接打印 expr，实际上会遍历这个抽象语法树并重新生成相应的 C# 语句。打印结果如第 2 行的注释。如果要执行 expr 变量所引用的 Lambda 表达式，需要将抽象语法树编译成 IL 代码，即第 4 行的 Compile 方法遍历抽象语法树生成的 IL 代码，再调用 Invoke 方法执行生成的代码。

代码清单 5-12　将 Lambda 表达式赋值给 Expression 变量

```
1. Expression<Func<int, int, int>> expr = ((left, right) => left + right);
2. // 打印结果: expr: (left, right) => (left + right)
3. Console.WriteLine($"expr: {expr}");
4. Console.WriteLine($"ret: {expr.Compile().Invoke(12, 34)}");
```

5.2.2　本地方法

C# 7.0 开始添加了本地方法（Local Function）的语法。本地方法类似别的编程语言里的嵌套方法，包含语句块的 C# 元素都可以定义并调用本地方法。其包含以下元素。

❑ 方法、构造方法等。

❑ 属性的读写（Get 和 Set）访问器（Accessor）、事件的添加删除处理程序的访问器等。

❑ 匿名方法和委托。

❑ Finalizer 方法。

❑ 其他本地方法。

本地方法可以在语句块的任意地方定义，而且可以进行递归调用，如代码清单 5-13 中两个本地方法 LocalFunc 和 LocalFib 都是定义在方法体的最后，甚至是在 return 语句之后，但并不影响在方法定义之前就使用它们，如第 2 行和第 3 行。另外，LocalFib 方法也演示了本地方法可以执行递归调用。

代码清单 5-13　本地方法使用示例

```
// 源码位置: 第 5 章 \Lambda\Lambdademo.cs
// 编译: csc Lambdademo.cs
01 static void Main(string[] args) {
02      Console.WriteLine($" 本地方法: {LocalFunc(12)}, total: {total}");
03      Console.WriteLine($"LocalFib: {LocalFib(12)}");
04      return;
05
06      int LocalFunc(int value) {
07          total = total + value;
08          return total;
09      }
10
11      int LocalFib(int n) {
12          return n > 1 ? LocalFib(n - 1) + LocalFib(n - 2) : n;
13      }
14 }
```

本地方法的使用场景和 Lambda 表达式、匿名方法等 C# 元素是相同的。C# 7.0 还是引入本地方法的语法。笔者认为其还需要避免潜在的性能陷阱和支持定位异常。

前面提到当 Lambda 表达式和匿名方法使用闭包时，C# 编译器实际上是为它们创建了一个隐藏类型。由于生成的类型名包含 DisplayClass，所以有时也叫作 Display Storage。每次调用 Lambda 表达式或者匿名方法时，实际上是创建了 DisplayClass 的一个实例，进而完成方法的调用。这样造成了一个潜在的性能陷阱——使用闭包意外延长了被引用的局部变量的生命周期。比如代码清单 5-11 中的 sum 变量通过闭包引用了定义它的方法里的局部变量 total。当程序将 sum 变量传递给其他模块时，total 变量的生命周期也就从定义它的方法意外延长到其他模块，也就是说本来定义 total 局部变量的方法执行完毕后，其所占用的内存空间就可以释放掉了。然而闭包将它的引用封装到 DisplayClass 中并传递给其他模块，即使 total 变量所在的方法执行完毕，CLR 的内存垃圾回收机制也不能回收 total 变量占据的内存空间，需要等到所有引用到 total 变量的模块都不再引用它时才能回收内存。在编译器实现上，如果 total 变量只是方法的局部变量，不会被其他模块引用的话，编译器可以在栈上分配 total 变量的内存。但如果 total 变量被所定义的方法以外的其他模块引用，那必须在堆上给它分配内存。本地方法则没有这个性能上的陷阱。由于本地方法只能在方法内存中定义和调用，因此即使其通过闭包引用外层方法的局部变量 total，也仅仅是在外层方法自己的作用范围内使用。当外层方法执行完毕之后，total变量和本地方法占用的内存都可以被回收，即在栈上分配它们的内存就可以，避免了外部模块意外引用局部变量的性能陷阱。

　　本地方法可以帮助定位异常。C# 的语法中提供了不少语法糖，有的语法糖经过层层封装导致日志中打印的堆栈不是实际发生异常的地方。例如 C# 中 foreach 语句遍历集合对象是通过 IEnumerable 和 IEnumerator 接口实现的。这两个接口的实现方式比较难，实现思路是集合对象先实现 IEnumerable 接口，返回可以访问集合内部成员的 IEnumerator对象。foreach 语句通过循环调用 IEnumerator.MoveNext 方法完成遍历。具体实现限于篇幅不做叙述，请读者参阅示例代码 Lambdademo.cs 文件的 UseDemoSequenceInForeach 和UseDemoSequenceInWhileLoop 两个方法。C# 中添加了 yield 关键字来简化 IEnumerable 和IEnumerator 的实现。代码清单 5-14 中第 21 ~ 24 行演示了相应的实现方法，进一步说明请读者参阅官方文档：https://docs.microsoft.com/en-us/dotnet/csharp/languagereference/keywords/yield。然而，yield 关键字的作用实际上是使编译器自动为程序员创建 IEnumerable 和 IEnumerator 相关类型。带有 yield 语句的方法的代码会被拆分到 IEnumerator 的 MoveNext 和 Current(get_Current）两个方法中，如代码清单 5-14 中第 17 行的 UseDemoSequenceByYield 方法的大部分代码被拆分到 MoveNext 方法中，只有第 23 行的 yield return 语句被分在Current 方法中。如果 yield 方法里执行抛出异常的代码也被合并到 MoveNext 方法中，会导致调用者在检查异常堆栈时认为异常是从 MoveNext 方法里抛出的，这给异常排查带来一定困扰。如果 yield 关键字在本地方法中使用，则不存在因代码生成而发生打印错位的问题。

代码清单 5-14　使用本地方法在堆栈中打印异常的第一案发现场

```
// 源码位置：第 5 章 \Lambda\Lambdademo.cs
// 编译：csc /debug Lambdademo.cs
01 try {
02     foreach (var i in UseDemoSequenceByYield(10, 1))
03         Console.Write($"{i} ");
04 }
05 catch (Exception e) {
06     Console.WriteLine($"{e.Message}\n{e.StackTrace}");
07 }
08
09 try {
10     foreach (var i in UseDemoSequenceByLocalFuncYield(10, 1))
11         Console.Write($"{i} ");
```

```
12 }
13 catch (Exception e) {
14     Console.WriteLine($"{e.Message}\n{e.StackTrace}");
15 }
16
17 static IEnumerable<int> UseDemoSequenceByYield(int start, int end) {
18     if (start >= end)
19         throw new ArgumentException("start 必须小于 end.");
20
21     for (int i = start; i < end; ++i) {
22         if (i % 2 == 0)
23             yield return i;
24     }
25 }
26
27 static IEnumerable<int> UseDemoSequenceByLocalFuncYield(int start, int end) {
28     if (start >= end)
29         throw new ArgumentException("start 必须小于 end.");
30
31     IEnumerable<int> impl() {
32         for (int i = start; i < end; ++i) {
33             if (i % 2 == 0)
34                 yield return i;
35         }
36     }
37
38     return impl();
39 }
```

运行代码清单 5-14 中的程序，当直接在方法里使用 yield 关键字时抛出异常。异常中保存的堆栈信息如代码清单 5-15 所示。

代码清单 5-15　直接在方法中使用 yield 关键字时抛出异常的堆栈信息

```
start 必须小于 end.
    at LambdaDemo.<UseDemoSequenceByYield>d__8.MoveNext()
    at LambdaDemo.LocalFuntionExceptionDemo()
```

将 yield 关键字放在本地方法中时也会抛出异常。异常中保存的堆栈信息如代码清单 5-16 所示。相对于直接在方法中使用抛出异常，在本地方法中使用抛出异常的堆栈信息更直观，可以帮助程序员快速定位异常发生的真正位置。

代码清单 5-16　将 yield 关键字放在本地方法中时抛出异常的堆栈信息

```
start 必须小于 end.
    at LambdaDemo.UseDemoSequenceByLocalFuncYield(Int32 start, Int32 end)
    at LambdaDemo.LocalFuntionExceptionDemo()
```

5.3 LINQ

5.3.1 LINQ to Object

编程语言集成查询（Language Integrated Query，LINQ）是 C# 3.0 引入的便于统一数据访问的 API。LINQ 支持使用统一的查询语法对实现 IEnumerable<T> 接口的数据源进行查询、过滤和处理。LINQ 默认支持针对对象（LINQ to Object）、SQL（LINQ to SQL）和 XML（LINQ to XML）的查询，也可以自己扩展 LINQ 支持的对象。LINQ 查询包含两种模式：查询式语法（Query Syntax）和方法式语法（Method Syntax）。查询式语法的底层实际上是由方法式语法实现的，编译时会将使用查询式语法的 LINQ 语句翻译成相应方法的调用指令。查询式语法的好处是语法与 SQL 相近，而且更容易阅读。代码清单 5-17 演示了 LINQ 的查询式和方法式语法。因为数据源是 C# 对象——包含本书前 5 章的名称、字数和页数信息的数组，所以使用的是 LINQ to Object 查询。其中第 8 ～ 10 行是查询式语法，第 14 行是方法式语法，两个语法的执行效果都与第 2 ～ 6 行的 foreach 语句的作用相同，过滤和打印出字数大于 3 万字的章名和字数。从第 8 ～ 10 行的查询式语法可以看到，LINQ 语句的写法与 SQL 非常相似。比起在程序里使用字符串形式的 SQL 语句执行查询操作，LINQ 是 C# 原生的语法，编译器更容易发现 LINQ 语句中的语法错误。

代码清单 5-17　LINQ 基本语法

```
// 源码位置: 第 5 章 \LinqDemo.cs
// 编译命令: csc /debug LinqDemo.cs
01 var baseline = 30000;
02 foreach (dynamic chapter in Chapters())
03 {
04     if (chapter.Words > baseline)
05         Console.WriteLine($"{chapter.Name}: {chapter.Words}");
06 }
07
08 var chapters = from c in Chapters()
09               where c.Words > baseline
10               select c;
11 foreach (dynamic chapter in chapters)
12     Console.WriteLine($"{chapter.Name}: {chapter.Words}");
13
14 chapters = Chapters().Where(c => c.Words > baseline);
15 foreach (dynamic chapter in chapters)
16     Console.WriteLine($"{chapter.Name}: {chapter.Words}");
```

C# 3.0 新增了一系列语法来支持 LINQ。

❑ Lambda 表达式：代码清单 5-17 中第 14 行的 Where 方法使用委托执行自定义的条

件过滤集合对象。表面上看 Where 方法接收一个匿名方法作为参数已能满足需求，但如果要支持其他数据源，如 SQL 数据库，需要将 LINQ 查询翻译成相应的 SQL 语句。如果需要将 c.Words 翻译成 SQL 语句中的"Words"列，而匿名方法无法返回语法层面的元素，Lambda 语句实际上是一个抽象语法树，我们可以根据这个抽象语法树生成相应的 SQL 语句。

❑ 类型推断（Type Inference）：从 C# 3.0 开始，编译器可以根据上下文推断变量的类型，如代码清单 5-17 中第 8 行的 chapters 变量采用 var 关键字定义，而不是使用实际类型 IEnumerable<dynamic> 来定义，如果说这仅仅是增加了代码的可读性，那放在 Lambda 表达式里就显得更加必要了。如在代码清单 5-17 中第 14 行的 Where 方法里，过滤条件 Lambda 表达式中的变量 c 不使用类型推论技术的话，代码可读性就显得差了。

❑ 匿名类型（Anonymous Types）和对象初始化语句（Object Initializer）：LINQ 的 select 关键字执行的是投影操作，作用是将一个对象映射成另一个类型或者新的类型。代码清单 5-18 中第 4 行将对象 c 映射成新的类型，这个新类型只有两个字段：Name 和 Pages。可以想象，在程序里执行类似的映射有很多场景，例如要查询本书每个部分字数最多的章节，将代码清单 5-18 第 4 行的 Sum 方法改成 Max 方法会导致无法将类型 System.Collections.Generic.IEnumerable<<anonymous type: dynamic Name, dynamic Pages>> 隐式转换为 System.Collections.Generic.IEnumerable<<anonymous type: dynamic Name, int Pages>> 的编译错误，这是因为 Sum 方法的返回类型是 dynamic，而 Max 方法的返回类型是 int。如果为每个场景都定义类型就显得太烦琐了，匿名类型和对象初始化语句就很好地解决了该问题。

❑ 扩展方法（Extension Methods）：由于 LINQ 是在 .NET 后续的版本里添加的，在之前版本的集合类型都没有 LINQ 操作。为了保证兼容性，通过扩展方法可在不改变类型原有结构的前提下，无缝对其扩展 LINQ 操作。

代码清单 5-18　LINQ 的 groupby 和 select 用法

```
// 源码位置：第 5 章 \LinqDemo.cs
// 编译命令：csc /debug LinqDemo.cs
01 var statistics = from c in Chapters()
02                  group c by c.Part into p
03                  // orderby p.Key
04                  select new { Name = p.Key, Pages = p.Sum(c => c.Pages) };
05 foreach (dynamic s in statistics)
06     Console.WriteLine($"{s.Name}: {s.Pages}");
07
08 statistics = Chapters().GroupBy(c => c.Part)
```

```
09 //                        .OrderBy(p => p.Key)
10                        .Select(p => new { Name = p.Key, Pages = p.Sum(c => c.Pages)});
11 foreach (dynamic s in statistics)
12     Console.WriteLine($"{s.Name}: {s.Pages}");
```

相对于直接用 foreach 等循环语句处理对象数据，LINQ 会有一些性能损耗。为了避免不必要的查询导致的性能损耗，LINQ 针对部分查询采取延迟执行策略。如代码清单 5-19 在过滤数组的每个元素时都输出一条跟踪日志。在执行程序的时候，我们会看到这些日志是在第 5 行之后打印的，也就是说在第 1 行定义查询时，.NET 并没有立即执行查询，而是延后到第 6 行在 foreach 语句中使用到查询结果时才执行查询命令。

代码清单 5-19　LINQ 的延迟加载

```
// 源码位置: 第 5 章 \LinqDemo.cs
// 编译命令: csc /debug LinqDemo.cs
01 query = Chapters().Where(c => {
02     Console.WriteLine(" 判断 {c.Name} 是否符合过滤条件！ ");
03     return c.Chars > 50000;
04 });
05 Console.WriteLine("------- 验证延迟处理 ------------");
06 foreach (dynamic chapter in query)
07     Console.WriteLine($"{chapter.Name}: {chapter.Chars}: {chapter.Pages}");
```

我们可以利用延迟执行策略在程序里动态拼接查询条件，等到实际要使用结果时再执行查询。代码清单 5-20 演示了使用查询式和方法式两种语法的拼接方法，第 1 行首先创建了一个要求字符数大于 50000 的查询，第 4 行在第 1 行的过滤条件上添加了页数大于 50 的程序，最后在第 7 行 foreach 语句需要遍历结果时执行查询命令。第 10 ~ 11 行的方法式查询拼接效果与第 1 ~ 4 行的查询式拼接效果是相同的。查询式和方法式两个语法的代码执行效果是相同的，有兴趣的读者可以自己反编译示例代码 LinqDemo.cs 文件里的 QuerySyntax 和 MethodSyntax 方法。可以看到，即使在最终生成的 IL 代码层面，两个语法效果也是完全一样的。笔者个人的喜好是，如果需要拼接查询条件和方法，倾向于使用方法式 LINQ，其他地方则使用查询式 LINQ，以达到更好的代码可读性。

代码清单 5-20　LINQ 拼接多个查询方法

```
// 源码位置: 第 5 章 \LinqDemo.cs
// 编译命令: csc /debug LinqDemo.cs
01 query = from c in Chapters()
02         where c.Chars > 50000
03         select c;
04 query = from c in query
05         where c.Pages > 50
06         select c;
```

```
07 foreach (dynamic chapter in query)
08     Console.WriteLine($"{chapter.Name}: {chapter.Chars}: {chapter.Pages}");
09
10 query = Chapters().Where(c => c.Chars > 50000);
11 query = query.Where(c => c.Pages > 50);
12 foreach (dynamic chapter in query)
13     Console.WriteLine($"{chapter.Name}: {chapter.Chars}: {chapter.Pages}");
```

并不是所有的 LINQ 方法都是延迟执行的，下面列出所有延迟执行和立即执行的 LINQ 方法。

- 立即执行：Aggregate、All、Any、Average、Contains、Count、ElementAt、ElementAtOrDefault、Empty、First、FirstOrDefault、Last、LastOrDefault、Max、LongCount、Min、SelectMany、SequenceEqual、Single、SingleOrDefault、Sum、ToArray、ToDictionary、ToList、ToLookup。
- 延迟执行：AsEnumerable、Cast、Concat、DefaultIfEmpty、Distinct、Except、GroupBy、GroupJoin、Intersect、Join、OfType、OrderBy、OrderByDescending、Range、Repeat、Reverse、Select、SelectMany、Skip、SkipWhile、Take、TakeWhile、ThenBy、ThenByDescending、Union、Where。

5.3.2 LINQ to SQL 和 Entity Framework Core

由于 LINQ 是针对所有数据源的查询抽象，所以相同的查询可以无缝对接。如代码清单 5-21 的第 2 ～ 4 行是执行针对 AdventureWorks 数据库 Customer 表的查询。可以看到，查询语句与 LINQ to Object 类似，只要更换数据源就可以做到切换，如第 2 行的 db.Customer 对象与普通的集合对象表面上也看不到差异。

代码清单 5-21 使用 LINQ to SQL 查询关系型数据库

```
// 源码位置: 第 5 章 \Linq2Sql\Program.cs
// 编译命令: dotnet run
01 using (var db = new AdventureWorksContext()) {
02     IQueryable<Customer> query = from c in db.Customer
03                                  where c.TerritoryID == 1
04                                  select c;
05     foreach (var i in query.Take(20))
06         Console.WriteLine($"{i.TerritoryID}: {i.AccountNumber}");
07 }
08
09 public class AdventureWorksContext : DbContext {
10     public DbSet<Customer> Customer { get; set; }
11
12     protected override void OnConfiguring(DbContextOptionsBuilder options)
```

```
13              => options.UseSqlServer("Database=AdventureWorks;Server=.
   \\sqlexpress;Integrated Security=SSPI");
14 }
```

第 9 ~ 14 行定义的 AdventureWorksContext 类是采用 ORM（Object Relation Mapping，对象到关系映射）技术针对数据库的映射，第 13 行的 UseSqlServer 方法表示映射的数据库链接的是 SQL Server 数据库。.NET Core 里的 ORM 映射技术 Entity Framework Core（简称 EF Core）我们在后面章节讨论。UseSqlServer 方法是由 EF Core 的插件 Microsoft.EntityFrameworkCore.SqlServer 通过扩展方法引入的。这种插件也被称为数据库供应者模块（Database Provider）。映射过程中只对需要的表做映射即可，例如 AdventureWork 数据库里有很多表，示例代码只映射了 Customer 表，这也是完全可行的。

与 LINQ to Object 类似，LINQ to SQL 查询的大部分方法也不是立即执行的，可以使用延迟执行的特性来预先拼接多个方法，然后在需要查询结果时将 LINQ 查询实时翻译成相应的 SQL 语句并发送到数据库获取搜索结果。如代码清单 5-21 中由于表里面的数据比较多，在第 5 行遍历查询结果时调用 Take 方法只取了最前面的 20 条数据。Take 方法在获取结果之前调用，如代码清单 5-22 就是代码清单 5-21 中 LINQ 查询和 Take 方法拼接而生成的 SQL 语句，里面的 TOP 关键字就是 Take 方法在 SQL Server 的 T-SQL 语句的翻译。如果将数据源换成 MySQL 数据库，Take 方法则会翻译成 LIMIT 关键字。也就是说针对不同的数据库，LINQ to SQL 会翻译成对应数据库可以理解的 SQL 语句。相应的翻译工作由数据库供应者模块完成。

代码清单 5-22　LINQ 查询和 Take 方法拼接生成的 SQL 语句

```
SELECT TOP(@__p_0) [c].[CustomerID], [c].[AccountNumber], [c].[ModifiedDate],
[c].[PersonID], [c].[StoreID], [c].[TerritoryID], [c].[rowguid]
  FROM [Sales].[Customer] AS [c]
 WHERE [c].[TerritoryID] = 1
```

由于 LINQ to SQL 中的方法会实时翻译成 SQL 语句，所以不能在方法里调用 .NET 方法，如代码清单 5-23 第 4 行在 LINQ 方法里调用了 .NET 程序的方法 Compare，在 .NET 框架上执行时会抛出如下异常：

```
The LINQ expression 'where Compare([c].AccountNumber, "AW00000004")'
could not be translated
```

虽然代码清单 5-23 的第 4 行在 .NET Core 上可以执行通过，但无法将 Compare 的方法调用翻译成 SQL 语句，因此 .NET Core 实际上是将数据源中的数据拉取到本地执行过滤的，这就出现了性能瓶颈。有意思的是，由于 System.String 类型的方法与不少 SQL 查询条件重复，比如 String.Compare 与 SQL 中的比较操作符 " > " " < " " = "、

String.Contains 与 SQL 中的 LIKE 操作符语义非常接近，容易引起误用，因此有些供应者模块如 SqlServer 模块特意为 String 类型的一些方法做了映射。代码清单 5-23 第 2 行的代码是可以执行的，有兴趣的读者可以参阅 SqlServer 模块源码（https://github.com/aspnet/EntityFrameworkCore/blob/release/3.1/src/EFCore.SqlServer/Query/Internal/SqlServerStringMethodTranslator.cs）了解详情。

代码清单 5-23　LINQ to SQL 中不能调用 .NET 方法

```
01 // var query= db.Customer.Where(c => c.AccountNumber == "AW00000004");
02 // var query= db.Customer.Where(
03 //    c => string.Compare(c.AccountNumber, "AW00000004") == 0);
04 var query = db.Customer.Where(c => Compare(c.AccountNumber, "AW00000004"));
05
06 // ... ...
07 static bool Compare(string left, string right)
08    => string.Compare(left, right) == 0;
```

微软官网上对 LINQ to SQL 有很详尽的文档说明，而且随文档附带了完整的数据库示例，可以供读者从浅入深的学习。

❏ 文档链接：https://docs.microsoft.com/en-us/dotnet/framework/data/adonet/sql/linq/；

❏ 数据库下载链接（网页上有完整的使用说明）：https://docs.microsoft.com/en-us/dotnet/framework/data/adonet/sql/linq/downloading-sample-databases。

第三方免费工具 LINQPad 允许用户写一些 C# 代码片段来查询数据库，如图 5-6 所示。我们可以用它链接数据库，甚至可以链接如 Redis 这样的 NoSQL 数据库，也可以使用多种形式展现 LINQ 查询的结果，如最终查询的数据和翻译的 SQL 语句等。

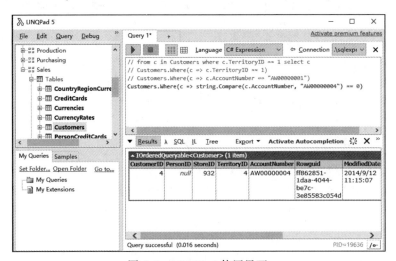

图 5-6　LINQPad 使用界面

5.3.3　LINQ 部分源码解读

如果读者希望自己扩展 LINQ，阅读 LINQ 的源码是一个不错的开始。.NET Core 中的很多代码，特别是基础类库都已经在 GitHub 上开源，给读者提供了非常好的学习材料。本节将解读几个常用的 LINQ 操作的源码。关于 LINQ to Object 的源码，读者可以在 https://github.com/dotnet/corefx/tree/master/src/System.Linq/src/System/Linq 阅读。限于篇幅，本节只截取相关方法里重要的代码。

1. Where 操作

源码位置：Where.cs。代码清单 5-24 是 LINQ to Object 的 Where 方法入口源码。从方法定义上可以看出，其是扩展方法，可以附加到 IEnumerable<TSource> 类型的对象上使用，可接收执行过滤条件的委托 predicate。第 4 行、第 8 行、第 14 行和第 18 行通过判断集合的类型进行区分处理。第 8 行将数组类型的集合转交给 WhereArrayIterator 进行过滤和实现 IEnumerator<TSource> 接口。第 18 行使用默认方式处理集合。第 8 行也演示了 C# 中 is 关键字的语法糖，即在判断 source 的类型时同步将转换类型后的对象引用赋值给变量 array。

代码清单 5-24　LINQ to Object 的 Where 方法入口源码

```
01 public static IEnumerable<TSource> Where<TSource>(
02    this IEnumerable<TSource> source, Func<TSource, bool> predicate) {
03    // ...... 省略参数检查代码 ......
04    if (source is Iterator<TSource> iterator) {
05        return iterator.Where(predicate);
06    }
07
08    if (source is TSource[] array) {
09        return array.Length == 0 ?
10            Empty<TSource>() :
11            new WhereArrayIterator<TSource>(array, predicate);
12    }
13
14    if (source is List<TSource> list) {
15        return new WhereListIterator<TSource>(list, predicate);
16    }
17
18    return new WhereEnumerableIterator<TSource>(source, predicate);
19 }
```

代码清单 5-25 中，类型继承自抽象类 Iterator。Iterator 在 Iterator.cs 文件中定义，主要封装了 _state、_current 两个变量，以及对跨线程访问子类提供的通用实现。代码清单 5-25 中第 8 行的 while 循环从上一个满足 predicate 过滤条件的数组索引开始，依次向后遍历数组的元素，如果第 12 行中当前遍历的元素满足过滤条件，则将 _current 设置为该元素，并返回 true，以通知上层 foreach 循环数组里还有满足过滤条件的元素。如果遍历完数组并没有满足过滤条件的元素，则调用基类的 Dispose 方法销毁当前 IEnumerator 对象，并返回 false。为了支持大数组，第 8 行特意使用 unchecked 关键字执行索引越界检查，这个技巧也值得读者研究。

代码清单 5-25　LINQ to Object Where 操作符对数据类型集合的 IEnumerator 的实现

```
01 internal sealed partial class WhereArrayIterator<TSource> : Iterator<TSource>
02 {
03     public override bool MoveNext()
04     {
05         int index = _state - 1;
06         TSource[] source = _source;
07
08         while (unchecked((uint)index < (uint)source.Length))
09         {
10             TSource item = source[index];
11             index = _state++;
12             if (_predicate(item))
13             {
14                 _current = item;
15                 return true;
16             }
17         }
18
19         Dispose();
20         return false;
21     }
22
23     public override IEnumerable<TResult>
24         Select<TResult>(Func<TSource, TResult> selector) =>
25             new WhereSelectArrayIterator<TSource, TResult>(
26                 _source, _predicate, selector);
27
28     public override IEnumerable<TSource> Where(Func<TSource, bool> predicate)=>
29         new WhereArrayIterator<TSource>(
30             _source, CombinePredicates(_predicate, predicate));
31 }
```

代码清单 5-25 的第 23 行和第 28 行实现了 Iterator 抽象类定义的 Select 和 Where 方法。之所以定义这两个方法，是为了支持类似下面的链式调用。

```
Chapters().Where(c => c.Chars > 50000).Where(c => c.Pages > 50);
```

上述链式调用中的 Where 方法是代码清单 5-24 的方法。第二个 Where 方法被调用时，传入的 source 参数是 Iterator 的一个子类对象，如 WhereArrayIterator 类型的对象，因此代码清单 5-24 第 4 行的类型判断就是识别 source 参数是否是 Iterator 类型，进而调用 Iterator 子类的 Where 方法实现（如代码清单 5-25 中第 28 行的 Where 实现），完成合并过滤条件的操作。

细心的读者可能会发现，代码清单 5-25 中 WhereArrayIterator 的类型定义使用了 partial 关键字，这是因为在相同文件夹里还有 Where.SpeedOpt.cs 文件包含 WhereArrayIterator 的类型的补充定义。该文件里主要包含 ToArray、ToList 和 GetCount 三个立即执行方法的定义，有兴趣的读者可以自行学习代码实现。

2. GroupBy 操作

源码位置：Grouping.cs。GroupBy 的入口方法很简单，如代码清单 5-26 是其中一个重载的实现。每个重载的实现逻辑类似——创建一个 GroupedEnumerable 对象并由其完成分组和遍历元素操作，GroupedEnumerable 只是一层封装，具体的实现由 Lookup 类完成。

代码清单 5-26　LINQ to Object 的 Group 入口方法源码

```
01 public static IEnumerable<IGrouping<TKey, TSource>> GroupBy<TSource, TKey>(
02     this IEnumerable<TSource> source, Func<TSource, TKey> keySelector) =>
03         new GroupedEnumerable<TSource, TKey>(source, keySelector, null);
```

Lookup 类的源码存放在 Lookup.cs 文件里，是一个比较典型的哈希表数据结构的 C# 实现。代码清单 5-27 列出了关键代码。Lookup 类采用工厂模式创建实例，即由静态方法 Create 创建实例，且构造方法是私有可见的。第 3 行的 Create 方法是其中一个重载，其接收 3 个参数，第一个参数是数据源，也就是集合对象；第二个参数是一个委托，用来选择分组所依据的字段分组依据的字段选择委托；第三个参数是处理分组字段的哈希碰撞，即哈希值相同时比对两个对象的处理类型。Create 方法在第 6 行先创建 Lookup 对象，接着在第 7 ~ 8 行遍历集合里的每个元素，通过 keySelector 委托拿到分组字段，在 GetGrouping 方法中通过字段的哈希值分组，然后调用 Add 方法将当前的元素添加到分组中。GetGrouping 方法的 create 参数指明是否在分组不存在的时候创建分组，因为这里是对数据源进行分组，所以传入了 true。第 13 行、第 15 行和第 23 行中的几个属性和方法实现是 ILookup 接口的成员，用来给 Lookup 类型添加字典操作的语义。其中，Count 和 Contains 方法的实现使用了 C# 6.0 里引入的语法糖——使用表达式实现类型简单的成员的方法体（Expression Bodies on Property-like Function Members）。第 15 行是一个不错的索引操作符实现的例子，因为只是读取键 – 值数据，所以调用 GetGrouping 方法时，create 参数为 false。第 19 行也用到一个语法糖，即 null 值合并操作符——??，是针对 null 值判断的三目运算符的简写形式。其作用相当于：

```
grouping != null ? grouping : Enumerable.Empty<TElement>()
```

在 Lookup 类中构建字典的工作主要由第 39 行的 GetGrouping 方法完成的。第 40 行先获取分组字段的哈希值，Lookup 中使用数组管理哈希槽（Hash Slot），第 41 ~ 47 行循环找到键对应的哈希槽。为了防止哈希碰撞的情况，Lookup 会使用链表的方式将相同哈希值的不同键链接在一起，这是标准的哈希字典的做法，因此在循环里找到哈希值对应的哈希槽之后，还需要对比键是否相同。如果哈希值没有对应的哈希槽而且 create 参数值为 true，则为该哈希值创建一个哈希槽。因为哈希槽列表实际上是一个数组，所以第 50 ~ 52 行先做一个容量判断，如果哈希槽列表已满就执行扩容（Resize）操作。接下来为哈希值分配一个哈希槽，相同哈希值的键需要使用链表连接在一起。_hashNext 字段就是用于达成该目的。将新的键保存到分配的哈希槽之后，Lookup 类还需要维护 _lastGrouping 字段，如第 26 行的 GetEnumerator 方法使用 _lastGrouping 字段遍历 Lookup 哈希表中所有的哈希槽。

代码清单 5-27　LINQ to Object 的 GroupedEnumerator 的实际实现

```
01 public partial class Lookup<TKey, TElement> : ILookup<TKey, TElement>
02 {
03     internal static Lookup<TKey, TElement> Create(
04         IEnumerable<TElement> source, Func<TElement, TKey> keySelector,
05         IEqualityComparer<TKey>? comparer) {
06         Lookup<TKey, TElement> lookup = new Lookup<TKey, TElement>(comparer);
07         foreach (TElement item in source)
08             lookup.GetGrouping(keySelector(item), create: true)!.Add(item);
09
10         return lookup;
11     }
12
13     public int Count => _count;
14
15     public IEnumerable<TElement> this[TKey key] {
16         get {
17             Grouping<TKey, TElement>? grouping = GetGrouping(
18                 key, create: false);
19             return grouping ?? Enumerable.Empty<TElement>();
20         }
21     }
22
23     public bool Contains(TKey key) =>
24         GetGrouping(key, create: false) != null;
25
26     public IEnumerator<IGrouping<TKey, TElement>> GetEnumerator() {
27         Grouping<TKey, TElement>? g = _lastGrouping;
28         if (g != null) {
29             do {
30                 g = g._next;
```

```
31
32                      Debug.Assert(g != null);
33                      yield return g;
34                  }
35              while (g != _lastGrouping);
36          }
37      }
38
39      internal Grouping<TKey, TElement>? GetGrouping(TKey key, bool create) {
40          int hashCode = InternalGetHashCode(key);
41          for (Grouping<TKey, TElement>? g =
42                  _groupings[hashCode % _groupings.Length];
43              g != null; g = g._hashNext) {
44              if (g._hashCode == hashCode && _comparer.Equals(g._key, key)) {
45                  return g;
46              }
47          }
48
49          if (create) {
50              if (_count == _groupings.Length) {
51                  Resize();
52              }
53
54              int index = hashCode % _groupings.Length;
55              Grouping<TKey, TElement> g = new Grouping<TKey, TElement>(
56                  key, hashCode);
57              g._hashNext = _groupings[index];
58              _groupings[index] = g;
59              if (_lastGrouping == null) {
60                  g._next = g;
61              }
62              else {
63                  g._next = _lastGrouping._next;
64                  _lastGrouping._next = g;
65              }
66
67              _lastGrouping = g;
68              _count++;
69              return g;
70          }
71
72          return null;
73      }
74 }
```

5.3.4　可空引用类型

细心的读者可能会发现代码清单 5-27 中第 8 行方法调用有个特殊的符号："！"，这是 C# 8.0 引入的 null 值谅解操作符（Null-forgiving Operator）。从 C# 8.0 开始，编译器会对代码中访问可能的 null 值引用做出编译警告。之所以引入这个功能，是为了避免 null 值的滥用。null 值的发明人 Tony Hoare 曾经承认 null 是一个"十亿美元的错误"，虽然在处理引用类型赋值时，用 null 作为默认值是一个非常方便且有用的做法，但是在实际编码过程中，程序员在使用引用类型变量时很容易忽略 null 值判断，导致相当多的 NullReferenceException 异常被抛出，造成大量性能损耗。因此一些后面设计的编程语言，如 Scala 和 F# 放弃了 null 值，取而代之的是 Option 类型。对于引用类型 T 的变量，其取值要么是 None，要么是 Some(T)。访问变量时通过模式匹配（Pattern Match）来强制程序员对 None 情况进行处理。然而，C# 在前面的版本里已经引入 null 值，取消 null 值是不可行的做法，因此在 C# 8.0 中默认将所有引用类型变量都看作是不可空（Non-nullable）的。编译过程中，编译器对引用变量的赋值和引用进行静态分析。如果编译器发现程序正在试图进行空引用，则发出编译警告。编译警告的目的是向程序员汇报潜在的运行时异常，但不影响现有代码在新版本编译器上的编译。当然为了防止现有代码使用新版本编译器构建，可能会产生大量的编译警告，因此需要程序员显式地在工程里启用空引用警告功能。下面有两个方式启用该功能。

1）在源码中通过编译器指令 #nullable 启用，如代码清单 5-28 第 1 行采用了这种做法。

2）在 C# 工程的 .csproj 文件中加上 <Nullable>enable</Nullable> 配置，示例文件"第 5 章 \nullableref\nullableref.csproj"演示了这种做法。

代码清单 5-28 中定义了名为 Person 的类型，包含 3 个引用类型的字段，其中 MiddleName 是允许空值的引用变量，由于 Person 的构造方法已经给 FirstName 赋值，因此在第 5 行引用 FirstName 时可以顺利编译，但第 7 行尝试将 Null 赋值给 FirstName，此时编译器会打印如第 6 行注释里的警告。由于 MiddleName 在前面的语句里没有被赋值，引用它时也会发出编译警告。C# 编译器的静态分析能力很强大，能够识别出代码中访问引用变量之前是否做了 null 值检查，如第 11 行是在 null 值检查通过后才引用 MiddleName 变量的，不会输出编译警告。当然如果程序员对访问的变量很自信的话，可以使用 null 值谅解，即"!"操作符告诉编译器跳过检查，如第 14 行。同样，静态分析识别在第 18 行的变量引用之前，变量已经赋过值，也不会输出编译警告。引用类型变量可能包含在数组或结构体中，这种情况下数组和结构体默认会将包含其中的元素初始化为 null 值。而执行 null 值检查会导致非常多的编译警告，因此编译器对这种场景做了妥协，即不做处理，如第 22 行要访问的 people[0]，代码中并没有为它赋值，编译器也不会为之输出警告消息。

代码清单 5-28　C# 8.0 可空引用类型

```
// 源码位置: 第 5 章 \nullableref\Program.cs
// 编译运行: dotnet run
01 #nullable enable
02 class Program {
03     static void Main(string[] args) {
04         var person = new Person(" 施 ", " 懿民 ");
05         Console.WriteLine(person.FirstName.Length);
06         // warning CS8625: 无法将 Null 文本转换为不可为 Null 的引用类型
07         person.FirstName = null;
08         // warning CS8602: 取消引用可能出现的空引用
09         Console.WriteLine(person.MiddleName.Length);
10         if (person.MiddleName != null)
11             Console.WriteLine(person.MiddleName.Length);
12
13         // 不会造成编译警告
14         Console.WriteLine(person.MiddleName!.Length);
15
16         // 不会造成编译警告
17         person.MiddleName = " 作者 ";
18         Console.WriteLine(person.MiddleName.Length);
19
20         var people = new Person[10];
21         // 不会造成编译警告
22         Console.WriteLine(people[0].FirstName);
23     }
24 }
25
26 class Person {
27     public Person(string firstName, string lastName) {
28         FirstName = firstName;
29         LastName = lastName;
30     }
31
32     public string FirstName;     // 不可为空
33     public string? MiddleName;   // 可空引用
34     public string LastName;      // 不可为空
35 }
36 #nullable disable
```

代码清单 5-27 中第 8 行的 "!." 操作符是官方新做出的修改。关于 Lookup 的历史，我们可以通过查看修改号 #40651 来了解详细改动。.NET 基础类库与最新 C# 编译器是保持一致的。在像 .NET 这样涉及很多开发人员、不同功能小组的大型项目中，各个功能模块能保持同步前进需要具备很强大的进度协调管理能力。

5.4　Entity Framework

关系型数据库和面向对象编程有很多理念是相似的，如数据库中表结构定义可以看成类型定义，数据表可以看成是这个类型的对象集合，数据行则可以看成是一个个对象，数据库中的存储过程和函数可以看成是编程语言里的方法，这些相似的理念最后被抽象为对象关系映射（Object-Relational Mapping，ORM）。.NET 曾经引入 ORM 库，一开始是引入强类型数据集（Strongly Typed DataSet），接着在 LINQ to SQL 发布时引入 ORM 概念。不过在本书写作时，最流行的是 Entity Framework（以下简称 EF）。而且 EF 被 .NET 框架和 .NET Core 支持。在 .NET Core 中，其被称为 Entity Framework Core，因此 EF Core 是可以跨平台运行的。与 ADO.NET 的分层封装类似，EF 也是通过多个数据库供应者模块来支持市面上的数据库引擎。EF 支持的数据库列表和相应的数据库供应者模块包可以在链接 https://docs.microsoft.com/en-us/ef/core/providers/index 中找到。

微软官方宣称 EF 是一个轻量级、可扩展、开源和跨平台的数据访问技术。限于篇幅，笔者只介绍 EF 最常用的功能，以便引导读者入门，深层次的功能请读者自行参阅微软官方文档（网址为 https://docs.microsoft.com/en-us/ef/core/）。

5.4.1　使用 EF Code First 构建和映射数据库

程序中映射数据库的对象在 EF 中称为实体（Entity），这也是 EF 名称的由来。EF 有 3 种映射数据库的编程范式。

❑ 模型优先（Model first）：即在 IDE 中使用图形化工具（通常是 Visual Studio 的 ADO.NET Entity Data Model Designer）建好表结构和关系等模型。模型保存在 .edmx 文件中，EF 使用模型生成数据库和映射的 .NET 类型。

❑ 数据库优先（Database First）：通过 IDE 工具（通常是 Visual Studio 的 Entity Data Model Wizard），EF 可以从现有的数据库创建相应的数据模型和映射的 .NET 类型。

❑ 代码优先（Code First）：先创建 .NET 类型，然后 EF 从 .NET 类型中反向推演出数据库结构。如果数据库尚未创建且程序员设置了相关选项，EF 会创建数据库；如果数据库已经存在，则直接进行映射。

代码优先的映射方式对于程序员来说最直观，而且 EF Core 只支持这种映射模式。本节只讨论代码优先的做法。

在 EF 中，数据库是由一个 DbContext 的子类来映射或者描述的，如代码清单 5-29 中的 TradeHistoryContext 表示的就是一个数据库，数据库中的表由 DbSet 类型的字段映射，如第 6 行的 DbPlacedOrders 字段就映射到同名的数据表。每个表的结构使用普通的

C# 类型描述。表 5-2 列出了 C# 类型的定义和其映射的表结构。注意，C# 类型使用了可空引用类型。

表 5-2　C# 实体类型与 SQL 表结构的映射

C# 中的实体类型	SQL 表结构

``cs
public class DbPlacedOrder {
  public int Id{get;set;}
 	
  public string Coin{get;set;}=null!;
  public string BrokerSite
    { get; set; } = null!;
  public string? AskOrderId{get;set;}
  public string? AskQuote{get;set;}
  public decimal? AskPrice{get;set;}
  public int? AskFillInfo{get;set;}
  public string BidOrderId
{ get; set; } = null!;
  public string BidQuote
{ get; set; } = null!;
  public decimal BidPrice{get;set;}
  public decimal TradingVolume
{ get; set; }
  public DateTime BidTimestamp
{ get; set; }
  public DateTime? AskTimestamp
{ get; set; }
  public int? BidFillInfo{get;set;}
}
``
	``sql
	CREATE TABLE "DbPlacedOrders" (
	  "Id" INTEGER NOT NULL CONSTRAINT
	    "PK_DbPlacedOrders"
	    PRIMARY KEY AUTOINCREMENT,
	"Coin" TEXT NOT NULL,
	"BrokerSite" TEXT NOT NULL,
	
	  "AskOrderId" TEXT NULL,
	  "AskQuote" TEXT NULL,
	  "AskPrice" decimal(16, 8) NULL,
	  "AskFillInfo" INTEGER NULL,
	"BidOrderId" TEXT NOT NULL,
	
	"BidQuote" TEXT NOT NULL,
	
	"BidPrice" decimal(16, 8) NOT NULL,
	"TradingVolume"
	  decimal(16, 8) NOT NULL,
	  "BidTimestamp" TEXT NOT NULL,
	
	  "AskTimestamp" TEXT NULL,
	
	  "BidFillInfo" INTEGER NULL
	  );
	``

值类型和引用类型都有可空列。对于值类型的可空列，C# 通过可空值类型来映射它们，如表 5-2 中的 BidFillInfo 列。对于引用类型列，C# 8.0 之前版本需要在 C# 的字段上加上"[Required]"特性表明该列不可空。C# 8.0 引入可空引用类型的概念后，引用类型默认是不可空的，如表 5-2 中的左边 C# 类型的 Coin 字段的类型是"string"，映射出来的"Coin"就是不可空列。要定义可空引用类型的数据列，就需要将 C# 字段定义成可空类型，如 AskOrderId 字段的定义。但这种定义有一个问题，Coin 等不可空字段在创建实例时并没有初始化，导致编译器会报告空值使用的警告。有两个方法可以避免这个问题。

1）定义有参构造方法，参数列表包含所有不可空字段，在创建实例时强制初始化它们，如代码清单 5-29 中的第 27 行。对于新程序，这种方法可以大大降低在运行时忘记给不可空列赋值而保存到数据库的概率。

2）使用空值谅解操作符，如表 5-2 中的 Coin、BrokerSite、BidOrderId 和 BidQuote 等字段后面的"null!"就演示了这个用法。这种方法对于采用最新编译器编译现有代码比较方便，可以快速清理编译警告。

　　微软官方有一篇详细的文档讨论 EF 对于可空引用类型的支持，请读者参考链接：https://docs.microsoft.com/en-us/ef/core/miscellaneous/nullable-reference-types。

　　EF 每个数据库供应者模块都有一系列将 C# 类型映射成数据库类型的规则。表 5-3 是 SQL Server 与 .NET 类型的映射规则，其中标有 "＊" 号的类型只能在 EF 中使用，EF Core 不支持相应的映射。其他数据库的映射规则与之大体相似。对于数据库特有的数据类型，我们需要查阅供应者模块的开发文档才能了解。

表 5-3　EF 中 SQL Server 类型映射到 C# 类型

SQL 类型	.NET 类型	C# 缩写
bit	System.Boolean	bool
tinyint	System.Byte	byte
smallint	System.Int16	short
int	System.Int32	int
bigint	System.Int64	long
smallmoney、money、decimal、numeric	System.Decimal	decimal
real	System.Single	float
float	System.Double	double
char、varchar、text	System.String	string
nchar、nvarchar、ntext	System.String	string
binary、varbinary	System.Byte[]	byte[]
mage	System.Byte[]	byte[]
rowversion(timestamp)	System.Byte[]	Byte[]
date	System.DateTime	
time	System.TimeSpan	
smalldatetime、datetime、datetime2	System.DateTime	
datetimeoffset	System.DateTimeOffset	
geography	System.Data.Entity.Spatial.DbGeography＊	
geometry	System.Data.Entity.Spatial.DbGeometry＊	
hierarchyid	无映射类型支持	
xml	System.String	string
uniqueidentifier	System.Guid	
sql_variant	无映射类型支持	

DbSet 实现了 IQueryable 接口，可以满足大部分的数据库查询场景。Where、Select 等方法支持单表查询操作，Join 方法支持多表查询操作。DbSet 类型的 Add 和 Remove 方法分别对应数据库的 INSERT 和 DELETE 操作，但是没有映射 UPDATE 操作的方法，这是因为 EF 能够跟踪到程序中对映射对象的改动。在程序里对映射对象做的任何改动都会被 EF 跟踪记录，然后统一提交到数据库保存，因此保存数据改动的方法 SaveChanges 定义在 DbContext 中，而不是定义在 DbSet 层。如在第 24 行、第 32 行调用 SaveChanges 方法之前，程序可以对映射的对象做出任意修改，然后 EF 根据跟踪的记录生成增、删、改 SQL 操作语句，并统一提交到数据库保存。在第 24 行之前，程序往 DbPlacedOrders 集合对象里添加了一行新记录，这样 EF 只会生成一条 INSERT 语句。在插入操作执行成功后，EF 能从数据库中获取新插入对象的主键，因此第 25 行可以获取对象在数据库中保存后的主键。第 32 行之前的程序对查询出来的 order 对象做了修改，因此 EF 会生成一条 UPDATE 语句。之所以在第 31 行对 order 对象的修改能被 EF 捕捉，是因为其是从第 30 行由 EF 从数据库查询映射出来的实体，EF 在内部添加了对其状态的跟踪信息。EF 一般是通过主键来维护映射对象的状态跟踪信息，像第 23 行将对象 order 显式添加到 DbSet 字段中。由于第 30 行的 order 是从 DbSet 中查询获取的对象，EF 有机会为对象添加状态跟踪信息，这样的对象就是实体。但有的时候我们希望 EF 能跟踪程序自己创建的对象，例如网站的用户个人资料更新页面。常见的做法是用户在打开个人资料页面时，程序从数据库中读取该用户的个人资料信息并显示在网页上，用户在页面上修改完资料提交到服务器保存。问题是负责保存资料的页面与前面显示资料的页面一般是不同页面，而且 HTTP 是无状态协议，即连续两次页面请求之间是没有任何联系的，那么保存资料的页面需要从数据库重新查一遍数据才能保存修改，这对网站性能是一个不小的损耗。为了解决这个问题，DbSet 类型提供了 Attach 方法，允许 EF 将状态跟踪信息附加到任意对象上，如第 35 行创建的 orderModified 变量只初始化主键，在第 37 行将其附加到 EF 之后就可以跟踪程序对它的改动。

代码清单 5-29　EF Code first 映射示例

```
// 源码位置: 第 5 章 \efcore\tradebot-sqlite\
// 编译运行: dotnet run
01 public class TradeHistoryContext : DbContext {
02     private IConfiguration _config;
03     public TradeHistoryContext(IConfiguration config) {
04         _config = config;
05     }
06     public DbSet<DbPlacedOrder> DbPlacedOrders { get; set; } = null!;
07
08     protected override void OnModelCreating(ModelBuilder modelBuilder) {
```

```
09              modelBuilder.Entity<DbPlacedOrder>().Property(
10                  x => x.AskPrice).HasColumnType("decimal(16, 8)");
11              // ... 省略其他 decimal 字段
12          }
13
14      protected override void OnConfiguring(DbContextOptionsBuilder options)
15          => options.UseSqlite(_config["db"]);
16  }
17  // ... 在程序中使用 DbContext ...
18  int orderId = 0;
19  using (var context = container.GetService<TradeHistoryContext>()) {
20      var order = new DbPlacedOrder("BTC", "huobi", "order-123", "USDT") {
21          BidPrice = 8100.988m, TradingVolume = 1, BidTimestamp = DateTime.Now
22      };
23      context.DbPlacedOrders.Add(order);
24      context.SaveChanges();
25      orderId = order.Id;
26      Console.WriteLine("order id: {0}", orderId);
27  }
28
29  using (var context = container.GetService<TradeHistoryContext>()) {
30      var order = context.DbPlacedOrders.Single(o => o.Id == orderId);
31      order.BidQuote = "USD";
32      context.SaveChanges();
33  }
34
35  var orderModify = new DbPlacedOrder() { Id = orderId };
36  using (var context = container.GetService<TradeHistoryContext>()) {
37      context.DbPlacedOrders.Attach(orderModify);
38      orderModify.BidPrice = 8888.988m;
39      context.SaveChanges();
40  }
```

5.4.2　使用 EF 迁移数据库

在实际开发过程中，随着业务的不断变化，往往需要修改数据库结构以适应业务的变化。在 ORM 中，如果数据库的改动和相应的映射代码改动不一致，会造成很大的问题。EF 考虑到这个问题，向开发者提供了两种在数据库和映射实体之间保证一致性的办法。笔者称之为设计时映射。

1）以 C# 中的实体定义为基准，每次修改实体定义时，EF 提供的方法保证数据库的表结构与之一致。

2）以数据库的表结构为基准，每次对表结构做出修改后，EF 生成与之映射的实体类型定义。由于 EF 是 .NET 框架类库，因为这个过程称为反向工程（Reverse Engineering）。

反向工程的办法可以用手写映射的实体类型替代，截至本书写作完成时功能上还有一些缺陷，笔者建议先用反向工程法生成相关的源码文件，再手动优化里面的类型定义以满足需求。因此，本节只介绍第一种方法。关于反向工程的使用说明，请读者自行参阅官方文档：https://docs.microsoft.com/en-us/ef/core/managing-schemas/scaffolding。

在程序第一版刚开发还没有发布时，修改实体定义不是一个大问题，只要把数据库删掉再重建就可以。但如果程序已经发布且在线运行一段时间，修改表结构是一个很头痛的事情，因为需要非常小心，以免造成数据丢失。EF 中将修改表结构并部署的过程称为迁移，目的就是保证修改能够无缝地在新老版本的表结构之间部署。迁移不仅能实现从老版本的表结构升级到新版本的表结构而不影响运行，还能做到从新版本的表结构降级到老版本依然能平滑过渡。我们以代码清单 5-29 中的 TradeHistoryContext 为例来介绍迁移的过程。

迁移涉及很多处理表结构改动的工作。EF 特意提供了设计时工具简化这个过程。这个工具可以全局安装，也可以只安装在工程的本地文件夹，但一般是全局安装。我们可使用下面的命令全局安装：

```
dotnet tool install --global dotnet-ef
```

并在工程里添加 EF 设计时支持包：

```
dotnet add package Microsoft.EntityFrameworkCore.Design
```

首先定义好实体类型和相应的 DbContext 类型，因为 dotnet-ef 工具会先编译工程再使用反射技术找到工程里所有的 DbContext 类型，再进行代码生成，所以要先保证工程能够编译通过，再执行下面的命令生成数据库迁移脚本。由于这个脚本是第一个版本，我们可以称之为数据库构建脚本。

```
dotnet ef migrations add V1
```

ef 是 dotnet 的子命令。migrations 是 dotnet-ef 命令支持的一个子命令。数据库迁移的代码生成等工作都是由其完成的。这个命令遍历实体类型并创建一个名为 Migrations 的文件夹，其中包含 3 个文件。

❑ XXXXXXXX_V1.cs：执行迁移的主文件，里面主要实现了两个方法——用作从老版本升级到新版本的 Up 方法以及从新版本降级到老版本的 Down 方法。文件名前面的 XXXXXXXX 是当前创建文件的时间，后面的 V1 是执行 migration add 命令后标识这次表结构改动的名称。笔者喜欢用程序的版本号来命名，方便后面维护时快速找到对应的代码。

❑ XXXXXXXX _V1.Designer.cs：包含迁移的元数据信息，主要被 EF 使用。

❑ TradeHistoryContextModelSnapshot.cs：当前实体的镜像，用来与数据库做对比，以便发现实体和数据库之间的差异。

生成数据库迁移脚本后，我们就可以创建或构建数据库了，也就是说链接到某个数据库。首先需要通过引入供应者模块告诉 EF 采用什么数据库系统构建数据库。代码清单 5-29 中第 15 行 UseSqlite 方法说明本例中使用的是 SQLite 数据库，因此需要引入相应的供应者模块：Microsoft.EntityFrameworkCore.Sqlite。SQLite 是一个开源的数据库软件，可以绿色部署，只需要将 SQLite 数据库引擎程序复制到程序文件夹中就可以使用。数据库文件也是一个 .db 后缀的普通文件，部署时只要复制引擎程序和数据库文件就可以使用，非常轻量级。因此，很多智能手机程序使用 SQLite 在手机本地保存数据。读者可以查阅官网学习它的用法：https://sqlite.org/cli.html。UseSqlite 方法需要明确具体的连接字符串参数，才能构建 SQLite 数据库。微软官方的文档是直接硬编码连接字符串。在实际开发中，这样做显然是不可行的。EF 中在设计时和运行时都需要创建 DbContext。DbContext 的子类通过覆写 OnConfiguring 方法来指定数据库连接字符串，如代码清单 5-29 中第 15 行从配置文件的 db 配置项中读取连接字符串。在运行时连接字符串要么通过依赖注入配置实例获得，要么通过定义为构造方法的参数由上层调用者传入。在设计时，dotnet-ef 命令会寻找工程里的一个特殊类型，实现 IDesignTimeDbContextFactory 接口的工厂类，并通过这个类型来创建具体的 DbContext 实例。如果工程里有多个 DbContext 子类，那么每个 DbContext 类型都需要实现这个接口，如代码清单 5-30 所示。接口只有一个方法 CreateDbContext，用来为 dotnet-ef 命令构建数据库时创建 DbContext 子类的实例。本例先从 appsettings.json 文件读取配置信息，再调用 TradeHistoryContext 构造方法返回实例。CreateDbContext 方法接收一个 args 参数。根据官方文档说明，EF 在设计时会从 args 参数传入设计时的一些服务。

代码清单 5-30　在 EF 设计时指定 DbContext 的连接字符串

```
// 源码位置：第 5 章 \efcore\tradebot-sqlite\
01 using Microsoft.EntityFrameworkCore.Design;
02
03 public class DesignTimeTradingHistoryContextFactory :
04     IDesignTimeDbContextFactory<TradeHistoryContext>
05 {
06     public TradeHistoryContext CreateDbContext(string[] args)
07     {
08         IConfigurationRoot configuration = new ConfigurationBuilder()
09             .SetBasePath(Directory.GetCurrentDirectory())
10             .AddJsonFile("appsettings.json")
```

```
11              .Build();
12          return new TradeHistoryContext(configuration);
13      }
14 }
```

准备好数据库构建代码和配置好数据库链接信息之后，我们就可以生成数据库了。执行下面的命令可以创建数据库。

```
dotnet ef database update
```

或者指明使用的迁移脚本名，在本例中是使用版本号来创建。下面的命令表示使用 V1 版本的数据库迁移脚本构建数据库。

```
dotnet ef database update V1
```

当第一版开发完毕并上线后需要改动表结构，如在 **DbPlacedOrders** 添加一个字段 **UserId**。

```
public int UserId { get; set; }
```

为了保证实体定义和数据库表结构之间的一致性，我们需要再次执行迁移脚本生成命令。由于当前数据库表结构有更新，因此将迁移脚本命名为 V2 版本。

```
dotnet ef migrations add V2
```

与前面新建数据库时生成的 V1 脚本类似，迁移命令也会生成 3 个文件，其中 V1 版本中的 XXXXXXXX _V1.Designer.cs 和 V2 版本中的 XXXXXXXX _V2.Designer.cs 文件分别定义两个版本中数据库的完整结构。V1 版本中的 XXXXXXXX_V1.cs 和 V2 版本中的 XXXXXXXX_V2.cs 文件都定义了 Up 和 Down 方法。两个方法分别用在升级和降级数据库结构场景中。如 V1 版本的 XXXXXXXX_V1.cs 文件中的 Up 方法调用 CreateTable 方法在数据库中创建相应的表结构，这是因为 V1 是第一版，需要从头开始。与之相对应的 Down 方法调用 DropTable 方法从数据库里删掉表。V2 版本的 XXXXXXXX_V2.cs 文件中的 Up 方法只是调用类似 AddColumn 的方法调整表结构。与之相对应的 Down 方法调用 DropColumn 方法在降级时清理 Up 方法里对表结构的修改。由于数据库结构已经升级到 V2 版本，因此 TradeHistoryContextModelSnapshot.cs 镜像文件覆盖了 V1 版本的同名文件。代码清单 5-31 是 V2 迁移脚本的源码，可以看到升级用的 Up 方法只是往数据库中添加一个新的 UserId 列，降级用的 Down 方法则是从数据表里移除该列。

代码清单 5-31 EF 生成的 V2 版本的数据库迁移脚本

```
01 public partial class V2 : Migration
02 {
03     protected override void Up(MigrationBuilder migrationBuilder)
04     {
```

```
05          migrationBuilder.AddColumn<int>(
06              name: "UserId",
07              table: "DbPlacedOrders",
08              nullable: false,
09              defaultValue: 0);
10      }
11
12      protected override void Down(MigrationBuilder migrationBuilder)
13      {
14          migrationBuilder.DropColumn(
15              name: "UserId",
16              table: "DbPlacedOrders");
17      }
18 }
```

再次执行 Update 命令执行升级操作，这时指明版本号为 V2。EF 只会调用代码清单 5-31 中的 Up 方法完成升级操作：

```
dotnet ef database update V2
```

由于 SQLite 并不支持 DropColumn 操作，因此无法执行降级操作。如果将数据库供应者模块更换成 SQL Server，升级到 V2 版本之后，再在 Update 方法中指明要降级到的版本，EF 会链式执行 Down 方法完成降级操作，如下面的命令将数据库从 V2 再降级到 V1 版本。

```
dotnet ef database update V1
```

5.4.3　EF 对关系的映射

关系型数据库中表之间通过外键约束的关联关系也是数据库建模时一个重要的考虑因素。EF 支持三种常见的关系场景：一对一、一对多、多对多。

图 5-7 是一个一对一关系，关联的是用户表和用户登录密码表。两个表之间通过 BusinessEntityID 列关联。BusinessEntityID 既是主键，也是外键。

在建立与表映射的实体时，我们需要用导航属性（Navigation Propertiy）来映射实体之间的关系。如代码清单 5-32 中第 8 行 Person 类的 Password 属性就是这样的导航属性。EF 定义了很多特性来标注映射需要注意的事项，例如第 3 行的 Key 特性表示 BusinessEntityID 字段是 Person 表的主键，第 14 行在 ForeignKey 特性上定义了 Person 和 Password 两个表之间的外键联系等。由于本例映射的是 SQL Server 的 AdventureWorks 示例数据库，而该数据库用了很多 SQL Server 的特性，比如表都定义在某个架构里，因此这里使用 Table 特性来指明表所属的架构，如第 1 行 Table 特性的标注，否则在运行时 EF 找不到相应的表。

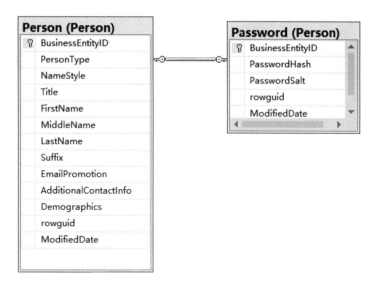

图 5-7 数据库一对一关系实例

代码清单 5-32 EntityFramework Core 一对一关系映射

```
01 [Table("Person", Schema = "Person")]
02 public class Person {
03     [Key]
04     public int BusinessEntityID { get; set; }
05     public string PersonType { get; set; } = null!;
06     public string FirstName { get; set; } = null!;
07     public string LastName { get; set; } = null!;
08     public Password Password { get; set; } = null!;
09 }
10
11 [Table("Password", Schema = "Person")]
12 public class Password {
13     [Key]
14     [ForeignKey("Person")]
15     public int BusinessEntityID { get; set; }
16     public string PasswordHash { get; set; } = null!;
17     public Person Person { get; set; } = null!;
18 }
19 ... ...
20 // var person = context.Person.First();
21 var person = context.Person.Include("Password").First();
22 Console.WriteLine("{0},{1}: {2}", person.FirstName,
23     person.LastName, person.Password.PasswordHash);
```

当加载实体包含映射关系的字段时，一般会涉及数据库的 JOIN 操作。数据库中不少 JOIN 操作的实现采用笛卡儿积。笛卡儿积是一个性能消耗很大的操作，例如两张表进行 JOIN 操作，A 表有 30 条记录，B 表有 40 条记录，那么笛卡儿积就是 $30 \times 40 = 120$ 条记录。虽然数据库提供了不同类型的 JOIN 操作，甚至有些数据库对 JOIN 操作做了优化，但一般来讲 JOIN 操作对查询性能的影响很大。因此，EF 在加载实体时默认是不加载里面的关系字段的，以避免意外的性能损耗。程序员需要调用 DbSet 的 Include 方法进行显式加载，如代码清单 5-32 中第 21 行在查询数据库中第一条 Person 记录时先调用 Include 方法同步加载与其关联的 Password 字段，这样在接下来的第 22 行才能访问 person 变量的 Password 字段。如果不调用 Include 方法，Password 字段是没有赋值的，也就是空值。如果使用第 20 行的代码代替第 21 行执行，在第 23 行访问 Password 字段时抛出空值异常。

除了使用特性来引导 EF 进行实体映射以外，EF 还支持使用编码映射。例如实体中定义了一个名为 Id 的字段，且类型是整型或者 Guid，EF 会默认将其映射成主键，这是因为大部分程序员有命名主键的编码习惯，不需要再用特性执行映射。EF 支持的编码映射可以参考：https://docs.microsoft.com/en-us/ef/ef6/modeling/code-first/conventions/built-in。除了内置的编码映射，EF 还支持程序员自己扩展，这属于高级 EF 使用知识，有兴趣的读者可顺着前面的链接继续学习。

我们也可以通过覆写 DbContext 的 OnModelCreating 方法来手工编码指明映射。EF 定义了很多流畅 API 来执行映射，这种方式是笔者最喜欢用的。其不仅可以让程序员完整地控制整个映射过程，还比使用特性标注的映射方法能适应更多的场景。如代码清单 5-33 手工编码定义与代码清单 5-32 使用特性标注的效果是一样的，但手工编码弹性更大一些，如第 5 行同样定义了 Person 和 Password 两个实体之间的关联关系，使用手工编码可以在 Password 实体类里去掉 Password.Person 字段的定义，即第 5 行里 WithOne 方法可以不用传入参数，但特性标注映射的方法则必须包含 Person 字段的定义。如果把代码清单 5-32 第 17 行注释掉，再编译运行，EF 会报告映射不正确的异常。

代码清单 5-33　EF 使用流畅式 API 定义映射

```
01 protected override void OnModelCreating(ModelBuilder modelBuilder)
02 {
03     modelBuilder.Entity<Person>().HasKey(p => p.BusinessEntityID);
04     modelBuilder.Entity<Password>().HasKey(p => p.BusinessEntityID);
05     modelBuilder.Entity<Person>().HasOne("Password").WithOne()
06             .HasForeignKey("Password", "BusinessEntityID");
07 }
```

代码清单 5-34 展示了 EF 中的一对多映射关系，表示一个订单表对应多个订单明细。为了表示一对多映射，SalesOrderHeader 类的 SalesOrderDetails 字段是一个集合类型。在调用 Include 方法加载时，EF 通过 SalesOrderID 外键加载订单所有的明细。

代码清单 5-34　EF 中的一对多映射关系

```
01 protected override void OnModelCreating(ModelBuilder modelBuilder)
02 {
03     // ... 忽略前面的代码 ...
04     modelBuilder.Entity<SalesOrderHeader>()
05             .HasMany(o => o.SalesOrderDetails).WithOne()
06             .HasForeignKey(o => o.SalesOrderID);
07 }
```

AdventureWorks 中的一对多映射关系如图 5-8 所示。

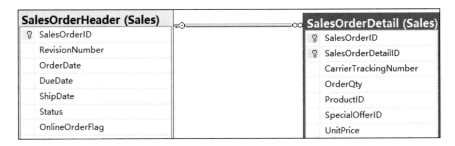

图 5-8　AdventureWorks 中的一对多映射关系

代码清单 5-35 展示了 EF Core 中多对多映射关系。关于多对多映射关系，EF Core 和 EF 有一点区别：一般数据库关于多对多映射关系基本上会涉及中间表，如图 5-9 中的 ProductProductPhoto 表。这个中间表保存多对多的关系，主键一般由关联两个表的外键组成。代码清单 5-35 中第 4 ～ 5 行演示了在 EF Core 和 EF 中映射由多个字段组成的主键的方式。在 EF Core 中映射多对多关系时，需要映射这个中间表，而且需要分别映射与两个表之间的关系，如代码清单 5-35 中第 7 行和第 9 行的映射，但在 EF 中可以跳过映射中间表，使用第 14 ～ 19 行的方法执行多对多的映射。EF Core 将来可能也会支持跳过中间表的做法，不过截至本书写作完成时，仍在开发讨论阶段。

代码清单 5-35　EF Core 中的多对多映射关系

```
01 protected override void OnModelCreating(ModelBuilder modelBuilder)
02 {
03     // ... 忽略前面的代码 ...
04     modelBuilder.Entity<ProductProductPhoto>().HasKey(ppp => new {
05         ProductID = ppp.ProductID, ProductPhotoID = ppp.ProductPhotoID });
```

```
06
07    modelBuilder.Entity<ProductProductPhoto>().HasOne(ppp => ppp.Product)
08        .WithMany(p=>p.ProductProductPhotos).HasForeignKey(ppp=>ppp.ProductID);
09    modelBuilder.Entity<ProductProductPhoto>().HasOne(ppp => ppp.ProductPhoto)
10        .WithMany(pp => pp.ProductProductPhotos)
11        .HasForeignKey(ppp => ppp.ProductPhotoID);
12
13    // 在 EF 中可以忽略 ProductProductPhoto 表的映射，直接用下面的方式映射
14    //modelBuilder.Entity<Product>().HasMany(p => p.ProductPhotos)
15    //    .WithMany(p => p.Products)
16    //    .Map(mapping => mapping
17    //    .ToTable("ProductProductPhoto", "Production")
18    //    .MapLeftKey("ProductID")
19    //    .MapRightKey("ProductPhotoID"));
20 }
```

图 5-9 是 AdventureWorks 中多对多映射关系示意图。

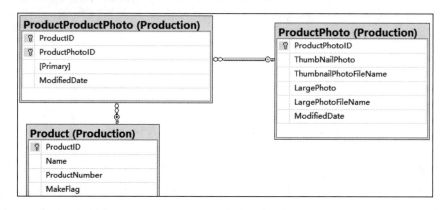

图 5-9　AdventureWorks 中多对多映射关系示意图

EF 除了可以映射表之间的关系，还可以将面向对象的继承这个概念映射到关系型数据库中。EF Core 在这方面支持的场景相较于 EF 也是有区别的。在关系型数据库里对继承关系建模的场景较少。本书限于篇幅就不再讨论，有兴趣的读者可以参阅：https://docs.microsoft.com/en-us/ef/core/modeling/relational/inheritance。

5.4.4　EF 的性能考量

从前面的讨论可以看出，EF 的 ORM 封装为程序员做了很多底层的工作，然而如果不了解具体细节而误用的话，可能会导致严重的性能问题。EF 在运行时大致可以分为生成 SQL 语句、发送 SQL 语句到数据库执行和将结果映射到 .NET 环境三个步骤。其中，

第二步操作虽然不由 EF 控制，但实际上是潜在性能损耗最大的地方，这是因为第一步和第三步都在 .NET 进程的本地执行，只涉及 CPU 执行效率和内存访问，而第二步实际执行查询时数据库需要进行大量的磁盘访问以及将结果通过网络从服务器传回 .NET 客户端。表 5-4 列出了谷歌在 2009 年做的对比数据。可以发现，SSD 硬盘的访问速度相对于内存访问还是很慢的。笔者做一个粗略的对比，如果内存访问是分钟级的话，那么通过网络读写相同大小的数据的时间是按周计算，通过 SSD 硬盘等闪存读写的时间是按月计算，通过磁盘读写的时间以十年为单位计算。

表 5-4　不同硬件读取数据的速度对比

硬件读取	访问速度
L1 缓存	0.5ns
L2 缓存	7ns
内存访问	100ns
压缩 1KB	10 000ns
通过 1 Gbit/s 网络发送 2KB	20 000ns
从内存中顺序读取 1MB	250 000ns
同一个数据中心内读取	500 000ns
磁盘寻址	10 000 000ns
从网络顺序读取 1MB	10 000 000ns
从磁盘顺序独缺 1MB	30 000 000ns

既然磁盘读写的速度如此慢，那么在调查 EF 的执行效率问题时，查看其生成的 SQL 语句并进行优化是一个非常高效的方法。使用 EF Core 内置的日志功能可以查看 EF 内部的工作过程。代码清单 5-36 在 DbContext 的 OnConfiguring 方法里注入了日志模块，这个日志模块可以在运行时通过依赖动态传入，在本例中笔者在第 1 行硬编码了日志的配置。

代码清单 5-36　在 EF 中启用日志

```
01 static readonly ILoggerFactory s_loggerFactory
02     = LoggerFactory.Create(builder => { builder.AddConsole(); });
03
04 protected override void OnConfiguring(DbContextOptionsBuilder options)
05     => options.UseSqlServer(_connString)
06             .UseLoggerFactory(s_loggerFactory);
```

启用日志再运行 EF 程序，针对每个 LINQ 查询，EF 都会在日志中打印生成的 SQL 语句。

代码清单 5-37　包含 Include 的 LINQ Where 查询

```
var products = context.Product.Include("ProductProductPhotos")
                      .Where(p => p.ProductNumber.StartsWith("CA"));
```

代码清单 5-38 是针对代码清单 5-37 中 LINQ 查询生成的 SQL 语句。数据库系统一般都提供了查询分析工具来分析 SQL 语句的执行效率，方便程序员定位性能瓶颈问题。图 5-10 就是 SQL Server 管理工具针对代码清单 5-38 中的 SQL 语句的分析结果。该工具在免费的 SQL Server Express 版本上也是可用的。通过分析查询语句各个部分的耗时占比，我们可以很方便地找出查询效率最差的部分。

代码清单 5-38　Include LINQ 查询生成的 SQL 语句

```
SELECT [p].[ProductID], [p].[MakeFlag], [p].[Name], [p].[ProductNumber],
       [p0].[ProductID], [p0].[ProductPhotoID]
FROM [Production].[Product] AS [p]
LEFT JOIN [Production].[ProductProductPhoto] AS [p0]
  ON [p].[ProductID] = [p0].[ProductID]
WHERE [p].[ProductNumber] LIKE N'CA%'
ORDER BY [p].[ProductID], [p0].[ProductID], [p0].[ProductPhotoID]
```

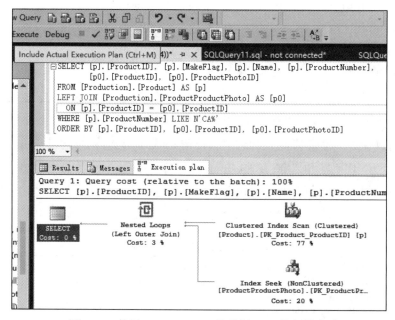

图 5-10　使用 SQL Server 工具分析 SQL 执行效率

如果实体里有多个导航属性，或者导航属性引用的实体本身也有导航属性，我们可以通过链式调用 Include 方法一并加载，如代码清单 5-39 中第 2 个 Include 方法调用就是用来加载 SalesOrderHeader 类中 SalesOrderDetails 导航属性的 Product 字段，这样在一个
查询里就能将订单、订单详情和购买的产品详情全部加载过来。这本来是一个很方便的
功能，但实际上链式调用 Include 方法对查询性能的影响基本上是灾难性的。

代码清单 5-39　在 EF 中链式调用 Include 方法加载导航属性

```
var orders = context.SalesOrderHeader
    .Include("SalesOrderDetails")
    .Include("SalesOrderDetails.Product")
    .Where(o => o.SalesOrderID > 43659 && o.SalesOrderID < 43662);
```

代码清单 5-40 展示了 EF 生成的 SQL 语句。可以注意到，针对第二个 Include 方法，
由于是访问第二层的导航属性，因此生成的 JOIN 操作嵌套在第一层的 JOIN 查询里。如
果还有第三层导航属性要访问，EF 会继续生成嵌套 JOIN 查询。如果第二个 Include 方
法访问的不是第二层导航属性，而是第一层的其他导航属性，那么 EF 将会生成两个平
行的 JOIN 查询，并使用 UNION 将它们联合起来。代码清单 5-40 中的 SQL 语句的可读
性就比较差，这仅仅是两个 Include 调用生成的语句，如果 LINQ 查询包含很多 Include
语句，EF 生成的 SQL 语句会很快变臃肿。而且 SELECT 子句返回的字段太冗余，如
SalesOrderID 字段返回了两次，一次是 [s].[SalesOrderID]，一次是 [t].[SalesOrderID]，两
个字段的结果是完全一样的。实际上，在 EF 生成的 SQL 语句里，所有子查询中的字段
会合并到最外面的查询中并返给客户端，这大大加重了网络传输的负担。

代码清单 5-40　链式调用 Include 生成的 SQL 语句

```
SELECT [s].[SalesOrderID], [s].[DueDate], [s].[OrderDate], [s].[RevisionNumber],
       [s].[Status], [t].[SalesOrderDetailID], [t].[CarrierTrackingNumber],
    [t].[OrderQty], [t].[ProductID], [t].[SalesOrderID], [t].[ProductID0],
    [t].[MakeFlag], [t].[Name], [t].[ProductNumber]
FROM [Sales].[SalesOrderHeader] AS [s]
LEFT JOIN (
    SELECT [s0].[SalesOrderDetailID],[s0].[CarrierTrackingNumber],[s0].[OrderQty],
       [s0].[ProductID],[s0].[SalesOrderID],[p].[ProductID] AS [ProductID0],
       [p].[MakeFlag], [p].[Name], [p].[ProductNumber]
    FROM [Sales].[SalesOrderDetail] AS [s0]
    INNER JOIN [Production].[Product] AS [p] ON [s0].[ProductID] = [p].[ProductID]
) AS [t] ON [s].[SalesOrderID] = [t].[SalesOrderID]
WHERE ([s].[SalesOrderID] > 43659) AND ([s].[SalesOrderID] < 43662)
ORDER BY [s].[SalesOrderID], [t].[SalesOrderDetailID], [t].[ProductID0]
```

除了生成的 SQL 语句可读性差、返回字段冗余以外，不支持分页操作也导致 Include
操作是性能上的一个超级杀手，因此一般建议只在特别确定的情况下使用它，而且建议
一条查询上最多包含三个 Include 操作。如果查询的数据要关联多个表，可以将一条查询

拆分成多条查询执行，毕竟数据库服务器会先过滤掉大量不相关的数据。虽然多个查询会涉及数据库的几次网络传输，但传输的数据量小了。根据表 5-4 的数据可知，减少网络传输的数据量即使是多次查询，从性能的角度上看还是值得的。

5.5　本章小结

从本章可以看到，.NET 提供了丰富的数据处理方式和类库。本章只挑选了使用场景较丰富的技术，如 ADO.NET 技术中只演示了 SQLClient 和 ODBC 数据提供器的使用，这是因为前者是为 MySQL Server 提供优化的，后者是访问数据库系统的事实标准。OLEDB 数据提供器一方面仅限于 Windows 平台使用，而且功能大部分可以被后来的 ADO.NET 的其他技术替代，另一方面 OLEDB 技术的主要使用场景是读写 Excel 文件和 Access 数据库，如 OLEDB 允许在不安装 Excel 软件的情况下，将 Excel 文件当作数据库来读写，但这个功能仅限于在 Windows 平台。而且有几个流行的开源代码库如 NPOI（https://github.com/tonyqus/npoi）可以在不安装 Excel 软件的前提下读写 Excel 文件，并且 NPOI 这些类库是纯粹使用 .NET 开发的，可以跨平台在 macOS 和 Linux 系统下使用。

第*6*章

多线程编程

前面章节中的示例代码都是采用单线程运行的。在一些编程场景中，单线程执行模式的效率很低。如第 7 章中的策略交易程序，如果用户查询几个交易所的资产余额，会发现页面跳转时有明显的卡顿，这是因为请求是单线程处理的，程序必须等所有交易所串行返回资产余额。这种是典型的多线程编程的应用场景。通过多线程技术，每个交易所查询余额的操作放在单独的线程中，利用多线程同时运行的特点，缩减调用时间，提高效率。C# 语言内置了多线程编程支持。本章将逐一介绍这些技术。

6.1 多线程编程基础

虽然大部分现代操作系统支持多线程，但 .NET 出于跨平台的考虑，对线程做了一层封装，再将线程管理的工作委托给操作系统完成。.NET 里线程相关的类型都定义在 System.Threading 命名空间。CPU 一次只能执行一个指令。因此，操作系统里众多线程实际上在排队等待 CPU 执行其指令。而线程的指令执行时间是不等的，有的线程的指令可能要执行很长时间，有的线程的指令则很快就执行完毕。操作系统为此提供了线程调度程序，每个线程会分到一段 CPU 的时间片（Time Slice）。在 Windows 系统里，通常一个时间片的长度是几十毫秒。当线程用完分配给它的时间片后，调度程序会将其从 CPU 中移出，然后从正在排队的线程队列中挑选一个线程并分配时间片，这个调度过程称为上下文切换（Context Switch）。上下文切换耗时一般在几微秒左右。现在大部分 CPU 是多核处理器，允许多个线程同时执行，如 4 核 CPU 可以同时执行 4 个线程。即使如此，操作系统还是依赖调度程序为所有线程分配时间片，同时运行的线程从 1 个变成多个，但对编程会造成一定影响。

当 .NET 进程启动时，操作系统默认创建一个线程执行入口的 Main 方法。这个线程被称为主线程，当主线程执行完毕，即 Main 方法退出，进程执行结束。主线程再创建其他线程，而线程也可以根据任务的需要创建新的线程，形成一个多线程进程。

6.1.1　创建和使用多线程

C# 通过提供入口方法的委托实例创建线程，然后调用新建线程实例的 Start 方法启动线程。有两种委托类型可传递入口方法给线程。

1）如果主线程不需要传递数据给新线程，那么使用 ThreadStart 委托创建线程。如代码清单 6-1 中第 8 行创建的线程实例 thread1，其入口方法是 ThreadFunc1，是一个无参方法，符合 ThreadStart 委托的声明：

```
public delegate void ThreadStart();
```

2）或者使用 ParameterizedThreadStart 委托将数据传给新的线程。如代码清单 6-1 中第 9 行的 thread2 实例，其入口方法 ThreadFunc2 接收一个 object 类型的参数，符合 ParameterizedThreadStart 委托的声明：

```
public delegate void ParameterizedThreadStart(object obj);
```

在调用 Thread 的 Start 方法时，给即将启动的线程传入参数，如第 13 行将初始数据 123 传给线程 thread2，thread2 接着通过第 29 行的代码在控制台输出这个参数。

在 .NET 中，线程分前台线程和后台线程。前台线程和后台线程的区别在于，进程会等待所有的前台线程退出后才退出，后台线程不能影响进程的退出。在 .NET 中，线程默认是前台线程，只有线程池中的线程是后台线程。Thread 的 IsBackground 属性用来设置线程是前台线程还是后台线程，如第 11 行中将 thread1 设置为后台线程。使用 Thread 类的 Join 方法可以等待线程结束。当 .NET 进程中有后台线程在执行时，应该调用 Join 方法等待所有线程特别是后台线程退出后再退出。例如，注释掉第 17 行和第 28 行的等待代码，运行时会发现线程 ThreadFunc1 还没有执行完毕进程就退出了，这样提前结束进程很可能会导致一些资源浪费或者数据写入失败。

代码清单 6-1　创建和启动线程

```
// 源码位置: 第 6 章 \MultiThreadDemo.cs
// 编译方法: csc MultiThreadDemo.cs
01 using System;
02 using System.Threading;
03
04 public class MultiThreadDemo
05 {
06     public static void Main()
07     {
08         var thread1 = new Thread(ThreadFunc1);
09         var thread2 = new Thread(ThreadFunc2);
10
11         thread1.IsBackground = true;
12         thread1.Start();
13         thread2.Start(123);
14
15         Console.WriteLine("结束主线程! ");
16
17         thread1.Join();
18         thread2.Join();
19     }
20
21     static void ThreadFunc1()
22     {
23         Thread.Sleep(1000);
24         Console.WriteLine("在无参线程中! ");
25     }
26
27     static void ThreadFunc2(object state)
28     {
29         Console.WriteLine($"在有参线程中, 参数是 {state}! ");
30     }
31 }
```

Join 方法会导致线程放弃当前分配到的 CPU 时间片，将运行机会让给其他线程。
Sleep 方法与之效果类似，也是让线程放弃执行，等待一段时间后再重新进入待执行队
列，并等待操作系统为其调度 CPU 时间片，如第 23 行代码就是让线程等待 1 秒。

6.1.2　使用线程池

前面提到操作系统给线程分配时间片时会有上下文切换过程。这个过程主要是将前
一个线程的运行状态从 CPU 的寄存器上保存到内存，再将下一个即将执行的线程的状态
从内存加载到 CPU 寄存器，因此上下文切换也需要耗费 CPU 的执行时间。如果操作系统
里的线程过多，则有一个可能就是系统要么频繁地在多个线程之间进行上下文切换，要

么有一些线程要等待很长时间才能有机会执行，这样不仅没有提高效率，反而降低了效率。而且为了创建新的线程，操作系统需要为之分配一些资源，如默认情况下每个线程会分配到 1MB 的内存作为堆栈，过多的线程会造成不必要的内存资源浪费。因此，.NET 为每个托管进程准备了一个线程池，这个线程池默认创建了一些线程来执行任务。CLR 在进程运行过程中根据需要动态地调整线程池中的线程数量。

线程池的使用与线程类似，通过 ThreadPool 类型的 QueueUserWorkItem 静态方法，将需要在线程池中执行的任务通过委托传入。.NET 会自动将任务调度到线程池中的某个线程执行。QueueUserWorkItem 的参数是类型为 WaitCallback 的委托，原型如下：

```
public delegate void WaitCallback(object state);
```

如果运行的线程不需要参数，可以使用 Lambda 表达式做一次转换，如代码清单 6-2 中第 1 行代码忽略掉 data 参数，直接在线程池中执行 ThreadFunc1 方法。如果任务需要接收启动数据，使用 QueueUserWorkItem 的另一个重载方法，将数据通过第二个参数传递过去，如代码清单 6-2 中第 2 行的参数 123。

代码清单 6-2　线程池使用示例

```
01 ThreadPool.QueueUserWorkItem(data => ThreadFunc1());
02 ThreadPool.QueueUserWorkItem(ThreadFunc2, 123);
03 Console.WriteLine(" 按任意键结束主线程! ");
04 Console.ReadLine();
```

代码清单 6-2 中第 1 行的 data 变量并没有用到，在使用 FxCop 等代码分析工具时可能会触发"未使用变量"的警告信息。而且既使变量未使用，如果编译器没有优化生成的代码的话，在运行时 CLR 还需要在栈上给变量分配空间。从 C# 7.0 开始可以使用弃元占位符（Discard）来代替该变量。弃元占位符是一个下划线"_"，当编译器看到这个占位符就会忽略对此变量的处理。如下面的代码与代码清单 6-2 中第 1 行的效果是一样的：

```
ThreadPool.QueueUserWorkItem(_ => ThreadFunc1());
```

方法里可以有多个弃元占位符。按照 C# 变量名的命名规则，"_"是一个合法的变量名。虽然笔者强烈反对将"_"作为变量名，但如果在方法里"_"已经定义为变量，需要注意变量名和弃元占位符的作用范围。关于弃元占位符的详细使用场景，有兴趣的读者参阅：https://docs.microsoft.com/zh-cn/dotnet/csharp/discards。

使用线程池执行任务和为任务创建单独线程的流程有一点不同。使用独立线程时需要调用 Start 实例方法启动线程，而使用线程池只要将任务加入任务队列就可以了，CLR 会自动进行任务调度。

6.2　多线程同步

当多个线程合作完成一个大任务时，线程之间的协调是很重要的，特别是线程之间需要共享信息时，就需要多线程同步技术。多线程同步技术可以分为以下几大类。

1）阻塞式等待：线程放弃当前剩余的时间片等待另一个线程。

2）锁机制：多个线程共享一段数据，但对共享数据的访问通过锁来控制。锁分为互斥锁（Exclusive Lock）和非排他性锁（Non Exclusive Lock）。互斥锁只允许同一时间有一个线程访问数据，而非排他性锁允许同一时间有多个线程。

3）通知机制：阻塞式等待和锁机制都要求等待的线程轮询被等待数据的状态。轮询会造成 CPU 资源的浪费。通知机制则允许线程通知其他等待线程改变状态，避免造成CPU 资源的浪费。

4）基于硬件的机制：CPU 等硬件内置了指令，以实现多线程同步。

6.2.1　阻塞式等待

Thread 类的 Sleep 和 Join 两个实例方法都属于此类型。Sleep 方法使调用线程盲目等待一段时间后再恢复执行。在等待的这段时间内，如果被等待的线程没有结束运行，则程序继续调用 Sleep 方法等待，或者采取其他策略。由于被调用线程的执行时间不固定，因此设置的等待时间一般会比较长，效率较低。Join 方法则是等待被调用线程结束才恢复执行。Task.Wait 方法的作用与 Join 方法类似，也是等待一个任务完成后恢复执行，因此它是一种粗粒度的同步，使用场景较为单一。对于需要将一个大任务分解成多个小任务，每个线程执行其中一个小任务，最后由主线程汇总结果的场景，适合使用这种同步方式。

例如，在指定范围内的数字中寻找质数的个数是一个耗时的操作，常规的提高效率的做法是将数字分片统计，每个线程负责一片，最后主线程统计结果。在使用多线程寻找质数之前，我们先看一下单线程的处理方式，如代码清单 6-3 所示。

代码清单 6-3　单线程在指定范围内寻找质数

```
// 源码位置：第 6 章 \BlockWaitingDemo.cs
// 编译方法：csc BlockWaitingDemo.cs
01 static int SingleThreadVersion(int end)
02 {
03     var range = new Range() { Begin = 1, End = end};
04     FindPrime(range);
05     return range.Primes.Count;
06 }
07
```

```
08 static void FindPrime(object state)
09 {
10     var range = state as Range;
11     for (var number = range.Begin; number <= range.End; ++number)
12     {
13         if (number < 2) continue;
14
15         var j = 2;
16         var isPrime = true;
17         while (j <= number / 2)
18         {
19             if (number % j == 0)
20             {
21                 isPrime = false;
22                 break;
23             }
24
25             j++;
26         }
27
28         if (isPrime)
29             range.Primes.Add(number);
30     }
31 }
```

代码清单 6-3 中主线程调用 FindPrime 方法在指定的数字范围内寻找质数。这个方法针对指定范围内的每一个数字都去判断其是否是质数，也就是第 11 ~ 30 行的循环所做的事情。

第 17 ~ 26 行的循环用来判断当前 number 变量的值是否为质数，从数值 2 开始循环，一直尝试到 number 值的一半。只要其中有一个数字 j 可以被整除，即第 19 ~ 23 行所做的判断，就表明 number 不是一个质数。否则就在第 28 ~ 29 行将这个质数保存再返回到 Primes 列表，以便上游方法统计质数的个数。

多线程版的优化中复用了 FindPrime 这个核心算法，只是为每个线程分配了一小段范围，分头寻找，最后汇总结果。

接下来，我们看一下如何使用 Join 方法同步多个寻找质数的线程，如代码清单 6-4 所示。

代码清单 6-4　使用 Join 方法同步多个寻找质数的线程

```
01 static int MultiThreadJoinVersion(int end, int threadCount)
02 {
03     var i = 0;
04     var step = end / threadCount;
05     var threads = new Thread[threadCount];
```

```
06        var ranges = new Range[threadCount];
07
08        for (; i<threadCount; ++i) threads[i] = new Thread(FindPrime);
09        for (i = 0;i<threadCount - 1; ++i)
10            ranges[i] = new Range() { Begin = i * step + 1, End = (i + 1) * step};
11        ranges[i] = new Range() { Begin = i * step + 1, End = end};
12
13        for (i = 0;i<threadCount; ++i) threads[i].Start(ranges[i]);
14        for (i = 0; i<threadCount; ++i) threads[i].Join();
15
16        return ranges.Sum(r =>r.Primes.Count);
17 }
```

从表面上看，代码清单 6-4 中 MultiThreadJoinVersion 方法比代码清单 6-3 中单线程版的 SingleThreadVersion 方法复杂得多。MultiThreadJoinVersion 方法通过 threadCount 参数指明要使用的线程数，然后在第 4 行根据寻找范围的大小和线程数分区。每个分区的大小由 step 变量表示。

第 5 ~ 6 行使用局部变量保存创建的线程和每个线程处理的范围，然后在第 8 行创建线程。每个线程都执行 FindPrime 方法，即执行的代码是相同的，只不过输入数据不同。

第 9 ~ 10 行的循环创建除最后一个线程之外，为其他线程初始化寻找的范围。

由于最终寻找的范围 end 和线程数 threadCount 无法整除，因此在第 11 行将剩下的部分全部分配给最后一个线程。

第 13 行启动所有线程，并在第 14 行使用 Join 方法等待所有线程结束运行。

最后第 16 行在主线程中统计所有线程的执行结果。图 6-1 演示了在不同线程数配置下，单线程和多线程版本的速度对比。

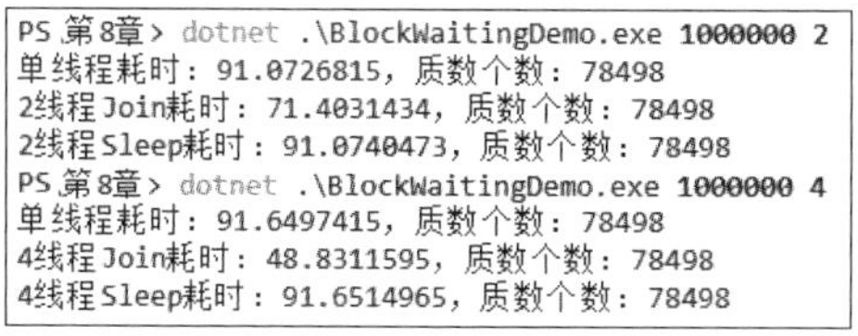

```
PS 第8章 > dotnet .\BlockWaitingDemo.exe 1000000 2
单线程耗时: 91.0726815, 质数个数: 78498
2线程Join耗时: 71.4031434, 质数个数: 78498
2线程Sleep耗时: 91.0740473, 质数个数: 78498
PS 第8章 > dotnet .\BlockWaitingDemo.exe 1000000 4
单线程耗时: 91.6497415, 质数个数: 78498
4线程Join耗时: 48.8311595, 质数个数: 78498
4线程Sleep耗时: 91.6514965, 质数个数: 78498
```

图 6-1　多线程和单线程版速度对比

6.2.2　锁

前面介绍了最基础的线程同步方法，即通过分而治之的方法，将一个大任务分解成多个小任务，由多个子线程在操作系统内抢占 CPU 的时间片，从而提高执行效率。如果多个线程需要同时读写共享数据，就需要更精致的同步方式。现代 CPU 通常只计算寄存器中的数据，当正在执行的指令要使用的数据不在寄存器时，需要从内存中将该数据加载到寄存器。计算结果也需要独立的指令从寄存器保存到内存中。当多个线程读写共享数据时，就会发生问题。以两个线程为例，线程 A 和 B 先后将共享数据 D 加载到各自的寄存器中（假设此时数据 D 的值为 1），接着两个线程分别独立累加寄存器中 D 的值（这时两个线程寄存器中 D 的值都是 2），最后两个线程先后将寄存器中 D 的值回写到内存，这样导致最终 D 的值为 2，而不是期望的 3，这个问题也叫线程竞争问题。

代码清单 6-5 重现了线程竞争问题，两个线程都执行 IncrementNoLock 方法。而这个方法在第 3 ~ 4 行对一个公共变量 _count 循环累加 _loopCount 次。参数 _loopCount 通过命令行传入。图 6-2 显示了不加锁执行 10000000 次累加的结果。可以看到，结果离期望值 20000000 差很多，而且每次执行结果是随机的。这是因为线程调度是随机的。

代码清单 6-5　不加锁在多线程中更新共享数据的问题

```
// 源码位置：第 6 章 \LockBasic.cs
// 编译方法：csc LockBasic.cs
01 static void IncrementNoLock()
02 {
03     for (var i = 0; i < _loopCount; ++i)
04         _count++;
05 }
06 // ... 省略其他代码 ...
07 var thread1 = new Thread(IncrementNoLock);
08 var thread2 = new Thread(IncrementNoLock);
09
10 thread1.Start();
11 thread2.Start();
12
13 thread1.Join();
14 thread2.Join();
15 Console.WriteLine($" 两个线程不同步累加的结果：{_count}。");
```

```
第8章 > dotnet .\LockBasic.exe 10000000
两个线程不同步累加的结果：13914109，耗时：0.0830252s。
两个线程使用lock子句累加的结果：20000000，耗时：0.5082977s。
两个线程使用Monitor累加的结果：20000000，耗时：0.4856925s。
两个线程使用Interlocked累加的结果：20000000，耗时：0.4052109s。
单线程累加的结果：20000000，耗时：0.0478821s。
```

图 6-2　线程加锁和不加锁访问共享数据的对比

要解决线程竞争问题，我们需要在多个线程中控制对共享数据的访问顺序，就像管理十字路口的交通，需要一个红绿灯有序地控制多条道路的车流。在多线程中，这个红绿灯就是锁（Lock）。.NET 提供了在进程内进行多线程同步的锁，也提供了跨进程、多线程同步的锁。

1. Monitor 类型和 lock 关键字

在 .NET 中，Monitor 类型是用户态的锁，只能适用于单个进程内的多线程同步访问共享数据的场景。这个类型的成员方法都是静态方法，其中最基本也最常用的方法是 Enter 和 Exit 组合。线程调用 Enter 方法来尝试获得共享数据的访问权（即访问锁）。当使用完共享数据后，调用 Exit 方法释放锁的控制权。如果其他线程正在占用共享数据，Enter 方法会阻塞当前线程，直到占用共享数据的线程执行结束。

代码清单 6-6 演示了使用 Monitor 同步多线程的常见做法。

代码清单 6-6　使用 Monitor 同步多线程

```
// 源码位置：第 6 章 \LockBasic.cs
// 编译方法：csc LockBasic.cs
01 private static object _countLock = new object();
02
03 static void IncrementMonitor()
04 {
05     for (var i = 0; i < _loopCount; ++i)
06     {
07         bool lockTaken = false;
08         try
09         {
10             Monitor.Enter(_countLock, ref lockTaken);
11             _count++;
12         }
13         finally
14         {
15             if (lockTaken) Monitor.Exit(_countLock);
16         }
17     }
18 }
```

在第 11 行访问共享数据 _count 前，先在第 10 行调用 Enter 方法执行准入控制。如果没有线程正在使用该数据，则当前线程直接进入第 11 行进行操作，否则就阻塞在第 10 行。使用完该数据后，在第 15 行调用 Exit 方法释放锁的控制权。

代码清单 6-6 中还有一个变量 lockTaken，其用来记录当前线程是否获取到数据访问权。在极少数情况下，Monitor.Enter 的调用会抛出异常。如果第 15 行不判断当前线程是否获得锁的控制权就进行释放操作，会导致进一步的错误。为了避免在处理共享数据时发生异常，将 Exit 方法的调用放在 finally 块中，如第 13 ~ 16 行，保证线程在任何情况下都会释放锁资源。

　　Monitor.Enter 方法的第一个参数——锁，其类型定义是 object，也就是说锁对象只能是引用类型。如果要保护的数据是一个值类型，那么需要额外为其定义一个锁对象，如代码清单 6-6 中的锁对象 _countLock 是一个空的 object 对象。如果要保护的数据本身就是一个引用类型，则可以直接将其用作锁，也就是直接将该数据的对象实例作为参数传递给 Enter 和 Exit 方法。

　　Enter 和 Exit 方法通常结对出现，因此 C# 提供了 lock 关键字作为简化它们的语法糖。

　　代码清单 6-7 的作用与代码清单 6-6 完全相同，C# 编译器会自动将第 7 ~ 10 行的 lock 语句块翻译成与代码清单 6-6 中第 7 ~ 16 行相同的语句块，而 lock 中锁定的对象 _countLock 则会当作 Monitor 类型的 Enter 和 Exit 方法的参数传递进去。

代码清单 6-7　使用 lock 关键字进行多线程同步

```
01 private static object _countLock = new object();
02
03 static void IncrementLocked()
04 {
05     for (var i = 0; i < _loopCount; ++i)
06     {
07         lock (_countLock)
08         {
09             _count++;
10         }
11     }
12 }
```

2. Interlocked 类型

　　如果一个操作不受多线程影响，这个操作被称为原子操作。在现代 CPU 中，只需要一次内存访问就能完成读写的操作可以看作是原子操作，如读写 8 字节以内的数据可以看成是原子操作。给一个布尔值变量赋值，布尔值只需要占用 1 字节，但不同编程语言的编译器，甚至同一个编程语言的不同编译器会对其进行不同的处理。一种编译优化做法是将多个布尔变量合并到一个 4 字节或者 8 字节的内存区域，以便与内存总线的读写操作对齐。当两个线程需要对这个内存区域的两个布尔变量赋值的时候，就会发生竞争问题。

　　为了避免上述问题发生，当多个线程共享的数据只是一个变量，特别是 int、double 等简单类型的变量，可以使用 CPU 内置的线程同步指令来实现原子操作。在 .NET 中，Interlocked 类型封装了这些指令。代码清单 6-8 展示了如何使用 Interlocked 进行同步。

代码清单 6-8　使用 Interlocked 进行同步

```
01 static void InterlockedIncrement()
02 {
03     for (var i = 0; i < _loopCount; ++i)
04     {
05         Interlocked.Increment(ref _count);
06     }
07 }
```

代码清单 6-8 的效果与代码清单 6-7 使用 Monitor 类型的锁进行线程同步的效果相同，但相对来说代码清单 6-8 的性能会更好一些，这是因为第 5 行直接使用了 CPU 的指令，去掉了创建锁和进行同步检查的额外损耗。

第 5 行虽然看起来是一个非常复杂的操作，既有 Increment 方法调用，又有通过 ref 关键字将累加的结果保存到 _count 变量里。Increment 方法甚至将累加的值返回。如果在调试器里查看实际生成的代码（如图 6-3 所示），可以看到 Increment 方法调用实际上简化成一个 lock xadd 指令，而 CPU 会确保 lock xadd 指令保护的指令不受其他线程影响。lock xadd 指令将 eax 寄存器中的值与 rcx 寄存器指向的内存位置的值互换，并将两者相加，相加的结果保存到 rcx 寄存器指向的内存中。指令执行完毕后，eax 寄存器保存了 _count 累加之前的值，而 rcx 寄存器保存了 _count 累加之后的值。

```
00007FF894DDF4FF    int            3
00007FF894DDF500    nop            dword ptr [rax+rax]
00007FF894DDF505    mov            eax,1
00007FF894DDF50A    lock xadd      dword ptr [rcx],eax
00007FF894DDF50E    inc            eax    |
00007FF894DDF510    ret
00007FF894DDF511    int            3    ▶|
```

图 6-3　Interlocked.Increment 对应的机器代码

在 Interlocked 的 Increment 方法返回前，使用 inc 指令对 eax 值累加。由于 inc 指令可直接操作寄存器，不受多线程影响，因此其是一个原子操作。在 Increment 方法调用返回时，返回值通常保存在 eax 寄存器中，最后 ret 指令返回到调用端，结束方法调用。

3. Mutex 类型

Monitor 类型只能在进程内部的多个线程之间同步。如果需要在多个进程的线程间同步，我们需要用到 Mutex 类型。由于 Mutex 类型支持跨进程同步，因此使用 Mutex 类型的时间消耗要远远超过只支持进程内同步的 Monitor 类型。代码清单 6-9 演示了使用 Mutex 跨进程同步的做法。

代码清单 6-9　Mutex 类型使用基本示例

```
// 源码位置: 第 6 章 \MutexDemo.cs
// 编译方法: csc MutexDemo.cs
01 public static void Main()
02 {
03     // 在 Mac/Linux 上, Mutex 名称需要加上 "Global\" 才能被当作系统级别
04     var mutex=new Mutex(false,"Global\\MutexExample",out bool mutexWasCreated);
05     Console.WriteLine($" 尝试获取锁! 是否新建: {mutexWasCreated}");
06     var ret = mutex.WaitOne();
07
08     Console.WriteLine($" 使用共享资源, ret = {ret}");
09     Console.ReadLine();
10
11     mutex.ReleaseMutex();
12     Console.WriteLine(" 释放锁! ");
13 }
```

第 4 行通过 Mutex 构造方法的其中一个重载版本来创建系统级别的锁, 也就是多进程可见的 Mutex 对象。当系统中没有同名的 Mutex 对象存在时, 系统会创建一个新的, 否则会复用已经存在的对象。构造方法的第一个参数 initiallyOwned 如果设置为 true, 指明当需要创建新的 Mutex 对象时, 当前进程拥有 Mutex 对象锁, 可以访问共享资源。如果想要同步的多个进程使用相同的代码创建 Mutex 对象, 通常将该参数设置为 false, 否则第一个进程获取 Mutex 锁后, 将会无限期阻止其他进程获取这个锁, 即使第一个进程释放了锁也无法唤醒其他进程。只有进程之间有主从关系, 系统才可以根据需要指派主进程在创建 Mutex 对象时拥有锁资源, 而多个子进程通过这个对象进行同步。

Mutex 构造方法的第二个参数是锁的名字, 用于在系统中唯一标识这个锁。在 Mac 和 Linux 系统中, 我们需要在名字前面加上 " Global\" 前缀, 这个锁才会被创建为系统级别的锁。而在 Windows 系统上, 只要是唯一的名字即可。为了避免与别的名字混淆, 建议使用与命名空间类似的命名规则, 并通过添加域名来唯一标识 Mutex 对象。

Mutex 构造方法的第三个参数 out 用来返回当前 Mutex 对象是否是新建的锁, 只有第一个创建锁的进程获得的返回值是 true。

图 6-4 和图 6-5 分别演示了代码清单 6-9 的运行效果。当第一个进程 (左边的进程) 访问共享资源时, 第二个进程 (右边的进程) 会被阻塞在获取 Mutex 锁的地方, 如图 6-4 所示。

图 6-4　多进程通过 Mutex 对象同步 (一)

在第一个进程的窗口中按回车键释放锁之后, 第二个进程会被释放, 获得共享资源

的访问权，如图 6-5 所示。

图 6-5 多进程通过 Mutex 对象同步（二）

有时需要系统中只有一个进程实例在运行，如很多采用主从多进程架构的服务器应用，就需要保证系统中只有一个主进程实例在运行。在 Linux 系统中，一般通过创建 pid 文件的方式来控制，即主进程的第一个实例将自己的进程 ID 写入临时文件，当其他实例看到这个文件存在时就退出执行。.NET 也可以使用 Mutex 来实现类似的效果。代码清单 6-10 演示了通过 Mutex 构造方法中的 out 参数来判断获得的锁对象是否为新建的对象，如果是新建的，说明当前进程是第一个实例，否则退出执行。

代码清单 6-10　使用 Mutex 控制系统中只有一个进程实例运行

```
01 public static void Main()
02 {
03     using (var mutex = new Mutex(
04         false, "Global\\MutexExample", out bool mutexWasCreated))
05     {
06         if (mutexWasCreated)
07         {
08             Console.WriteLine(" 进程在系统中是第一个实例，运行程序 ");
09             Console.ReadLine();
10         }
11         else
12         {
13             Console.WriteLine(" 系统中已经有实例在运行了！ ");
14         }
15     }
16 }
```

4. 旗语

Monitor 和 Mutex 锁一次只允许一个线程访问共享资源，因此它们也被称为互斥锁。旗语（Semaphore）允许不超过指定数量的线程同时访问共享资源。当共享资源包含多个可独立访问的资源时，旗语非常适合。例如，为了避免 DDoS 攻击，很多 SaaS 服务的二次开发 API 通常只允许一个客户端发起有限个数的请求。客户端如果采用多线程调用 API，则可能会被服务器端屏蔽。此时，旗语可以很好地解决这个问题。

.NET 中有两个版本的旗语，分别是系统级的、支持跨进程同步的 Semaphore 以及只能在进程内部使用的 SemaphoreSlim。前者虽然功能强大，但性能损耗较后者大。由于两个版本的旗语使用方法类似，所以本书以 SemaphoreSlim 为例进行介绍。代码清单 6-11 演示了使用 Semaphore 限制 API 的并发调用的方法。

代码清单 6-11　使用 Semaphore 限制 API 的并发调用

```
// 源码位置：第 6 章 \SemaphoreLimitCallDemo.cs
// 编译命令：csc /debug SemaphoreLimitCallDemo.cs
01 const int MAX_CALL_COUNT = 9;
02 static SemaphoreSlim s_limitedCallSemaphore =
03     new SemaphoreSlim(MAX_CALL_COUNT);
04
05 static void Main(string[] args) {
06     var random = new Random();
07     var rounds = int.Parse(args[0]);
08     var threads = new List<Thread>();
09
10     for (var i = 0; i < rounds; ++i) {
11         var threadCount = random.Next(5, 30);
12         for (var j = 0; j < threadCount; ++j) {
13             threads.Add(new Thread(LimitedCallThread));
14             threads[threads.Count - 1].Start();
15         }
16
17         Console.WriteLine($" 当前启动了 {threadCount} 个线程 " +
18             $" 共启动 {threads.Count} 线程！ ");
19         Thread.Sleep(random.Next(100, 1000));
20     }
21
22     foreach (var thread in threads) thread.Join();
23 }
24
25 static void LimitedCallThread() {
26     s_limitedCallSemaphore.Wait();
27     try {
28         LimitedCall();
29     } finally {
30         s_limitedCallSemaphore.Release();
31     }
32 }
33
34 static int s_currentCalls = 0;
35 static object s_calllock = new object();
36 static void LimitedCall() {
37     var callcount = 0;
38     lock (s_calllock) {
39         s_currentCalls++;
```

```
40          if (s_currentCalls > MAX_CALL_COUNT)
41              throw new InvalidOperationException("调用超限！");
42          callcount = s_currentCalls;
43      }
44
45      Console.WriteLine($"执行调用，当前是第{callcount}次调用！");
46      Thread.Sleep(new Random().Next(500, 2000));
47      lock (s_calllock) s_currentCalls--;
48  }
```

第 36 行的 LimitedCall 是调用受限 API 的方法。为了模拟调用次数受限的场景，第 34 行定义了记录当前调用 LimitedCall 方法的线程数量的跟踪变量 s_currentCalls。由于 LimitedCall 同时会被多个线程调用，因此额外定义了同步锁 s_calllock 来同步 s_currentCalls 的数据更新。

第 38 ~ 43 行在实际调用受限 API 之前，先更新 API 当前被同步调用的计数，如果第 40 行判断其超过了受限的并发数，则抛出异常拒绝调用。由于离开 lock 语句块后，对 s_currentCalls 的访问就处于线程竞争状态，因此需要使用局部变量 callcount 缓存当前线程调用 LimitedCall 方法的计数。

第 46 行模拟了实际的 Web 服务 API 的调用，最后 API 调用执行完毕后，在另一个 lock 语句块中递减访问计数，表示完成了一次调用。

为了控制并行调用 LimitedCall 的线程数，第 2 行的 s_limitedCallSemaphore 旗语对象采用了参数的构造方法。参数 initialCount 用于设置能够同时访问共享资源的线程数，因为受限 API 只允许同时有 9 次调用，所以该值设置为 9。

第 25 行定义了可以并行调用 LimitedCall 方法的线程。在调用 LimitedCall 方法之前，第 26 行用 Wait 方法等待可用的旗语锁资源，获得锁之后再调用受限的 API。调用完成后，使用 Release 方法释放锁资源，以便其他线程使用。LimitedCall 是外部定义的 Web 服务，调用过程中很可能会有异常抛出，因此第 30 行的释放操作放在 finally 块中执行，确保旗语锁能够及时释放。

第 10 ~ 20 行的两层 for 循环随机创建一些线程。线程分几轮创建，轮与轮之间随机中断一段时间，同时模拟客户端不停地向服务器端发起调用请求。编译执行示例程序，会看到随着时间的推移，虽然创建的线程越来越多，但是同时调用 LimitedCall 方法的线程数量一直控制在 9 个或 9 个以内。

利用旗语，除了可以用在线程间协调访问多个共享资源之外，还可以用在生产者和消费者（Producer-consumer Model）的协作模式中。这种模式使生产者和消费者在不同的线程中执行，以便提高性能。但随之而来的问题是，要么消费者线程处理的速度小于生产者线程处理的速度，导致消费者线程"撑死"，要么就是生产者线程生产数据的速度不够快，导致消费者线程"饿死"。解决这种问题的一个办法是利用锁同步，即当生产者速度过快时，阻塞生产者线程，以降低其生产速度；当消费者线程消费速度过快时，阻塞消费者线程，将其占用的 CPU 时间片让给其他线程。代码清单 6-12 展示了使用 Semaphore 控制生产和消费者的同步速度。

代码清单 6-12　使用 Semaphore 控制生产者和消费者的同步速度

```
// 源码位置: 第 6 章 \SemaphoreMolecureDemo.cs
// 编译命令: csc /debug SemaphoreMolecureDemo.cs
01 static int s_molecures = 0;
02 const int MAX_WATER_MOLECURE_COUNT = 10;
03 static SemaphoreSlim s_hydrogenSemaphore = new SemaphoreSlim(1);
04 static SemaphoreSlim s_oxygenSemaphore = new SemaphoreSlim(2);
05 static object s_lock = new object();
06
07 static void Main() {
08     var threadCount = 5;
09     var hydrogenThreads = new Thread[threadCount * 2];
10     var oxygenThreads = new Thread[threadCount];
11     for (int i = 0; i < hydrogenThreads.Length; ++i)
12         hydrogenThreads[i] = new Thread(HydrogenProductionThread);
13     for (int i = 0; i < oxygenThreads.Length; ++i)
14         oxygenThreads[i] = new Thread(OxygenProductionThread);
15
16     for (int i = 0; i < hydrogenThreads.Length;++i) hydrogenThreads[i].Start();
17     for (int i = 0; i < oxygenThreads.Length; ++i) oxygenThreads[i].Start();
18
19     for (int i = 0; i < oxygenThreads.Length; ++i) oxygenThreads[i].Join();
20
21     Console.WriteLine($" 总共生产 {s_molecures} 个水分子! ");
22     for (int i = 0; i < hydrogenThreads.Length;++i) hydrogenThreads[i].Abort();
23 }
24
25 static void HydrogenProductionThread() {
26     while (true) {
27         Thread.Sleep(new Random().Next(500, 1000));
28         s_hydrogenSemaphore.Release();
29         s_oxygenSemaphore.Wait();
30     }
31 }
32
33 static void OxygenProductionThread() {
34     while (true) {
35         s_hydrogenSemaphore.Wait();
36         s_hydrogenSemaphore.Wait();
37
```

```
38          lock (s_lock) {
39              if (s_molecures >= MAX_WATER_MOLECURE_COUNT) break;
40              s_molecures++;
41          }
42
43          s_oxygenSemaphore.Release();
44          s_oxygenSemaphore.Release();
45      }
46 }
```

代码清单 6-12 用模拟生产水分子的方法演示了旗语锁协调生产者和消费者线程。水分子由两个氢原子和一个氧原子组成，因此示例代码里生产氢原子的线程数是生产氧原子线程数的两倍。要生产一个水分子，需要系统至少生产两个氢原子和一个氧原子。为了保证这个约束条件，第 3 行和第 4 行分别创建了用于控制氢原子和氧原子生产速度的旗语锁。

由于生产氢原子的线程数量多一倍，因此每个线程只需要生产一个氢原子即可，并等待系统中至少有一个氧原子被生产，然后消耗这个新生成的氧原子并继续生产氢原子。第 25 行的生产氢原子线程 HydrogenProductionThread 就是采用这种方式运行的。第 26 ~ 30 行是一个循环生产氢原子的过程，直到进程被终止。第 27 行将线程随机中断一段时间以模拟生产过程的耗时。第 28 行是释放控制氢原子生产过程的旗语锁，告诉系统中有一个新的氢原子生成了。第 29 行是等待氧原子生产过程的旗语锁，等系统中有一个氧原子创建后再继续生产氢原子。

第 33 行的氧原子生产线程复杂一些，首先循环创建氧原子，在第 38 ~ 41 行的 lock 语句判断当前已经生产的水分子，当判断到已经生产最大数目的水分子后，就停止生产。因为有多个线程在同时生产氧原子，所以使用 lock 关键字保护对系统当前水分子数量的更新。在生产氧原子之前，首先需要等待系统中至少有两个氢原子，因此第 35 ~ 36 两行的 Wait 方法执行这个等待操作。如果需要继续生产水分子，则释放控制氧原子生产的旗语锁，通知系统中有一个氧原子生成了。由于有两个氢原子生产线程在同时等待这个通知，即 s_oxygenSemaphore 支持最多两个线程同时访问共享资源，因此执行了两次 Release 方法通知这两个线程。

最后在 Main 方法的第 13 ~ 14 行启动一定数量的氧原子生产线程，并在第 11 ~ 12 行启动双倍数量的氢原子生产线程。由于氢原子生产线程没有退出条件，因此第 22 行在生产了足够数量的水分子之后，使用 Abort 方法强行中断氢原子线程。

5. ReaderWriterLock

在一些多线程编程场景里，可能只有部分线程负责修改共享的数据，而其他线程只读取该共享数据。在这种场景里，我们只需要在修改数据时允许一个线程修改，并阻止其他线程读写数据。在没有数据修改的情况下，我们应该允许多个线程同时读取数据。lock 语句无法实现这个要求，当一个线程获取锁资源读取数据时，其他线程即使只是读取数据也会因为没有锁权限而失败。ReaderWriterLock 类型就是为此而创建的。特别是在数据更新不频繁的情况下，ReaderWriterLock 相对于 lock 语句能够提供更好的性能。

6.2.3　信号

多线程同步机制除了在协调线程被动等待其他线程释放锁之外，还允许线程主动唤醒其他等待的线程，这个机制就是信号（Signal）。.NET 中定义了几种信号机制，我们逐个来讨论一下它们的用法。

1. 可重置事件

可重置事件（Reset Event）包括 AutoResetEvent 和 ManualResetEvent 两个类型。它们都可以用于向其他线程主动发送信号，其中 AutoResetEvent 类似自动闸机，当一个或多个线程收到闸机开启信号并通过后，闸机自动关闭，直到有线程再次开启信号。ManualResetEvent 则类似门，发送信号的线程打开门并允许一个或多个线程通过，需要任意一个线程手动将门关闭。关闭门的线程不一定是打开门的线程。

AutoResetEvent 和 ManualResetEvent 都继承自 EventWaitHandler。EventWaitHandler 的构造方法中有几个重载版本接收 EventResetMode 参数。因此，这两个可重置事件都有两种方法来创建实例，一种是通过本类型的构造方法，如：

```
var are = new AutoResetEvent(false);
```

另一种则是通过 EventWaitHandler 构造方法，如：

```
var are = new EventWaitHandle(false, EventResetModel.AutoReset);
```

两个语句的效果类似，都是创建一个可自动重置的线程信号实例。观察 EventWaitHandle 构造方法的重载列表，其有一个重载声明，具体如下：

```
public EventWaitHandle(bool initialState, EventResetMode mode, string name);
```

第三个参数 name 是一个字符串类型，可用于给可重置事件对象命名。如果可重置对象有名字的话，那么它就是系统级的同步机制，即可以跨进程同步线程。当然，随之带来的就是性能损耗很大。

代码清单 6-13 是一个实际场景的案例。在网络通信中，双方在实际传输数据之前通常会执行握手操作，以便确认双方使用的通信协议兼容。而握手过程的快慢视网络速度而定。在执行这个操作的时候，进程可以同步进行其他初始化操作。

代码清单 6-13　使用 AutoResetEvent 进行线程间通知

```
// 源码位置：第 6 章 \EventHandleDemo.cs
// 编译命令：csc /debug EventHandleDemo.cs
01 private static AutoResetEvent s_notifyEvent = new AutoResetEvent(false);
02
03 public static void Main(string[] args)
04 {
05     new Thread(DoNetworkThread).Start();
06     new Thread(ProcessDataThread).Start();
07     new Thread(LoadDataThread).Start();
08 }
09
10 private static void DoNetworkThread()
11 {
12     Console.WriteLine("[DoNetworkThread] 执行网络握手协议！");
13     Thread.Sleep(new Random().Next(500, 2000));
14     s_notifyEvent.WaitOne();
15     Console.WriteLine("[DoNetworkThread] 通过网络传输数据！");
16 }
17
18 private static void ProcessDataThread()
19 {
20     s_notifyEvent.WaitOne();
21     Console.WriteLine("[ProcessDataThread] 处理数据！");
22 }
23
24 private static void LoadDataThread()
25 {
26     Console.WriteLine("[LoadDataThread] 加载数据！");
27     Thread.Sleep(new Random().Next(600, 3000));
28     s_notifyEvent.Set();
29     s_notifyEvent.Set();
30 }
```

代码清单 6-13 中第 10 行定义的线程 DoNetworkThread 用来执行握手和网络通信，第 18 行的 ProcessDataThread 则在进程加载完数据后，再初始化数据。这两个线程都依赖线程 LoadDataThread 完成初始化工作。

首先在 1 行创建一个 AutoResetEvent 实例，传递给其构造方法的参数是 false，表示新建的实例是信号未激活状态，类似闸机的关闭状态。由于 DoNetworkThread 和 ProcessDataThread 两个线程需要等待初始化完成，因此它们分别在第 14 行和第 20 行调用 WaitOne 方法等待信号激活的通知。但握手可以和数据初始化同步进行。我们将握手放在 WaitOne 方法调用之前，即第 12 ～ 13 行这两个语句。

初始化数据的线程完成初始化之后，第 28 ～ 29 行两次执行 Set 方法进行通知。之所以调用两次 Set 方法，是因为第一次通知后，信号自动从激活状态转换到未激活状态，也就是只能通知到一个线程。类似自动闸机在有一个人通过后，自动关闭。

代码清单 6-13 中的例子也可以采用 ManualResetEvent 实现，大部分代码与采用 AutoResetEvent 的版本一致，除了第 29 行的调用。由于 ManualResetEvent 实例的信号一旦被激活，需要手工执行 Reset 方法将信号的状态重置，因此只要在第 28 行调用一次 Set 方法就可以了，即第 29 行的调用可以删掉。

AutoResetEvent 和 ManualResetEvent 都是操作系统级别的信号资源，创建和使用对资源的消耗都比较大，因此 .NET 4.0 开始提供 ManualResetEventSlim 优化版本。其只能在进程内部使用，但消耗的资源更低，并且使用方法相同。

2. CountDownEvent

代码清单 6-4 使用多线程分解复杂任务时，首先每个线程在一小段数字范围内寻找质数的个数，然后主线程用 Join 方法将子线程的结果汇总得到最终结果，这是一种常见的并行编程模式：分叉与汇合（fork/join）模式。但在 .NET 4.0 之前只能用几种方法实现这种模式。

1）使用类似代码清单 6-4 创建子线程并等待结果的方式，这种方式的问题是创建线程极其损耗资源。由于线程由自己独立的栈来保存方法的参数值和局部变量，因此 CLR 需要针对每个线程分配一定的内存空间来保存栈上的数据。过多的线程除了造成频繁地上下文切换，对内存的消耗也是很大的。

2）使用 ManualResetEvent 在子线程中通知主线程，并通过 Interlocked 类维护一个计数器，等待所有子线程完成计算。但这种方式实现起来比较烦琐，在稍微复杂的场景里处理不好就会导致线程竞争和其他问题发生。

.NET 4.0 开始引入了几个新的线程同步类型，其中 CountDownEvent 类型是为支持分叉与汇合并行模式引入的。CountDownEvent 类型在创建时会初始化一个数字，指明需要等待的分叉任务数，每当一个任务完成后，使用 Signal 方法触发一次信号，将这个数字减 1。当数字为 0 时，等待的线程从阻塞状态唤醒，继续后面的汇总处理。代码清单 6-14 使用 CountdownEvent 来汇总寻找质数的子线程。

代码清单 6-14　使用 CountdownEvent 汇总寻找质数的子线程

```
// 源码位置: 第 6 章 \CounterDownFindPrimeDemo.cs
// 编译命令: csc CounterDownFindPrimeDemo.cs
01 static int CountDownVersion(int end, int threadCount)
02 {
03     var i = 0;
04     var step = end / threadCount;
05     var ranges = new Range[threadCount];
```

```
06
07      for (i = 0 ; i < threadCount - 1; ++i)
08          ranges[i] = new Range() { Begin = i * step + 1, End = (i + 1) * step};
09      ranges[i] = new Range() { Begin = i * step + 1, End = end};
10
11      var cde = new CountdownEvent(threadCount);
12      for (i = 0 ; i < threadCount; ++i)
13      {
14          ThreadPool.QueueUserWorkItem(state => {
15              FindPrime(state);
16              cde.Signal();
17          }, ranges[i]);
18      }
19      cde.Wait();
20
21      return ranges.Sum(r => r.Primes.Count);
22  }
```

相对于代码清单 6-4 的版本，代码清单 6-14 有几个地方有变化。

1）代码清单 6-14 是使用线程池来执行子任务，而不是通过创建子线程来执行子任务。在这个例子中，子线程使用 CountdownEvent 进行结果汇总的意义不大。汇总的工作可以由 Join 方法完成，而线程池中的线程会持续运行。CountdownEvent 更适合用在线程池中的线程执行结果汇总场景里。

2）第 11 行创建 CountdownEvent 对象，初始化等待的任务数 threadCount 由用户在命令行中传入。

3）第 12～18 行的循环将子任务添加到线程池的任务队列中，子任务的工作由第 14 行的 Lambda 表达式描述。

4）第 15 行执行具体的在指定范围内统计质数的工作，执行完毕后在第 16 行调用 CountdownEvent 实例的 Signal 方法，并通知等待的主线程有一个子任务已经完成。

5）主线程则在第 19 行等待所有的子任务完成后，接着汇总统计。

CLR 在进程启动时会给线程池预先创建一些线程。采用 CountdownEvent 进行子任务同步的版本比采用 Join 方法同步子线程的版本速度还要快一点（如图 6-6 所示），这可能是因为去掉了创建线程的开销，提高了执行效率。

图 6-6　CounterDownEvent 和 Join 方法两个版本的执行效率对比

6.2.4   屏障

CounterDownEvent 可以让主线程等待所有子任务完成。如果需要在子任务之间互相等待，则需要使用 Barrier 类型。顾名思义，Barrier 类型像一个屏障（或者说栅栏）将所有线程挡住，当所有线程都同步到栅栏这个位置后开启栅栏，允许所有线程继续向前执行。图 6-7 总结了 CounterDownEvent 和 Barrier 的区别。

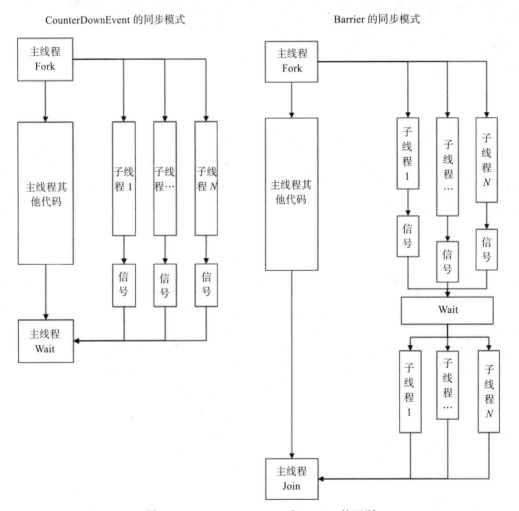

图 6-7   CounterDownEvent 和 Barrier 的区别

图 6-7 左边的 CounterDownEvent 的使用模式是典型的 Fork/Join 模式，即主线程派生（Fork）几个子任务，接着使用 Wait 方法等待所有子任务完成，并最后汇总。而右边的 Barrier 类型的使用场景中，主线程创建几个子任务后，所有任务预先约定一个同步的里

程碑。每个子任务并行执行自己的工作，当有子任务到达预定的同步里程碑，执行 Signal 方法广播并使用 Wait 方法等待其他子任务。所有任务都到达同步里程碑后，再继续分头执行后续里程碑的工作。Barrier 类型适合用在任务需要多次里程碑进行同步的场景。子任务可以通过新建的线程执行，也可以在线程池中运行。对于第一种情形，主线程通过 Join 方法等待所有子任务结束；对于第二种情形，主线程可以使用 CounterDownEvent 等待所有子任务结束。

以项目开发为例，一个项目需要分解成很多子任务并由多个成员协作完成。每个成员可以看成是一个独立的线程，成员根据当前项目处于的阶段执行相应的任务。项目的每个阶段一般使用里程碑描述。在规范的瀑布式开发流程中，只有退出一个里程碑，才会进入下一个里程碑的开发。不同的里程碑需要不同的角色参与，如需求分析阶段只需要项目经理和需求工程师参与即可，而代码开发阶段不需要需求工程师介入，但要引入开发团队，最后的功能稳定阶段需要开发团队和测试团队合作，而项目经理需要参与项目的所有过程。

代码清单 6-15 使用线程池的线程模拟项目开发中的成员，使用 Barrier 模拟里程碑同步进度。随着项目的推进，不同的成员会加入或退出。模拟程序在运行时会根据当前即将进入的里程碑的要求，动态地增减协作的线程。

代码清单 6-15　Barrier 使用示例

```
// 源码位置: 第 6 章 \BarrierDemo.cs
// 编译命令: csc /debug BarrierDemo.cs
01 int pmCount = 1, baCount = 1, devCount = 4, qaCount = 2;
02 var milestones = new string[] { "需求分析", "代码编写", "功能稳定" };
03 var milestone = new Barrier(pmCount, p =>
04     Console.WriteLine($" 完成阶段: {p.CurrentPhaseNumber}-" +
05                       $"{milestones[p.CurrentPhaseNumber]}"));
06
07 milestone.AddParticipants(baCount);
08 for (var i = 0; i < baCount; ++i) {
09     ThreadPool.QueueUserWorkItem(state => {
10         Console.WriteLine($"BA-{state}: 完成需求分析的编写! ");
11         milestone.SignalAndWait();
12     }, (i + 1));
13 }
14 milestone.SignalAndWait();
15 milestone.RemoveParticipants(baCount);
16
17 milestone.AddParticipants(devCount);
18 for (var i = 0; i < devCount; ++i) {
19     ThreadPool.QueueUserWorkItem(state => {
20         Console.WriteLine($"Dev-{state}: 完成代码编写! ");
```

```
21            milestone.SignalAndWait();
22            Console.WriteLine($"Dev-{state}: 完成测试！");
23            milestone.SignalAndWait();
24    }, (i + 1));
25 }
26 milestone.SignalAndWait();
27 // Console.WriteLine($" 到达代码编写里程碑！");
28 milestone.AddParticipants(qaCount);
29 for (var i = 0; i < qaCount; ++i) {
30     ThreadPool.QueueUserWorkItem(state => {
31            Console.WriteLine($"Qa-{state}: 完成测试！");
32            milestone.SignalAndWait();
33    }, (i + 1));
34 }
35 milestone.SignalAndWait();
```

第 3 行创建了 Barrier 实例。Barrier 构造方法的第一个参数指定要同步的线程数，因为项目一开始只有项目经理在负责，所以传入的参数值是 1，表示只要等待一个线程同步。

如果只有一个线程需要同步，显然没有同步的意义，因此后面的代码需要视当前代码所处的阶段动态增减线程。Barrier 的 AddParticipant 方法和其复数形式的 AddParticipants 方法分别用于增加一个或多个需要同步的线程，而 RemoveParticipant 方法和其复数形式的 RemoveParticipants 方法用于删除一个或多个线程。由于项目的第一个阶段是需求分析阶段，所以第 7 行将所有需求分析工程师的线程添加进来，并在第 8 ~ 13 行的循环中为每个需求分析师，即线程池中的线程分配了需求分析任务。

第 10 行模拟每个需求分析师的线程得到的任务，打印一条消息表示本线程完成了自己的任务，然后在第 11 行调用 Barrier 实例的 SignalAndWait 方法向其他线程广播这条消息并等待所有线程到达里程碑。作为主线程的项目经理则在第 14 行使用 SignalAndWait 方法等待所有需求分析的线程完成任务。之所以要广播通知其他线程，是因为项目经理本身也是等待线程中的一员。当所有人到达需求分析里程碑时，在第 15 行将需求分析师的线程移出项目。

第 17 ~ 26 行与前面需求分析的过程类似，将开发人员加入项目中并等待开发阶段的完成。但是每个开发人员的任务分配与需求分析阶段有点不同，即第 20 ~ 23 行之间分别有两个 SignalAndWait 方法调用。由于每次 SignalAndWait 的调用相当于一个阶段的结束，因此这里开发团队的成员实际上要经过两个里程碑：开发阶段和测试稳定阶段。与之对应的就是第 26 行项目经理的线程在到达开发阶段里程碑后并没有退出，而是在第 28 行增加了测试人员的线程。

Barrier 类型的概念与里程碑很接近。一个项目里有多个里程碑，而 Barrier 也有多个阶段（阶段从 0 开始）。当所有线程都调用了 SignalAndWait 方法后，就进入下一个阶段。Barrier 构造方法中有两个重载方法，代码 6-15 清单中在第 3 ~ 5 行采用的是接收两个参数的重载版本，其中第二个参数是本阶段结束时执行的收尾程序。无论要同步的线程有多少个，收尾程序只会被调用一次。之所以需要将收尾程序作为构造方法的参数传递，是因为在多线程中，特别是在线程池中运行任务时，任务的调度是随机的。如第 27 行被注释的代码，从代码文本上看，应该是主线程（项目经理）在第 26 行收到所有开发任务完成的通知后，再执行第 27 行打印里程碑关闭的消息。但实际运行中，发现第 27 行打印的文本经常嵌套在测试消息中。这是因为当主线程在第 18 ~ 25 行创建完开发子任务，大概率还没用完自己的时间片，继续执行第 26 行阻塞并等待开发线程完成任务。当线程池开始运行开发线程时，在第 21 行调用 SignalAndWait 方法通知开发完毕。当最后一个开发线程广播通知后，因为项目经理的线程和开发人员的线程都已调用 SignalAndWait，milestone 实例的放行条件已满足，所以可以放行所有线程（包括项目经理和开发人员的线程）进入下一个阶段。而最后一个开发线程也很有可能没有用完其时间片，直接开始测试阶段的执行，用完时间片之后，项目经理的线程和其他开发人员的线程才会被调度执行，导致第 31 行的消息在第 27 行消息之前出现。而通过 Barrier 实例在退出上一个阶段时调用收尾程序，可以保证收尾程序的执行顺序。

最后执行效果如图 6-8 所示，Barrier 类型有几个字段可以帮助程序员调查使用时碰到的问题。其中，CurrentPhaseNumber 字段说明当前同步所处的阶段，ParticipantCount 字段记录需要同步的线程数，ParticipantsRemaining 字段跟踪尚未执行 SignalAndWait 方法的线程数。

```
第8章>BarrierDemo.exe
BA-1：完成需求分析的编写，当前阶段：0，参与数：2，剩余1!
完成阶段：0-需求分析，参与数：2，剩余2
Dev-1：完成代码编写，当前阶段：1，参与数：5，剩余4!
Dev-2：完成代码编写，当前阶段：1，参与数：5，剩余4!
Dev-3：完成代码编写，当前阶段：1，参与数：5，剩余3!
Dev-4：完成代码编写，当前阶段：1，参与数：5，剩余2!
完成阶段：1-代码编写，参与数：5，剩余5
Dev-4：完成测试，当前阶段：2，参与数：5，剩余5!
Qa-1：完成测试，当前阶段：2，参与数：7，剩余6!
Qa-2：完成测试，当前阶段：2，参与数：7，剩余6!
Dev-2：完成测试，当前阶段：2，参与数：7，剩余6!
Dev-1：完成测试，当前阶段：2，参与数：7，剩余7!
Dev-3：完成测试，当前阶段：2，参与数：7，剩余6!
完成阶段：2-功能稳定，参与数：7，剩余7
```

图 6-8　Barrier 模拟项目开发里程碑的示例代码执行效果

6.3 主动取消等待

前面介绍的很多线程同步工具中，线程都需要调用 Wait 方法等待共享资源或者信号通知，这个时候是线程是阻塞状态，无法处理任何工作。对于一些不是很重要的工作，程序应该可以允许主动取消等待，及时释放资源或者更好地响应用户的操作请求。.NET 4.0 之后版本引入了 CancellationTokenSource 和 CancellationToken 两个类型，用来在两个线程特别是父子线程之间协作取消线程。

❑ CancellationTokenSource 类型中定义了 Cancel 方法，通常用父线程调用，通知子线程取消任务执行。

❑ CancellationToken 由父线程传给子线程，通过其 IsCancellationRequested 字段值来判断是否需要取消任务。

6.3.1　在线程中主动响应取消请求

在多线程上传 / 下载数据的场景中，用户会增减线程来调节上传 / 下载数据的速度。当需要减少线程时，使用 Thread 类型的 Abort 方法会直接中断线程执行，造成未保存的数据丢失。CancellationToken 则给被取消的线程一个机会，即保存未完成的工作，以便随后将工作调度给其他线程执行。代码清单 6-16 为使用 CancellationToken 取消任务执行。

代码清单 6-16　使用 CancellationToken 取消任务执行

```
// 源码位置：第 6 章 \CounterDownEventDemo.cs
// 编译命令：csc /debug CounterDownEventDemo.cs
01 static List<WorkTaskData> s_workTaskDataList = new List<WorkTaskData>();
02 static void CancelOneRandomThread()
03 {
04     var random = new Random();
05     WorkTaskData data;
06     lock (s_workTaskDataList)
07     {
08         var idx = random.Next(0, s_workTaskDataList.Count);
09         data = s_workTaskDataList[idx];
10         s_workTaskDataList.RemoveAt(idx);
11     }
12     data.Cancellation.Cancel();
13     Console.WriteLine($" 取消任务: {data.TaskName}！ ");
14 }
15 static void CreateNewDownloadTask(int i, CountdownEvent signal)
16 {
17     var wtd = new WorkTaskData()
18     {
19         Cancellation = new CancellationTokenSource(),
20         TaskName = $"Task{i}",
21         Countdown = signal
22     };
23
```

```
24      lock (s_workTaskDataList)
25      {
26          s_workTaskDataList.Add(wtd);
27      }
28
29      Console.WriteLine($"创建新任务：{wtd.TaskName}！");
30      ThreadPool.QueueUserWorkItem(DownloadWorkTask, wtd);
31 }
32
33 static void DownloadWorkTask(object data)
34 {
35      var wtd = (WorkTaskData)data;
36      var random = new Random();
37      var cancelToken = wtd.Cancellation.Token;
38      for (var i = 0; i < 10; ++i)
39      {
40          if (cancelToken.IsCancellationRequested) break;
41
42          Console.WriteLine($"{wtd.TaskName}在工作！");
43          Thread.Sleep(random.Next(3000, 10000));
44      }
45
46      wtd.Countdown.Signal();
47 }
```

第 2 行的 CancelOneRandomThread 方法用来响应用户取消线程的请求。当用户在命令行里输入"-"时，主线程调用该方法。在第 6 ~ 11 行中随机选中取消的线程，第 12 行对选中的线程执行 CancellationTokenSource 的 Cancel 方法。

第 15 行的 CreateNewDownloadTask 方法创建一个新线程。为了让线程能够支持取消操作，主线程在第 19 行创建了一个 CancellationTokenSource 实例并传递给新创建的任务，并在第 30 行将任务加入线程池。

而实际执行下载任务的 DownloadWorkTask 方法会将工作分解成很多小段，即第 38 ~ 44 行的循环，每执行完一小段工作就判断是否需要继续执行工作，即第 40 行通过传入的 CancellationToken 的 IsCancellationRequested 字段来判断。如果主线程调用了 Cancel 方法，IsCancellationRequested 字段的值是 true。子线程应该保存未完成的工作并跳出循环，最后结束线程。

最后第 43 行使用 Thread.Sleep 方法来模拟一个长时间的工作。当这部分工作完成后继续循环，在第 40 行根据 IsCancellationRequested 字段的值来决定是否要继续执行剩下的工作。

6.3.2　统一的取消任务等待操作

.NET 4.0 版本引入了 CancellationTokenSource 及其相关的类型，且之前版本无等待操作，如 ManualResetEvent 的 Wait 操作。为了让取消任务等待操作采用统一的编码方式，.NET 在 CancellationToken 类型中添加了 WaitHandle 字段。当 Cancel 方法被调用时，WaitHandle 会被激活（Signaled）。当创建线程时给线程传入一个 CancellationToken 对象，并在运行线程时使用 WaitHandle 类型的 WaitAny 静态方法等待字段 CancellationToken.WaitHandle，即可达到取消任务的效果。

代码清单 6-17 是一个命令行演示程序，当用户按下 s 键时，启动工作线程，按下 p 键则暂停工作线程的任务执行，按下 c 键则取消任务，结束线程执行。

代码清单 6-17　.NET 4.0 之前的同步对象的取消操作

```
// 源码位置: 第 6 章 \CancelOldStyleEvents.cs
// 编译命令: csc /debug CancelOldStyleEvents.cs
01 static ManualResetEvent mre = new ManualResetEvent(false);
02
03 static void Main()
04 {
05     var cts = new CancellationTokenSource();
06
07     ThreadPool.QueueUserWorkItem(state => DoWork(cts.Token));
08     Console.WriteLine(" 操作按键: s - 启动 / 重启; p - 暂停; c - 取消。");
09     Console.WriteLine(" 按其他按键退出程序……");
10
11     bool goAgain = true;
12     while (goAgain) {
13         char ch = Console.ReadKey(true).KeyChar;
14
15         switch (ch) {
16         case 'c':
17             cts.Cancel(); break;
18         case 'p':
19             mre.Reset(); break;
20         case 's':
21             mre.Set(); break;
22         default:
23             goAgain = false; break;
24         }
25
26         Thread.Sleep(100);
27     }
28     cts.Dispose();
29 }
30
31 static void DoWork(CancellationToken token)
32 {
33     while (true) {
34         int eventThatSignaledIndex =
```

```
35                    WaitHandle.WaitAny(new WaitHandle[] { mre, token.WaitHandle },
36                                    new TimeSpan(0, 0, 5));
37
38            if (eventThatSignaledIndex == 1) {
39                Console.WriteLine(" 等待操作被取消了! ");  break;
40            } else if (eventThatSignaledIndex == WaitHandle.WaitTimeout) {
41                Console.WriteLine(" 等待操作超时 ");  break;
42            }else {
43                Console.Write("Working... ");
44                Thread.SpinWait(5000000);
45            }
46        }
47 }
```

第 1 行的静态变量 mre 是一个 ManualResetEvent 对象，用来支持在主线程和工作线程之间暂停和重启任务的通信。由于要对其增加取消任务的操作支持，因此在第 5 行创建了 CancellationTokenSource 对象。

第 12 ～ 27 行循环接收用户的按键操作，如果第 16 行判断出用户按的是 c 键，则调用 CancellationToken 的 Cancel 方法通知取消任务。如果第 18 行判断出用户按下的是 p 键，则调用 ManualResetEvent 的 Reset 方法重置事件的信号，关闭闸机，阻塞等待此信号的工作任务线程，导致其暂停执行。而如果第 20 行判断出用户按下的是 s 键，则调用事件对象的 Set 方法触发信号，开启闸机，通知工作线程继续执行。如果第 22 行判断出用户按下的是其他按键，则终止程序执行。

第 31 行的工作线程采用一个无限循环来模拟长时间的工作，每次循环执行一段工作后，在第 35 行使用 WaitHandle.WaitAny 等待控制任务执行的 ManualResetEvent 对象和取消任务的 token 的 WaitHandle。由于 ManualResetEvent 类型也是继承自 WaitHandle 类型，因此它的对象可以和 CancellationToken 的 WaitHandle 字段放在 WaitAny 的参数中。WaitAny 的 WaitHandle 数组里，只要有一个对象接收到信号就会返回。WaitAny 方法的返回值是接收到信号的对象在数组中的索引值。如果没有任何对象接收到信号，则阻止线程继续执行。

CancellationToken 的 WaitHandle 是 WaitAny 方法里的第二个对象。当用户按下 c 键，主线程在第 17 行调用 Cancel 方法，触发信号通知 WaitHandle 字段。WaitAny 方法则会退出阻塞状态，并返回数组中接收到信号的对象的索引值。第 38 行的 if 判断语句通过判断 eventThatSignaledIndex 变量保存的索引值来获知用户的操作。如果是 CancellationToken 接收到信号，则在第 39 行取消任务执行，退出循环。

WaitAny 方法有多个重载。示例代码中使用的重载方法中的第二个参数是等待的超时设置，等待的最长时间是 5 秒。如果超过 5 秒用户没有按下任何键，WaitAny 方法也会退出，返回值是 WaitHandle.WaitTimeout，表示超时退出。第 40 行的判断语句处理这种情况。

　　如果用户按下的是 s 键，触发 ManualResetEvent 信号，导致 WaitAny 方法退出阻塞状态。由于返回值不满足第 38 行和第 40 行的判断条件，因此进入第 42 行的 else 子句继续执行任务。

6.4　其他多线程元素

　　本节探讨 System.Threads 命名空间里的其他类型。这些类型被归于其他多线程元素并不是说它们不重要，而是可能使用场景较少，或者是前文描述的多线程元素的进一步封装。本节主要介绍这些类型的用法，以便读者根据实际需要参阅官方文档。

6.4.1　Lazy<T>

　　在编程中，单例模式是一个常用的设计模式，代码清单 6-18 中第 5 行的 Instance 是一个常见的单例实现。当实例未初始化时，即第 4 行的 s_Instance 值为空，这个实现在多线程环境中无法让几个线程同时执行初始化，最终导致系统中实际上存在多个实例。当发生这种情况时，系统中有不只一个实例，而且实例个数也不一定与同时初始化实例的线程数量一致。

代码清单 6-18　线程不安全的单例模式实现

```
// 源码位置: 第 6 章 \SingletonDemo.cs
// 编译命令: csc SingletonDemo.cs
01 public sealed class Singleton
02 {
03     private static int s_counter = 0;
04     private static Singleton s_Instance;
05     public static Singleton Instance
06     {
07         get
08         {
09             if (s_Instance == null)
10                 s_Instance = newSingleton();
11
12             return s_Instance;
13         }
14     }
15
16     private Singleton()
17     {
```

```
18            s_counter++;
19        }
20 }
```

代码清单 6-19 是能够在多线程环境中安全使用的单例模式实现。这个版本中使用双重 null 值检查来处理实例在多线程环境中初始化的问题。第 14 ~ 15 行执行实际的初始化工作，这段代码与前面线程不安全的版本是一样的。为了防止多线程竞争初始化的情况，第 12 行使用 lock 语句做了同步处理。但加了 lock 语句后，每次获取实例时都需要执行 lock 同步语句，会消耗性能，因此在第 10 行再用一个 null 值判断来避免这个问题发生。

代码清单 6-19　线程安全的单例模式实现

```
// 源码位置：第 6 章 \SingletonDemo.cs
// 编译命令：csc SingletonDemo.cs
01 public sealed class MultiThreadSingleton
02 {
03     private static int s_counter = 0;
04     private static readonly object s_lock = newobject();
05     private static MultiThreadSingleton s_Instance;
06     public static MultiThreadSingleton Instance
07     {
08         get
09         {
10             if (s_Instance == null)
11             {
12                 lock(s_lock)
13                 {
14                     if (s_Instance == null)
15                         s_Instance = new MultiThreadSingleton();
16                 }
17             }
18
19             return s_Instance;
20         }
21     }
22
23     private MultiThreadSingleton()
24     {
25         s_counter++;
26     }
27 }
```

单例模式的实现中使用了懒加载技术。当创建一个类型的实例需要耗费大量资源时，一般在编程中倾向于使用懒加载技术。为了支持在多线程环境中使用懒加载技术，.NET 提供了 Lazy<T> 类型，便于使用懒加载技术。代码清单 6-20 演示了使用 Lazy<T> 实现

的单例模式。该版本里去掉了线程同步的代码，而且在第 10 行获取实例时不需要使用
null 值判断，这些工作由 Lazy<T> 完成了。

代码清单 6-20　使用 Lazy<T> 实现单例模式

```
// 源码位置: 第 6 章 \SingletonDemo.cs
// 编译命令: csc SingletonDemo.cs
01 public class LazySingleton
02 {
03     private static int s_counter = 0;
04     private static Lazy<LazySingleton> s_Instance
05         = new Lazy<LazySingleton>(() =>new LazySingleton());
06     public static LazySingleton Instance
07     {
08         get
09         {
10             return s_Instance.Value;
11         }
12     }
13
14     private LazySingleton()
15     {
16         s_counter++;
17     }
18
19     public static void Print()
20     {
21         Console.WriteLine($"LazySingleton Counter value: {s_counter}");
22     }
23 }
```

6.4.2　线程本地存储

类型的静态成员变量是进程范围可见的，如下面的静态变量 s_intval。当进程内多个
线程需要读写 s_intval 时，我们需要使用同步机制来保证读写隔离。如果静态字段只需要
在线程之间隔离读写，不需要在线程之间共享，线程本地存储（Thread Local Storage）是
一个更好的方案。

```
static int s_intval;
```

CLR 创建一个新的托管线程时，除了为线程的堆栈分配内存以保存其运行过程中使
用的局部变量和参数等数据以外，还会为线程分配内存空间以保存关于线程的全局变量。
这个内存空间被称为线程本地存储。我们可以把本地存储看成一个大数组，每个线程都
有一个独立的数组来保存线程级别的全局变量。每个全局变量在数组中通过索引来访问。

当线程销毁时，CLR 会同步销毁与其关联的堆栈和本地存储。

.NET 4.0 之前有两种方法来读写线程本地存储，一种是通过 Thread 类的 GetData/SetData 静态方法对。它们是直接通过索引读写线程本地存储的，Thread 类中的 AllocateDataSlot、GetNamedDataSlot 和 GetNamedDataSlot 方法用来获取全局变量在线程本地存储大数组中的索引值。另一种是将线程的全局变量使用 ThreadStatic 特性标记，CLR 自动将有这个标记的变量添加到每个线程的线程本地存储中。相对于 GetData/SetData 方法对，这种方法比较简单。代码清单 6-21 展示了如何使用 ThreadStatic 定义线程本地存储。

代码清单 6-21　使用 ThreadStatic 定义线程本地存储

```
// 源码位置：第 6 章 \ThreadLocalStorageDemo.cs
// 编译命令：csc /debug ThreadLocalStorageDemo.cs
01 [ThreadStatic]
02 static int s_intval_tls; // = 123456;
03 static int s_intval_shared;
04
05 static void Main(string[] args)
06 {
07     new Thread(ThreadFunc).Start(1000000);
08     new Thread(ThreadFunc).Start(200000);
09 }
10
11 static void ThreadFunc(object state)
12 {
13     int round = (int)state;
14     for (var i = 0; i < round; ++i) {
15         s_intval_tls++;
16         s_intval_shared++;
17     }
18
19     Console.WriteLine($"[{Thread.CurrentThread.ManagedThreadId}]: " +
20         $"s_intval_tls = {s_intval_tls}, s_intval_shared: {s_intval_shared}");
21 }
```

代码清单 6-21 使用 ThreadStatic 特性标记线程本地存储，第 2 行的静态变量 s_intval_tls 被标记了 ThreadStatic 特性，第 3 行的 s_intval_shared 没有被标记，因此 CLR 会将 s_intval_tls 添加到每个线程的本地存储里，s_intval_shared 则是进程范围的全局变量。每个线程分别在第 14 行的循环中对两个变量进行累加，如图 6-9 所示。可以看到，s_intval_tls 在每个线程中都有独立的副本，累加操作在线程间是隔离的，而 s_intval_shared 是进程范围的全局变量，所有线程共享一个副本，累加操作需要采用线程间同步处理方式。

图 6-9   线程本地存储的读写效果

ThreadStatic 只能标记静态成员变量，而且变量初始化的语义很模糊，如代码清单
6-21 中第 2 行被注释的初始化语句，取消注释后看起来 s_intval_tls 的初始值是 123456，
因而每个线程的 s_intval_tls 保存的初始值也应该是 123456，但实际运行时会发现 s_
intval_tls 的初始值只在一个线程里有作用，其他线程的初始值仍然是 0。这是因为其在
各个线程包括主线程都有备份，而第 2 行的赋值语句要看哪个线程第一个访问它，第
一个访问它的线程才会执行初始化语句，其他线程只会使用本地存储，并不会执行第 2
行的初始化操作。这个行为在 .NET core 和 .NET 框架中是有区别的，如图 6-10 所示。
在 .NET 框架中运行时，主线程第一个访问 s_intval_tl 变量，执行了初始化操作。图 6-9
中第一个命令直接运行 ThreadLocalStorageDemo.exe（在 .NET 框架下完成）。而在 .NET
core 中运行同样的程序时，s_intval_tl 变量是第一个访问它的子线程执行第 2 行语句后为
其赋值 123456，而其他线程则不会执行这行语句，导致运行结果出现差异。图 6-9 中第
二次使用 dotnet 命令运行 ThreadLocalStorageDemo.exe 就是在 .NET Core 下完成的。

图 6-10   在不同 .NET 平台执行线程本地存储初始化的效果

鉴于 ThreadStatic 存在的问题，.NET 4.0 开始引入了 ThreadLocal<T> 泛型类。其不
仅提供了强类型支持，还脱离了静态变量的限制，并且完善了数据初始化的支持。代码
清单 6-22 展示了如何使用 ThreadLocal 定义线程本地存储。

代码清单 6-22   使用 ThreadLocal 定义线程本地存储

```
01 static void Main(string[] args)
02 {
03     using (var tls = new ThreadLocal<int>(() => 10))
04     {
```

```
05          var thread1 = new Thread(ThreadLocalDemoFunc);
06          var thread2 = new Thread(ThreadLocalDemoFunc);
07
08          thread1.Start(tls);
09          thread2.Start(tls);
10
11          thread1.Join();
12          thread2.Join();
13       }
14 }
15
16 static void ThreadLocalDemoFunc(object state)
17 {
18      var tls = (ThreadLocal<int>)state;
19      tls.Value++;
20      Console.WriteLine($"tls = {tls.Value}");
21 }
```

代码清单 6-22 中第 3 行创建了本地存储对象。ThreadLocal 类的构造方法的第一个参数是初始化本地存储的委托。通过这个委托，每个线程的本地存储都能够被及时初始化。第 3 行的本地存储对象 tls 更像是一个局部变量，而不是像前面的版本需要为其在类型里定义静态变量。ThreadLocal 的做法提高了代码的可读性。

ThreadLocal 实现了 IDisposable 接口，因此第 3 行使用 using 语句来包含它的使用，确保线程结束后能及时释放本地存储占用的内存。

6.4.3　定时器

.NET 中提供了多种定时器，用在定时触发并执行预设的操作。有的定时器作为独立的控件添加到程序中，使用时需要引入额外的依赖包，如 System.Windows.Forms.Timer 类型和 System.Web.UI.Timer 类型。这两个类型主要用在客户端程序。有的定时器使用时不需要引入其他依赖，如 System.Threading.Timer 和 System.Timers.Timer 类型。这两个类型都可以用在多线程环境和服务器程序开发中。

❑ System.Threading.Timer 是最简单的定时器实现，它通过线程池中的线程回调方法。

❑ System.Timers.Timer 的内部实现使用了 System.Threading.Timer。它继承自 System.ComponentModel.Component 类型。System.ComponentModel 命名空间的类型主要用来支持组件开发。组件可以是可见的，如 WinForm 程序上的控件，也可以是不可见的，如 DataSet 对象。组件支持可视化开发，比如说在 Visual Studio 中通过拖拽的方式将组件添加到 WinForm 程序中，也支持在 Visual Studio 的设计器里读写自身的属性。如果不需要设计时支持，建议读者尽量使用 System.Threading.Timer 类型。

.NET 的定时器的精度与系统时钟（System Clock）是一致的，即触发的间隔时间无法小于系统时钟，否则定时器会按系统时间的精度执行。在 Windows 系统上，这个时间大概是 15 毫秒，即无法在程序里设置小于 15 毫秒的间隔触发时间。更高精度的定时器需要使用其他方案，如 GitHub 上开源的 HighPrecisionTimer（https://github.com/mzboray/HighPrecisionTimer），它是针对 Windows 的多媒体 API 的封装，有兴趣的读者可以自己尝试一下。

6.5　无锁编程

在大多数多线程编程场景中，使用锁来控制线程对共享数据的访问已经足够。但锁也有一些自身的问题，典型的就是死锁问题。线程之间互相等待对方持有的锁，会导致两个线程都无法继续工作，形成死锁。另一个典型的问题就是持有锁的线程异常退出时，如果没有及时释放锁资源，会导致其他等待锁的线程一直等待下去。

在一些需要特别高性能的编程场景里，我们可以考虑无锁（Lockfree）编程。.NET 4.0 开始引入了 System.Collections.Concurrent 命名空间，里面的集合类型都是线程安全的。有些类型是采用无锁编程的方式实现的。实现无锁编程是非常困难的，这是因为其要处理两个问题。

1）指令重排列：编译器和 CPU 出于性能优化的考虑需要做一些指定重排，如为了能够在一次 CPU 读写内存时处理尽量多的数据，编译器甚至处理器会重新排列程序里的读写指令，以便提高性能。很多时候，这些性能优化只是基于单线程场景考虑的。

2）非原子性操作：多个线程间读写共享数据必须是原子操作。无锁编程里不仅会使用原子操作指令，还非常依赖 Interlocked 类型里的操作来实现原子操作。

6.5.1　内存屏障和 volatile 关键字

相对于 CPU 指令的执行时间，CPU 在内存中读写数据的时间更长，因此 CPU 倾向于尽可能地将数据预先读取到 CPU 的 L1 或 L2 缓存里。在单线程中，这个行为没有任何问题，但在多线程中稍有不慎就会引发意外。代码清单 6-23 为内存屏障和 volatile 关键字示例。

代码清单 6-23　内存屏障和 volatile 关键字示例

```
01 static/* volatile */bool _flag = true;
02 static void Main()
03 {
04     var thread = new Thread(() => {
05         bool toggle = false;
```

```
06          while (_flag) {
07              // Thread.MemoryBarrier();
08              toggle = !toggle;
09          }
10      });
11      thread.Start();
12
13      Console.ReadLine();
14      Console.WriteLine(" 结束线程 ");
15      _flag = false;
16      thread.Join();
17  }
```

代码清单 6-23 中两个线程通过 _flag 标志位通信，决定是否需要继续运行子线程。当用户按下任意键后，主线程执行第 15 行将 _flag 标志位设置为 false。相应的子线程则在第 6 行的循环里不停地轮询 _flag 标志。如果 _flag 的值为 true，则继续执行，否则退出循环。

在实际运行时，子线程根本不会停止运行，也就是说 _flag 的值一直是 true。这是因为 CPU 在运行子线程时，出于性能优化的考虑将 _flag 的值读取到缓存中，而后的循环一直查询的是缓存中的值，不会去读取内存中的值。但这样操作后，主线程中做出的修改在子线程中不可见。

解决这个问题有两种办法，一种是使用 volatile 修饰 _flag 变量，如取消第 1 行中的注释。volatile 关键字用来指明变量可能在多线程环境中访问，其所修饰的关键字编译器、CPU 等不能做内存访问方面的优化，即一个线程对变量的修改可以保证被其他线程可见。

另一种方法是使用 Thread.MemoryBarrier，保证调用它之前的内存读写操作都被提交到内存中，因此如果第 1 行不对 _flag 使用 volatile 关键字修饰，取消第 7 行的注释，也能确保子线程从内存中读取 _flag 的值。

根据微软官方的文档，MemoryBarrier 方法只适用于弱内存模型（Weak Memory Model）的处理器和虚拟机。关于 CLR 中采用的内存模型，有兴趣的读者可参阅：

❏ https://docs.microsoft.com/en-us/archive/msdn-magazine/2012/december/csharp-the-csharp-memory-model-in-theory-and-practice。

❏ https://docs.microsoft.com/en-us/archive/msdn-magazine/2013/january/csharp-the-csharp-memory-model-in-theory-and-practice-part-2。

6.5.2　使用无锁编程

无锁编程主要依赖特定的数据结构，一般是使用 Interlocked 类型里的原子操作方法和重试逻辑实现的。最常用的原子操作就是比较和交换（Compare And Swap，CAS）。Interlocked.CompareExchange 方法有多个重载版本，各个重载版本的方法只是参数的类型不同。下面是其中一个重载版本的定义：

```
Object CompareExchange(refobject location1, object value, object comparand);
```

第一个参数 location1 用来与第三个参数 comparand 做对比。如果两个值相等，则将第二个参数 value 的值赋给 location1。这个方法看起来至少有两个操作：比较和交换，但在硬件层面是一个原子操作。在 System.Collections.Concurrent 命名空间，ConcurrentQueue<T> 和 ConcurrentStack<T> 两个类型是使用无锁编程方式实现的。其实现原理是采用链表结构实现，以栈为例，只有压入栈（Push）和出栈（Pop）两个操作会修改栈顶的数据，因此在出栈和压入栈时可使用 Interlocked.CompareExchange 维护栈顶。代码清单 6-24 为无锁版本的线程安全堆栈。

代码清单 6-24　无锁版本的线程安全堆栈

```
// 代码位置：第 6 章 /ConcurrentStackSimplified/Program.cs
// 编译运行: dotnet run
01 public class ConcurrentStackSimplified<T> {
02     privateclass Node {
03         internalreadonlyTm_value;
04         internalNodem_next;
05         internalNode(T value) {
06             m_value = value;
07             m_next = null;
08         }
09     }
10
11     private volatile Node m_head;
12
13     public void Push(T item) {
14         var node = new Node(item);
15         Node head;
16         do {
17             head = m_head;
18             node.m_next = head;
19         } while (Interlocked.CompareExchange(refm_head, node, head) != head);
20     }
21
22     public bool TryPop(outT result) {
23         Node head = m_head;
24         while (head != null) {
25             if (Interlocked.CompareExchange(
26                 ref m_head, head.m_next, head) == head) {
27                 result = head.m_value;
28                 return true;
```

```
29              }
30
31              head = m_head;
32          }
33
34          result = default(T);
35          return false;
36      }
37 }
```

代码清单 6-24 是 ConcurrentStack<T> 实现的简化版本，第 2 ~ 9 行定义了栈的基础数据结构——链表，第 11 行定义了存储栈顶数据的变量 m_head。由于该变量会被多个线程访问，因此使用了 volatile 关键字修饰。

第 13 行定义了压入栈方法，第 14 行保存了新压入栈的元素，并在第 16 行的 do…while 循环中尝试用新的元素替换老的栈顶。之所以用循环，是为了在替换不成功的情况下执行重试操作。

第 22 行的出栈方法里首先在第 23 行保存栈顶节点，继而在第 24 行的循环里调用 Interlocked.CompareExchange 尝试将栈顶下面的元素作为新的栈顶。在第 23 ~ 24 行循环之间，如果当前线程被切换出去，栈顶被其他线程修改，那么第 25 行的 CompareExchange 方法不会成功执行，循环在第 31 行获取最新的栈顶，并继续用 CompareExchange 方法交换新栈顶和其下面的元素，直到栈的容量为空。如果栈空了，那么在第 34 ~ 35 行执行空栈的出栈逻辑。

在 System.Collections.Concurrent 中，除了栈和队列类型，ConcurrentBag<T> 类型也是大多数场景下使用无锁编程的实现，只在少数情况下需要锁进行同步。Concurrent-Dictionary<T,V> 类型在添加和更新元素时使用锁进行同步，读取操作是无锁实现。从前面的例子也可以看出，正确实现高效的无锁编程是挺困难的，因此如果不是特别情况，请读者谨慎使用无锁编程。

6.6 本章小结

为了尽量挖掘计算机的潜在的性能，操作系统发明了多线程编程技术，使得单个 CPU 可以同时运行多个任务，给用户的印象是这些任务在同步执行，但实际上是多个线程以轮流抢占 CPU 时间片的方式实现伪并行。随着处理器技术的发展，越来越多的 CPU 上有多个核，这意味着多个任务的确可以同时并行执行，但增大了多线程编程的难度。下一章将探讨 .NET 在并行处理上的支持。

第**7**章

并行编程

用户对处理器性能的要求不断提高，然而功耗问题限制了单核处理器不断提高性能的途径。因此，处理器工程师们开发了多核处理器，通过横向扩展的方法提高性能。在单核处理器时代，为了支持多线程技术，操作系统通过时间片和上下文切换将系统中所有的线程按一定的调度算法，给每个线程分配处理器的执行时间。由于每个线程使用处理器的时间不长，因此给用户的感觉是多个线程是"同时"运行的。到了多核时代，处理器多了，同一时间可以执行多个线程，虽然多线程编程的思路大体相同，但在适应多核的硬件特性的同时带来了新的编程挑战。

7.1 并行编程基础

从 .NET 4.0 版本开始在已有的多线程编程基础上引入了并行编程的支持，其中最常用的就是 Task 和 Parallel 类型。

7.1.1 使用 Task 类型实现并行

对比代码清单 7-1 和多线程实现的代码清单 6-4，可以发现两者代码逻辑基本是相同的，但有几个细节需要注意。

代码清单 7-1 中第 14 ～ 16 行使用 Task.Run 方法启动一个任务，并将范围相关的信息作为启动参数传递给新的任务。

代码清单 7-1 中第 19 行使用 Task.WaitAll 方法等待所有的任务并行运行完成后，在第 20 行统计质数的总个数并返回。

代码清单 7-1　寻找质数个数的 Task 实现

```
// 源码位置：第 7 章 /findprime/Program.cs
// 运行方式：dotnet run 1000000 8
01 static int ParallelVersion(int end, int taskCount)
02 {
03     var i = 0;
04     var step = end / taskCount;
05     var ranges = new Range[taskCount];
06     var tasks = new Task[taskCount];
07
08     for (i = 0 ; i < taskCount - 1; ++i)
09         ranges[i] = new Range(){ Begin = i * step + 1, End = (i + 1) * step};
10     ranges[i] = new Range() { Begin = i * step + 1, End = end};
11
12     for (i = 0 ; i < taskCount; ++i) {
13         var state = i;
14         tasks[i] = Task.Run(() => {
15             FindPrime(ranges[state]);
16         });
17     }
18
19     Task.WaitAll(tasks);
20     return ranges.Sum(r => r.Primes.Count);
21 }
22
23 static void FindPrime(object state)
24 {
25     var range = state as Range;
26     for (var number = range.Begin; number <= range.End; ++number)
27     {
28         if (FindPrimeForSingleNumber(number))
29             range.Primes.Add(number);
30     }
31 }
32
33 static bool FindPrimeForSingleNumber(int number)
34 {
35     if (number < 2) return false;
36
37     var j = 2;
38     var isPrime = true;
39     while (j <= number / 2)
```

```
40      {
41          if (number % j == 0)
42          {
43              isPrime = false;
44              break;
45          }
46
47          j++;
48      }
49
50      return isPrime;
51 }
```

在第 13 行中，我们特意用了一个临时变量 state 将传递给新任务的 *i* 值缓存起来，这一点与多线程版本的实现略有不同。在多线程版本中，程序直接将表示范围的索引值 *i* 传递给新线程，而在并行版本中必须先用一个临时变量缓存 *i* 的值，再传递给新任务。这个小差别正好体现了 Thread 和 Task 的区别。在多线程实现中，由于每个任务都由自己的线程执行，操作系统会为每个线程分配一定的内存空间来保留线程的堆栈和局部变量等数据，因此在多线程版本中变量 *i* 是按值传递给新线程的。新线程在自己的堆栈里保留了 *i* 的值。但是在使用 Task 时，系统并不一定会为每个 Task 创建新的线程，而是将 Task 加入待执行任务列表由线程池里的线程调度执行。这也意味着变量 *i* 的值并不是由执行任务的线程保存，而是由对应任务的 Task 对象实例保存。

第 14 行是通过 Lambda 表达式创建新任务的，因此 state 变量是采用闭包技术传递过来的。闭包技术需要处理 Lambda 表达式访问外面方法的局部变量，C# 编译器生成的 IL 代码会进行特殊处理。代码清单 7-2 所示是这些 IL 代码的 C# 伪码形式。编译器在处理闭包时会把每个在 Lambda 表达式引用的变量按作用范围封装到类型中。代码清单 7-1 中第 15 行的 Lambda 里引用了外部方法 ParallelVersion 中的两个变量 ranges 和 state。ranges 变量的作用范围比 state 大，对整个 ParallelVersion 方法可见。而 state 变量的作用范围只在 for 循环，因此编译器创建两个类型分别对应这两个作用范围。类型 c__DisplayClass3_1 对应的是 for 循环的作用范围，for 循环里的代码也需要访问 ParallelVersion 方法里的局部变量，其定义了 8__locals1 字段来引用上层作用范围。

代码清单 7-2　使用临时变量缓存局部变量值创建 Lambda 的 C# 伪码

```
01 class c__DisplayClass3_0
02 {
03      public Range[] ranges;
04 }
```

```
05
06 class c__DisplayClass3_1
07 {
08     public int state;
09     public c__DisplayClass3_0 8__locals1;
10
11     public void b__1()
12     {
13         FindPrimeDemo.FindPrime(this.8__locals1.ranges[this.state])
14     }
15 }
16
17 static int ParallelVersion(int end, int taskCount)
18 {
19     var dc30 = new c__DisplayClass3_0();
20     dc30.ranges = ranges;
21     // 省略划分寻找范围的代码
22     for (i = 0; i < taskCount - 1; ++i)
23     {
24         var dc31 = new c__DisplayClass3_1();
25         dc31.8__locals1 = dc30;
26         dc31.state = state;
27         Task.Run(dc31.b__1);
28     }
29 }
```

通过前面的论述，我们再来看一下在代码清单 7-1 的循环中去掉 state 变量，直接使用变量 i 的情况。编译器生成的 C# 伪码如代码清单 7-3 所示。可以看到，编译器只生成了一个类型 c__DisplayClass2_0，这是因为被 Lambda 引用的变量 ranges 和 i 的作用范围是 ParallelVersion 整个方法，这就导致在循环里创建的所有 Task 实例实际上都是引用的同一个变量 i 的值。而这个值还会随着循环的迭代而变化，这一点可以从代码清单 7-3 所示的第 22 行看出来。

代码清单 7-3　直接在 Lambda 中访问局部变量的 C# 伪码

```
01 class c__DisplayClass2_0
02 {
03     public Range[] ranges;
04     public int i;
05
06     public void b__0()
07     {
08         FindPrimeDemo::FindPrime(this.ranges[this.i]);
09     }
10 }
11
12 public class FindPrimeDemo
```

```
13 {
14     static int ParallelVersion(int end, int taskCount)
15     {
16         var dc20 = new c__DisplayClass2_0();
17         dc20.i = 0;
18         dc20.ranges = ranges;
19         // 省略前面的代码
20         for (i = 0; i < taskCount - 1; ++i)
21         {
22             dc20.i = i;
23             Task.Run(dc20.b__0);
24         }
25     }
26 }
```

粗看起来，使用 Task 方式实现多任务并行编程，难度要比使用 Thread 方式复杂得多，特别是编程时还需要考虑局部变量作用范围对闭包的影响，那使用 Task 类型的好处是什么？相对于 Thread 方式来说，当进程的并行任务数非常多时，Task 方式对系统资源的使用会更有效率。图 7-1 所示是使用 2000 个任务分段查找 200 万以内的质数个数的运行结果。由这个图可以发现，Thread 和 Task 两种方式的耗时区别不大，Task 方式的运行速度会快一些。但是在占用内存方面，Thread 方式占用的内存几乎是 Task 方式的 2 倍。这个差异是因为系统需要为每个线程分配一定的内存，而使用 Task 方式分配任务的话，任务由线程池里的线程运行。因为线程池里的线程数量大体是固定的，所以内存的占用也是固定的。

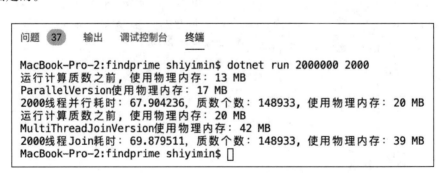

图 7-1   使用 2000 个任务分段查找 200 万以内的质数个数的运行结果

7.1.2   使用 Parallel.For 实现并行

无论是采用多线程编程还是并行编程，处理复杂任务时任务划分的方式对程序的性能影响都很大。再次分析寻找质数的代码，可以发现随着数字的增大，寻找质数所需的时间也在增加，例如判断 123 是否是质数，和判断 1234567 是否是质数所需的时间明显是不同的。而无论是采用多线程编程还是 Task 方式的并行编程，只是将要判断的数字按任务数均分，就会造成处理小额数字的任务比处理大额数字的任务提前结束，这说明这种固定划分工作范围的做法稍显粗暴。

代码清单 7-4 是查找质数个数的另一种并行实现，其使用了 Parallel.For 方法并由 .NET 框架来调度任务。Parallel.For 方法的作用与 for 循环相同，不同的是循环是由多个线程并行执行的，而且循环也不一定是按顺序执行的。下面是它的方法定义，第一个参数 fromInclusive 用来设置循环的起始数字，inclusive 表示循环包含这个数字；第二个参数 toExclusive 用来设置循环的终止数字，但循环不包含这个终止数字，这一点在编程时要注意；最后一个参数 body 表示循环要执行的代码。

```
ParallelLoopResult For(int fromInclusive, int toExclusive, Action<int> body);
```

代码清单 7-4 中的第 4 行用 end+1 来处理第二个参数 toExclusive 的包含问题。由于循环会在多个线程中并行执行，因此寻找到质数之后使用线程同步方式累加保存质数个数。

代码清单 7-4　寻找质数个数的 Parallel.For 实现

```
// 源码位置: 第 7 章 /findprime/Program.cs
// 运行方式: dotnet run 1000000 8
01 static int ParallelForVersion(int end)
02 {
03     var primeCount = 0;
04     Parallel.For(1, end + 1, number => {
05         if (FindPrimeForSingleNumber(number)) {
06             Interlocked.Increment(ref primeCount);
07         }
08     });
09
10     return primeCount;
11 }
```

代码清单 7-4 所示代码将每次循环作为任务调度，这比代码清单 7-1 所示代码的工作范围划分粒度更细，也避免了任务分配不均（即数字越大任务量越大）的情况。从图 7-2 中可以看出，同样是在 500 万个数字里寻找质数，使用 Task 的实现要比使用 Parallel.For 的实现慢 10% 左右。这是因为 Task 的版本工作范围划分粒度很粗，只划分了 8 个分区，可以预见，最后一个分区的计算耗时远大于第一个分区，这就会造成性能损失。

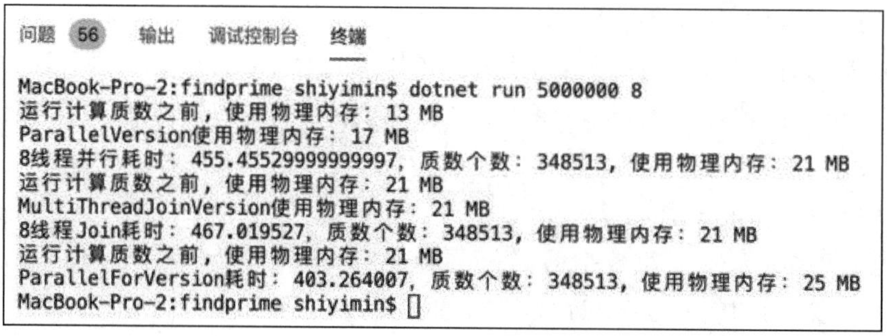

图 7-2　在 500 万个数字中寻找质数的效率对比

前面的例子虽然演示了 Parallel.For 的执行效率比使用 Task 和 Thread 的效率高的情形，但不是说读者只要碰到并行编程就要用 Parallel.For。在使用并行编程提高程序性能时，需要我们根据实际场景来选择合适的算法和技术。本章采用的寻找质数的案例有一个特点，即每个数字可以独立进行查找，循环之间互相不会有影响，因此可以随心所欲地划分任务。关于更复杂的并行问题，我们将在后面探讨。

.NET 从 4.0 版本开始引入了 TPL（Task Parallel Library，任务并行库），其用来简化异步程序的编写，其中最核心的就是 Task 类型。一个 Task 实例代表一个需要异步完成的操作，其结果将在未来某个时刻返回。当需要运行 Task 实例时，实例会被加入待执行任务列表，然后由线程池中的线程调度执行。如果异步操作会返回结果，则使用 Task<T> 类型来代表这个未来的结果；如果异步操作没有返回结果，那么使用 Task 类型。

由于 Task 实例代表的操作不一定会立即返回，因此可使用 Task.Wait 方法在程序里等待其执行完成，或者通过 Task<T>.Result 属性等待操作执行完毕后获取结果。读取 Task<T>.Result 属性粗看起来只是一个快速的属性访问，但实际上它会一直等待任务执行完毕并产生结果后才返回结果，即如果任务需要执行 1 秒才能返回结果，那么读取 Result 属性的时间至少是 1 秒。

使用 Task.Wait 和 Task<T>.Result 会阻塞调用线程，故其达不到高效利用线程的目的。除非特殊需要，我们一般会在编程中使用 await 关键字和连续任务实现异步编程。

7.2　硬件特性

我们使用并行编程的目的就是提高程序的执行效率。除了采用合适的并行算法之外，硬件的特性也是需要在编程时考虑的，否则会大幅降低程序执行效率。

7.2.1 内存访问顺序

代码清单 7-5 演示了内存的访问方式对程序性能的影响。对于读写相同大小的矩阵，第 8 ~ 12 行使用的是行优先访问法，即一行一行地处理矩阵，而第 17 ~ 21 行使用的是列优先访问法。

代码清单 7-5 内存访问的顺序会影响程序的性能

```
// 源码位置: 第 7 章 \MemoryAccessDemo.cs
// 编译命令: csc /debug MemoryAccessDemo.cs
01 static void Main()
02 {
03     const int SIZE = 20000;
04     int[,] matrix = new int[SIZE, SIZE];
05
06     // 访问较快
07     var watch = Stopwatch.StartNew();
08     for (var row = 0; row < SIZE; ++row) {
09         for (var column = 0; column < SIZE; ++column) {
10             matrix[row, column] = (row * SIZE) + column;
11         }
12     }
13     Console.WriteLine($" 先行后列访问的耗时: {watch.Elapsed}");
14
15     // 访问较慢
16     watch = Stopwatch.StartNew();
17     for (var column = 0; column < SIZE; ++column) {
18         for (var row = 0; row < SIZE; ++row) {
19             matrix[row, column] = (row * SIZE) + column;
20         }
21     }
22     Console.WriteLine($" 先列后行访问的耗时: {watch.Elapsed}");
23 }
```

图 7-3 所示是上述代码在笔者机器上运行的结果。可以看到，列优先访问方式耗时要比行优先访问方式多了近两倍。这是因为处理器从内存读取数据时，不是一个一个字节读取的，而是批量读取的。读写的数据大小视总线的宽度而定。另外，CPU 还有数据预取的优化，即为了避免频繁读写内存，CPU 通常会将当前指令处理的数据的周边数据也预先读取到 CPU 缓存中，以期在执行后续指令时命中缓存以提高性能。通常数组在内存的存储使用行优先访问方式，因此使用行优先的读写方式更符合硬件特性。使用列优先的访问方式会造成 CPU 预读到缓存里的数据失效，导致 CPU 不得不从内存中重新读取，进而影响性能。

```
shiyimindeMac:第7章 shiyimin$ dotnet MemoryAccessDemo.exe
先行后列访问的耗时: 00:00:01.8168040
先列后行访问的耗时: 00:00:03.9449680
```

图 7-3　行优先和列优先内存访问的性能差异

7.2.2　伪共享

　　CPU 的缓存是用来提高程序性能的。在多核（CPU Core）处理器上，通常每个核都有自己的缓存体系，而且是互相独立的。这样就产生一个问题，当两个核将同一块内存的数据同时加载到缓存时，其中一个核修改了自己缓存里的数据，另一个核就必须等第一个核将修改的数据写入内存后重新刷新自己的缓存。这种情况如果频繁发生的话，会严重影响程序的性能。而且 CPU 缓存的处理方式是硬件自身的特性，在编程时很容易被忽视。

　　图 7-4 描述了伪共享的原理，一开始两个核 Core1 和 Core2 分别从内存中加载数据到各自的缓存中，CPU 一般根据总线的宽度批量读取数据，如果一个线程更新了其中某一个字节，即使第二个核读取的是同一批次数据的其他字节，但由于这一批次的数据已经有一部分被修改了，所有加载了这一批次数据的 CPU 都需要重新从内存中刷新缓存。

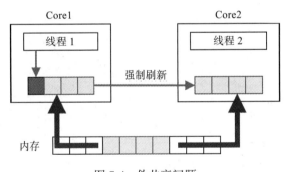

图 7-4　伪共享问题

　　代码清单 7-6 所示代码存在伪共享问题。代码里只启动了两个任务 / 线程，而且处理的数据只有两个元素，每个任务只处理其中一个元素，如第 10 ~ 11 行的任务启动代码。因为任务都是单独处理数据，不涉及共享访问，所以在第 19 行的循环中并没有使用同步方法避免数据的修改。

代码清单 7-6　存在伪共享问题的并行代码

```
// 源码位置: 第 7 章 \FalseSharingDemo.cs
// 编译命令: csc /debug FalseSharingDemo.cs
```

```
01 private static DataStructureBad[] s_data_bad;
02 private const long ITERATIONS = 1000 * 1000 * 1000;
03
04 public static void Main()
05 {
06     s_data_bad = new DataStructureBad[2];
07
08     var watch = Stopwatch.StartNew();
09     var tasks = new Task[2];
10     tasks[0] = Task.Run(() => WorkForBad(0));
11     tasks[1] = Task.Run(() => WorkForBad(1));
12     Task.WaitAll(tasks);
13     Console.WriteLine($"DataStructureBad 数据结构的处理时间: {watch.Elapsed}");
14 }
15
16 private static void WorkForBad(int index)
17 {
18     for (var i = 0; i < ITERATIONS; ++i) {
19         s_data_bad[index].value++;
20     }
21 }
22
23 public struct DataStructureBad
24 {
25     public long value;
26
27     // public long p1, p2, p3, p4, p5, p6, p7;
28 }
```

伪共享问题发生在数据结构 DataStructureBad 上，如果将第 27 行的注释取消，在笔者的电脑上运行所得结果如图 7-5 所示。可以看到，添加了额外字段，即 p1 ~ p7 这 7 个字段的数据结构的执行效率要比只包含一个字段的数据结构的执行效率高一倍，甚至好几倍。这是因为只包含 value 字段的 DataStructureBad 结构体，大小仅为 8 字节，导致 s_data_bad 数组的大小仅为 16 字节（远远小于总线宽度——一般普通 PC 总线宽度是 64 字节或 128 字节），所以任务在多核 CPU 上执行时，每个核都会将 s_data_bad 数组整个读取到缓存中。而各个核又各自更新了 s_data_bad 数组的内存，导致两个 CPU 之间不停地刷新缓存，损耗性能。增加的 p1 ~ p7 这 7 个字段将结构体的大小增大到 64 字节，刚好够一次总线读取的宽度，这样每个核只需要缓存各自访问的数组元素并独立更新，从而提高了运行性能。

除了数组的元素访问会导致比较明显的伪共享问题外，编译器给局部变量分配内存的方式也会导致伪共享问题。代码清单 7-7 所示代码创建了两个 Random 实例，并分别在两个任务中独立使用它们初始化一个大数组。为了让性能对比更明显，笔者做了 10 遍初始化操作。

```
shiyimindeMac:第7章 shiyimin$ dotnet FalseSharingDemo.exe
DataStructureBad数据结构的处理时间: 00:00:12.8106280, 数据: [0] = 1000000000, [1] = 1000000000。
DataStructureGood数据结构的处理时间: 00:00:09.8452880, 数据: [0] = 1000000000, [1] = 1000000000。
shiyimindeMac:第7章 shiyimin$ dotnet FalseSharingDemo.exe
DataStructureBad数据结构的处理时间: 00:00:14.1383290, 数据: [0] = 1000000000, [1] = 1000000000。
DataStructureGood数据结构的处理时间: 00:00:09.7436410, 数据: [0] = 1000000000, [1] = 1000000000。
```

图 7-5　伪共享问题性能对比

代码清单 7-7　存在伪共享问题的局部变量定义方式

```
// 源码位置: 第 7 章 \FalseSharingDemo.cs
// 编译命令: csc /debug FalseSharingDemo.cs
01 private static void FalseSharingRandom()
02 {
03     Random rnd1 = new Random(), rnd2 = new Random();
04     int[] result1 = new int[20000000], result2 = new int[20000000];
05     Parallel.Invoke(
06         () => {
07             for (int i = 0; i < result1.Length * 10; ++i)
08                 result1[i % 10] = rnd1.Next();
09         },
10         () => {
11             for (int i = 0; i < result2.Length * 10; ++i)
12                 result2[i % 10] = rnd2.Next();
13         }
14     );
15 }
```

而代码清单 7-8 所示代码是修复了伪共享问题的版本。该版本将几个局部变量的定义和初始化放到具体的初始化任务中。

代码清单 7-8　修复伪共享问题的局部变量定义问题

```
01 private static void WithoutFalseSharingRandom()
02 {
03     int[] result1, result2;
04     Parallel.Invoke(
05         () => {
06             Random rnd1 = new Random();
07             result1 = new int[20000000];
08             for (int i = 0; i < result1.Length * 10; ++i)
09                 result1[i % 10] = rnd1.Next();
10         },
11         () => {
12             Random rnd2 = new Random();
13             result2 = new int[20000000];
```

```
14                    for (int i = 0; i < result2.Length * 10; ++i)
15                        result2[i % 10] = rnd2.Next();
16            }
17        );
18 }
```

图 7-6 所示是两个版本的代码性能对比，可以发现将局部变量定义在任务方法里的版本，即代码清单 7-8 所示代码性能要高得多。这是因为代码清单 7-7 所示代码将局部变量定义在外部方法时，两个变量分别被不同的任务使用，而这两个任务又很大，可能分别运行在不同的 CPU 上，同时这两个变量在内存中又分配到一起，导致出现了伪共享问题。

```
存在伪共享问题的随机赋值方法运行时间：00:00:04.0315300
并行随机赋值方法运行时间：00:00:02.1918920
MacBook-Pro-2:第9章 shiyimin$ []
```

图 7-6　局部变量伪共享问题的性能对比

7.3　基于数据并行

当相同的操作可以同时应用在数据集中的各个数据，且每个数据的计算结果并不相互影响时，就可以将数据集分区，由多个线程同时执行密集计算，提高运行性能。我们可以用 System.Threading.Tasks.Parallel 类型中的方法实现基于数据的并行计算。

7.3.1　Parallel.For 和 Parallel.ForEach

前面寻找质数个数的程序就是一个数据并行的例子，这个例子中使用 Parallel.For 方法可得到更好的执行性能。Parallel.For 的使用方式非常接近于 for 循环，便于上手。

代码清单 7-9 所示是微软提供的并行计算的例子，这是一个光线追踪的程序。光线追踪是一个典型的数据并行问题。图片中的每一个像素都是由一个虚构的光线计算产生的。程序通过计算光线被物体反射和折射后的路线，获得每个像素的最终颜色并呈现，因此像素之间是互相独立的，非常适合并行处理。

代码清单 7-9　Parallel.For 和 for 语句的使用差异

```
// 源码位置：第 7 章 /parallel_animated_ray_traced_bouncing_ball/Raytracer.cs
01 internal void RenderSequential(Scene scene, int[] rgb)
02 {
03     for (int y = 0; y < _screenHeight; y++)
```

```
04      {
05          int stride = y * _screenWidth;
06          Camera camera = scene.Camera;
07          for (int x = 0; x < _screenWidth; x++)
08          {
09              Color color = TraceRay(
10                  new Ray(camera.Pos, GetPoint(x, y, camera)), scene, 0);
11              rgb[x + stride] = color.ToInt32();
12          }
13      }
14  }
15
16  internal void RenderParallel(Scene scene, int[] rgb, ParallelOptions options)
17  {
18      try
19      {
20          Parallel.For(0, _screenHeight, options, y =>
21          {
22              int stride = y * _screenWidth;
23              Camera camera = scene.Camera;
24              for (int x = 0; x < _screenWidth; x++)
25              {
26                  Color color = TraceRay(
27                      new Ray(camera.Pos, GetPoint(x, y, camera)), scene, 0);
28                  rgb[x + stride] = color.ToInt32();
29              }
30          });
31      }
32      catch (OperationCanceledException) { }
33  }
```

第 1 行的 RenderSequential 是一个单线程版本方法，其使用两个循环，外层循环用于一行行处理图像，内层循环则处理每一行的每个像素点。第 9 ~ 10 行计算像素的颜色，然后在第 11 行保存最终结果。

第 16 行的 RenderParallel 方法则是并行版本，整个程序的逻辑和单线程版本类似，只是对外层的循环使用了 Parallel.For 并行处理，也就是由多个线程分区处理，而内存循环和单线程版本相同。程序启动后会持续运行。当用户点击"停止"按钮时，线程会收到 OperationCanceledException 异常。为了避免这个异常意外终止进程，使用第 18 ~ 32 行的 try…catch 块捕捉处理。

图 7-7 是程序运行的效果图。笔者在自己电脑上启动后，使用单线程执行时会有明显的卡顿现象，使用并行版本之后运行明显流畅了一些。代码清单 7-9 所示代码只并行处理外层循环，实际上 .NET 也支持嵌套并行循环，即内层循环也是并行处理的。双层 Parallel.For 并不会额外大幅增加所需线程资源。两个并行循环创建的工作任务共享进程

中的线程池资源。.NET 视任务的繁重情况决定增减线程。

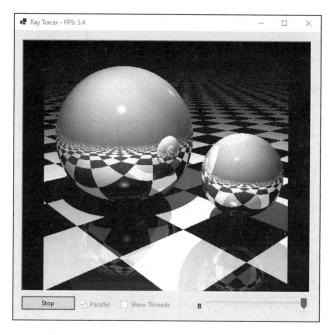

图 7-7　ray traced bouncing ball 的运行效果图

　　是否需要采用多重并行循环是根据每次循环执行的工作量来判断的。在我们的例子中，内层循环只处理一行像素，而普通 PC 的屏幕宽度仅有几千个像素点，因此将内层循环并行化的结果就是每个并行任务只处理一个像素点的着色工作，工作量太小。而 Parallel.For 方法执行循环逻辑是通过委托调用来实现的。调用一个委托的开销和调用一个虚函数的开销相似。另外，以负载均衡方式调度这些任务也需要开销。即使每个并行任务的工作量很小，这些开销也显得很可观了。

　　如果要并行处理的任务单个工作量很小，除了在 Parallel.For 中使用内置循环的方式处理以外，还可以通过 System.Concurrent.Collections 命名空间里 Partitioner 类的 Create 方法将这些小任务组合，然后使用 Parallel.ForEach 方法处理。顾名思义，ForEach 方法对标的是 foreach 循环，因此使用的是 IEnumerator<T> 接口访问数据集合，这也意味着枚举器（Enumerator）在并行访问时需要使用线程同步操作，同时隐含了线程同步的成本。为了节省这个成本，程序员需要合理分区。

　　图 7-7 所示的程序界面右下方有一个滑动条，其用来控制整个并行线程所使用的最大线程数。Parallel.For 和 Parallel.ForEach 方法都有接收 ParallelOptions 类型的参数的重载版本。该参数有一个 MaxDegreeOfParallelism 字段，用来限制使用的并行线程

数。由于并行任务都是在线程池中执行的，线程池的调度线程会根据当前工作的繁重程度来动态增减线程。当有些线程被阻塞，或者线程池有大量这样的阻塞线程时，调度线程不得不往线程池中添加更多的线程，占用更多的内存资源，进而影响性能。而 MaxDegreeOfParallelism 就是用来规避这种问题的。

7.3.2　跳出循环

循环终究是要终止的，比如碰到预设的终止条件而退出，或者由于未处理异常的抛出而退出。当需要主动终止循环时，我们可以调用 Stop 和 Break 方法。当在循环中调用 Stop 方法时，.NET 会阻止启动新的循环。不过，已启动的循环会等待它们执行完成。Parallel.For 和 Parallel.ForEach 方法的返回值是 ParallelLoopResult 结构体类型。如果是 Stop 方法导致循环提前结束，IsCompleted 字段的值为 false。

在代码清单 7-10 中，如果需要中断循环，我们可调用 ParallelLoopState 的 Stop 方法终止，如第 6 行。而为了跳出循环，我们需要在循环中判断 ParallelLoopState 参数的 IsStopped 属性，如果值为 true，则需要跳出循环，如第 10 行。每次循环可能是在不同的线程中执行的，如第 6 行的 Stop 方法调用和第 10 行的读取 IsStopped 属性值表面上看是在同一个 ParallelLoop 循环里执行，但实际上两段代码是由不同的线程执行的。

代码清单 7-10　使用 Stop 方法终止并行循环的伪码

```
01 ParallelLoopResult loopResult = Parallel.For(
02     0, new, (int i, ParallelLoopState loop) =>
03 {
04     if (someCondition)
05     {
06         loop.Stop();
07         return;
08     }
09
10     if (loop.IsStopped) return;
11 });
```

Break 方法的用法与 Stop 类似，不同的是 Break 方法调用后，任何后续的迭代都会被阻止执行，但不会阻止已经启动的循环。例如，并行循环是从 0 到 1000 次迭代，当在 100 次迭代时调用 Break 方法，那么小于 100 的迭代仍然会启动并执行，但是 101 之后的迭代都不会被启动。这一点和 Stop 方法不一样，如果有一些小于 100 的迭代尚未启动，Stop 方法也会阻止它们启动。由于有多个线程可能同时调用 Break 方法，因此 ParallelLoopState 中的 LowestBreakIteration 字段用来保存 Break 方法起作用的最小迭代数。

总结下来，在循环中我们可以通过 ParallelLoopResult 中的字段来判断循环结束的方式。

❏ IsCompleted == true：循环的所有迭代都执行完毕。

❏ IsCompleted == false && LowestBreakIteration.HasValue == false：使用 Stop 方法终止循环的迭代。

❏ IsCompleted == false && LowestBreakIteration.HasValue == true：使用 Break 方法终止循环，而且 LowestBreakIteration.Value 保存了 Break 方法起作用的最小迭代数。

前面提到的 CancellationToken 类型也可以用来终止循环。For 和 ForEach 方法都会接收一个 ParallelOptions 类型的参数，其中有一个名为 CancellationToken 的属性，用来实现在启动并行线程时传入 CancellationToken 实例，同时并行循环会持续监控这个实例。如果在其他线程调用了 Cancel 方法终止循环，则会在并行循环迭代的线程里抛出 OperationCanceledException 异常。

相应的做法可以参考代码清单 7-11，第 1 行创建了 CancellationTokenSource 实例，并在主线程通过它来控制并行线程的终止，如第 18 行。而在创建并行循环的线程中，采用 try⋯catch 块捕捉 OperationCanceledException 异常来平缓地终止线程的执行。

代码清单 7-11　使用 CancellationToken 终止循环

```
01 var cts = new CancellationTokenSource();
02 var task = Task.Run(() => {
03     var options = new ParallelOptions { CancellationToken = cts.Token };
04     try
05     {
06         Parallel.For(0, 50, options, i => {
07             Thread.Sleep(1000);
08             Console.WriteLine($" 第 {i} 次迭代! ");
09         });
10     }
11     catch(OperationCanceledException oce)
12     {
13         Console.WriteLine($" 任务已取消: {oce.Message}");
14     }
15 });
16 Console.WriteLine(" 按任意键取消任务!");
17 Console.ReadLine();
18 cts.Cancel();
19
20 Task.WaitAll(task);
```

当循环中有异常发生时，参与循环的所有线程都会尽快结束处理。当所有线程都停止后，所有未处理的异常都会被归集到 AggregateException 异常实例中并抛出。

7.4　基于任务的并行

对于 Web 编程这种需要支持高并发的场景来说，最常用的是基于任务的并行。以
Web 编程为例，当 Web 服务器接收一个新请求，Web 服务器通常会从线程池中分配一个
线程去服务这个请求。若中间需要访问外部资源，如数据库或者其他 Web API，传统的
ASP.NET 程序会使用同步编程方式，即 ASP.NET 线程等待外部资源请求返回。在这个过
程中，线程除了等待不能做其他事情。当服务器负载较大时，随着请求量的增大，系统
中的线程也随之增多，进而占用更多的内存造成资源浪费。当系统无法为新的请求创建
更多线程时，这些请求就会发生超时错误或者 HTTP 503（Service Unavailable）错误。而
采用异步等待外部资源的编程方式可以很好地解决这个问题。因为在被动等待期间，线
程可以先被释放线程池处理其他请求，实现在使用相同资源条件下服务更多请求的目的。

虽然 ASP.NET 从 2.0 版本开始就支持异步编程模式，但是代码编写比较烦琐且难以
维护，因此很多公司倾向于使用简单的同步编程方法，并通过购买更高性能的机器和更
多的机器来弥补程序性能的损失。Task 类型和 async 关键字引入之后，异步编程的复杂
度大幅降低，所以更多的程序员开始使用异步编程。

代码清单 7-1 里的 ParallelVersion 方法演示了 Task 类型的基本使用方式，即使用
Task.Run 方法创建一个新任务，并使用 Task.Wait 方法异步等待其完成。虽然代码里还是
需要等待所有寻找质数的子任务完成才能汇总并返回结果，但是执行 ParallelVersion 的线
程在调用 Task.Wait 方法后不会像同步编程那样阻塞，而是会释放线程池，让其同时处理
其他任务。Task.Wait 在等待所有寻找质数的子任务完成后，才会在线程池中分配一个新
的线程执行后续的汇总和返回结果的代码。

7.4.1　网络异步编程的适用场景

系统需要为线程池的每个线程堆栈分配 1MB 的内存，还要分配一点内存来存放内核
堆栈，因此当线程被阻塞不能执行其他任务时，这些内存实际被浪费了。另外，虽然线
程池会根据负载情况动态加入一些新线程，但是频率是受限的，差不多每 2 秒注入一个
新线程，这样一来如果负载突然增大，新建线程的速度赶不上负荷增加的速度，就会导
致系统响应变慢。这方面就体现了异步编程优势所在。

有的读者可能会有这样的疑问：当线程发起外部资源请求时，虽然线程是被释放回
线程池了，但在其他地方会有线程阻塞等待外部资源的结果返回吧？这样岂不是并没有
达到减少系统线程数量的目的吗？

其实真实的状况是这样的：以一个简化的异步 I/O 调用为例，比如说一个请求需要写

入一个文件，处理请求的 ASP.NET 线程调用 WriteAsync 方法异步写入数据，WriteAsync 方法在 Windows 系统上使用 I/O 完成端口（IO Completion Port）处理异步 I/O。这个异步写入操作传递给操作系统，之后变成 I/O 请求包（I/O request packet，IRP）传递给磁盘驱动。通常，磁盘驱动都是采用异步的方式处理 I/O 请求包的，即它通知磁盘开始写入操作。由于磁盘寻址需要一段时间，因此磁盘驱动先返回一个"待定"结果给操作系统，然后任务实例被转换成"尚未完成"的任务（通常是一个 Task 类型实例）返回给 ASP.NET 线程。这个过程是同步的，而且速度很快。ASP.NET 线程可以将这个"尚未完成"的任务传递给其他代码，也可以保存到某个局部变量中，这样线程就可以被释放并返回给线程池。到目前为止，除了处理请求的 ASP.NET 线程，系统并没有创建新的线程。

当磁盘完成写入操作后，通过"中断"（Interrupt）机制通知驱动程序，然后驱动程序通知操作系统 I/O 请求包已经完成，接着操作系统通过 I/O 完成端口通知 ASP.NET 进程。ASP.NET 进程会从线程池中取出一个线程来处理这个通知，然后修改前面"尚未完成"的任务实例，将其状态设置为"完成"状态并设置相应的返回数据，最后恢复执行处理请求的后续代码。这个过程中虽然会临时使用一些线程，但没有一个线程被阻塞。

实际上，当 I/O 设备驱动程序（如网卡、磁盘等驱动程序）无法立即响应读写请求时，其操作本身就是异步的。我们在编程中会用到很多同步 I/O 的 API，实际上是在异步 I/O 的 API 基础上实现的同步方法的版本。

从上面的描述中可以看到，ASP.NET 中的异步编程更适用于读写文件、访问数据库、调用 Web API 等场景，而不适用于计算密集型的任务场景。实际上，如果过多地在计算密集型的任务中使用异步编程，更可能发生的情况是误导增减线程的调度算法，导致系统资源的不必要浪费。

7.4.2 使用连续任务

异步编程里等待操作完成后再执行某些任务是很常见的场景，以往是通过回调方法来实现的，而 Task 类型可以通过 TPL（Task Parallel Library，任务并行库）的连续任务实现。当创建连续任务时，连续任务和它之前的任务构成依赖关系，如果前置任务未完成，使用 Task.Start 启动连续任务会出现 Invalid Operation Exception 异常。

我们可以使用 Task.ContinueWith 方法由前置任务创建连续任务，这样前置任务和连续任务一一关联依赖，也可以使用 Task.WhenAll 和 Task.WhenAny 方法创建连续任务，并将其与多个前置任务关联。

代码清单 7-12 演示了几种连续任务的创建和使用，模拟了一个普通的 IT 项目开发过程。首先是需求分析任务，接着是详细设计任务，然后将开发任务分给几个开发人员并行开发。只要有开发人员完成开发工作，测试人员就开始测试任务，最后发布人员汇总所有人的结果完成项目。

代码清单 7-12　连续任务使用示例

```
// 源码位置：第 7 章 /TaskContinuation.cs
01 public static void Main()
02 {
03     var signal = new AutoResetEvent(false);
04     var tasks = new List<Task<int>>();
05     var requirement = new Task<int>(() => {
06         Console.WriteLine(" 需求分析结束 ");
07         return 1;
08     });
09     tasks.Add(requirement);
10     var design = requirement.ContinueWith(result => {
11         Console.WriteLine(" 详细设计结束 ");
12         return 2;
13     });
14     tasks.Add(design);
15     var random = new Random();
16     var devs = new List<Task<int>>();
17     for (var i = 0; i < 5; ++i) {
18         var id = i;
19         devs.Add(design.ContinueWith(result => {
20             Console.WriteLine($" 开发 {id} 根据设计 {result.Result} 完成开发 ");
21             return id;
22         }));
23     }
24     tasks.AddRange(devs);
25     var testers = new ConcurrentQueue<Task<int>>();
26     var tester_count = 3;
27     var test_work_id = 0;
28
29     int test_work(Task<Task<int>> result) {
30         var code_completed = result.Result;
31         devs.Remove(code_completed);
32         var devid = code_completed.Result;
33         var id = test_work_id++ % tester_count;
34         Console.WriteLine($" 测试 {id} 测试完开发 {devid} 的工作 ");
35
36         if (devs.Count > 0) {
37             testers.Enqueue(Task.WhenAny(devs).ContinueWith(test_work));
38         } else {
39             signal.Set();
40         }
41
42         return 1;
43     }
```

```
44
45    testers.Enqueue(Task.WhenAny(devs).ContinueWith(test_work));
46    requirement.Start();
47    signal.WaitOne();
48    tasks.AddRange(testers);
49    var release = Task.WhenAll(tasks).Result;
50    var sum = release.Length;
51    Console.WriteLine($" 发布: {sum}");
52 }
```

在一些小的项目中，需求分析和详细设计任务不需要拆分开展，但其有前后关系，因此代码清单 7-12 第 10 行使用 Task.ContinueWith 方法在需求分析任务 requirement 和详细设计任务 design 之间建立前后关联关系。

之后的开发任务需要拆分并行，第 19 行的 Task.ContinueWith 方法在详细设计任务和多个开发任务间建立前后关系。这个前后关系是一对多的，即一个设计任务对应多个后续开发任务。ContinueWith 方法允许后续任务访问前置任务的结果，实际上其把前置任务通过 Lambda 表达式的 result 参数传递。后续任务通过访问 Task.Result 属性来获取这个结果，如第 20 行里的消息语句。

但是测试人员比开发人员的数量少，而且需要满足每有一个开发任务完成后就安排一个测试任务，所以测试任务与开发任务是多对多的关系。Task.WhenAny 方法可以监视指定的任务集合，只要集合中有一个任务完成，就返回这个已完成的任务。ContinueWith 方法可用于在已完成的任务后面添加后续任务，如第 45 行，意思是只要有一个开发任务完成，就在其后添加新的任务 test_work。WhenAny 方法返回的是一个 Task 类型实例，可以将其看成是异步等待，即第 45 行的 WhenAny 方法调用返回的是一个"尚未完成"的任务实例。在这个实例上，我们可以使用 ContinueWith 方法预先挂接一个后续任务 test_work。由于 test_work 是一个"尚未完成"的任务实例，所以 WhenAny 方法实际上返回的是包含实际待执行任务的任务（一个 Task<Task<int>> 实例）。

test_work 是一个本地方法（在第 29 行定义），参数是 Task<Task<int>> 类型，这是因为其是一个"尚未完成"的任务实例的后续任务。第 30 行通过 Result 属性得到实际的前置开发任务 code_completed。为了避免 WhenAny 方法继续监视这个已完成的任务，第 31 行将其从开发任务集合 devs 中移出。第 32 行取出已完成的开发任务结果，这里只是返回对应的开发人员 id。第 33 行按均分法分配一个空闲测试人员处理测试任务。如果 devs 集合中还有开发任务，第 37 行继续进行监视，并将 test_work 以递归的方式传入作为后续任务，否则在第 39 行通知主线程所有任务已经执行完毕。同时，由于可能有多个测试任务并行执行，为了避免共享冲突，第 37 行和第 45 行使用并行集合 ConcurrentQueue 来添加新的测试任务。而开发任务 devs 只是一个普通的 List 集合，这是因为 List 集合底层是采用数组实现的。而第 31 行移除开发任务时，是按对象引用对比移除，故即使并行执行，也不可能发生两个对象有相同引用的情况。

当所有任务的前后关系都准备妥当后，第 46 行启动需求分析任务，进而触发后续一系列任务的执行。在发布前，我们需要保证所有任务都执行完毕，因此将所有任务都添加到 tasks 集合中。第 49 行用 WhenAll 方法执行等待，这一行直接读取 Result 属性，强制阻塞主线程进行等待。WhenAll 方法返回的 Result 属性是一个数组，即其等待的所有任务的结果，通过遍历数组的方式可以得到每个任务结果。

图 7-8 演示了连续任务的顺序关系。

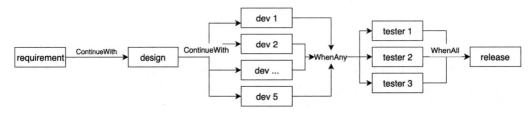

图 7-8　连续任务的顺序关系

7.4.3　Thread.Sleep 和 Task.Delay 的区别

为了对比使用同步编程和异步编程的 API 的性能差异，笔者构建了两个功能完全一样的 Web API，如代码清单 7-13 所示。两个 API 的工作相同，针对每次请求随机生成一个数字数组，并用随机数填充数组。为了模拟长时间的操作，每生成一个随机数 API 就暂停 50 毫秒。第 1 行的 SequentialController 是同步版本，第 17 行的 AsyncController 是异步版本。

代码清单 7-13　同步和异步版本的 WebApi

```
01 public class SequentialController : ControllerBase
02 {
03     [HttpGet]
04     public int[] Get()
05     {
06         var random = new Random();
07         var result = new int[random.Next(1, 200)];
08         for (var i = 0; i < result.Length; ++i)
09         {
10             Thread.Sleep(50);
11             result[i] = random.Next();
12         }
```

```
13            return result;
14        }
15    }
16
17    public class AsyncController : ControllerBase
18    {
19        [HttpGet]
20        public async Task<int[]> Get()
21        {
22            int[] result = null;
23            await Task.Run(async () => {
24                var random = new Random();
25                result = new int[random.Next(1, 200)];
26                for (var i = 0; i < result.Length; ++i)
27                {
28                    // Thread.Sleep(50);
29                    await Task.Delay(50);
30                    result[i] = random.Next();
31                }
32            });
33
34            return result;
35        }
36    }
```

两个版本的代码基本上没有区别，只是同步版本里使用 Thread.Sleep 方法暂停 50 毫秒，而异步版本的 Get 方法使用 Task.Delay 方法暂停 50 毫秒。

为了对比性能效果，示例代码中附带了针对两个版本 API 的压力测试代码，并使用流行的开源工具 Jmeter 执行。具体压测方法参见 GitHub 上示例代码文件中的 "压力测试说明 .md"。

对比两个版本的性能可以看出，同样是使用 800 个线程模拟 800 个客户端同时发出请求，持续压测 25 次，异步版本的性能明显比同步版本的性能高，如图 7-9 和图 7-10 所示（实际上异步版本的错误几乎可以忽略不计）。

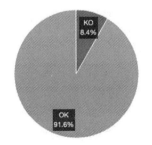

图 7-9　同步版本压力测试结果

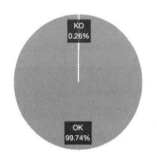

图 7-10　异步版本压力测试结果

　　　　但是如果将代码清单 7-13 中异步版本的暂停功能使用 Thread.Sleep 方法实现，即使用第 28 行被注释的代码替换第 29 行，再次运行压力测试会发现异步版本的性能就差了很多，如图 7-11 所示。这是因为在异步编程里，Thread.Sleep 方法会使执行任务的线程进入休眠状态，导致线程池无法及时回收线程，造成与同步编程相似的性能损耗。而 Task.Delay 方法只是将任务后面未执行完毕的代码插入待执行任务队列中，并没有影响到线程——线程还可以回收进线程池并再次利用。

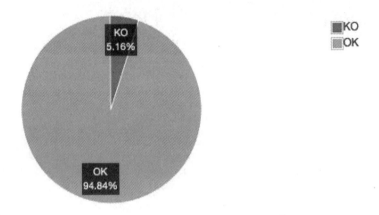

图 7-11　使用 Thread.Sleep 暂停的异步 API 的压测结果

7.5　async 和 await 关键字

　　　　无论是并行编程还是多线程编程，新的任务都可能在其他线程中执行。主线程或者控制线程必须等待任务完成后才能使用它的运算结果，这种将耗时任务放在新的任务里运行并等待其完成的方式一般称为异步编程。

7.5.1　使用 async 和 await 异步编程

　　　　在 .NET 4.0 之前要实现异步编程，必须向新任务传递一个回调委托才能通知主线程接收运算结果，这种方式使得程序很难阅读并维护。从 C# 5.0 开始引入了 async 和 await 关键字，大大简化了异步编程的代码实现方式。代码清单 7-14 演示了 async 和 await 关键字的基本用法，第 1 行用 async 关键字标注的方法是一个支持异步编程的方法。async 关键字只是用来使在被修饰的方法支持 await 关键字。async 方法的执行过程与其他方法类似，一开始都是同步执行，直到碰到 await 关键字，也就是说第 3 ~ 11 行的代码都是同步执行的，第 12 行的循环也是在当前线程同步执行的。第 13 行的 await 关键字接收一个可等待（Awaitable）对象作为参数。而第 27 行会等待第 13 行启动的所有任务执行完毕后才继续执行，因为这样可以直接对所有子任务的运行结果汇总计算。

当 C# 中的方法使用 async 修饰时，其返回值必须是 Task 或者 Task<T> 类型。如果同步版本的返回类型是 void，那么异步版本的返回类型必须是 Task。如果同步版本有返回值，那么异步版本需要用 Task<T> 类型封装返回值。如第 1 行的返回值类型是 Task<int>，说明同步版本的返回值是 int 类型。但是在 AsyncAwaitVersion 方法返回的时候，只需要直接返回原始的值即可，不需要使用 Task<int> 来封装，如第 27 行返回值是 int 类型，而不是 Task<int>。C# 编译器会自动处理这些差异。而调用 AsyncAwaitVersion 方法时，使用 await 关键字将结果从 Task<int> 中取出，即第 31 行保存异步调用结果的局部变量 count 的类型是 int。如果去掉 await 关键字，count 的类型就是 Task<int>。

代码清单 7-14　async 和 await 关键字使用示例

```
// 源码位置: 第 7 章 /findprime/Program.cs
01 async static Task<int> AsyncAwaitVersion(int end, int taskCount)
02 {
03     var i = 0;
04     var step = end / taskCount;
05     var ranges = new Range[taskCount];
06     var tasks = new Task[taskCount];
07
08     for (i = 0 ; i < taskCount - 1; ++i)
09         ranges[i] = new Range(){ Begin = i * step + 1, End = (i + 1) * step};
10     ranges[i] = new Range() { Begin = i * step + 1, End = end};
11
12     for (i = 0 ; i < taskCount; ++i) {
13         await Task.Run(() => {
14             FindPrime(ranges[i]);
15         });
16     }
17
18     // for (i = 0 ; i < taskCount; ++i) {
19     //     var state = i;
20     //     tasks[i] = Task.Run(() => {
21     //         FindPrime(ranges[state]);
22     //     });
23     // }
24
25     // await Task.WhenAll(tasks);
26
27     return ranges.Sum(r => r.Primes.Count);
28 }
29
30 //省略其他代码
31 var count = await AsyncAwaitVersion(end, taskCount);
```

await 关键字可以理解成"异步等待"（Asynchronous Wait），即 async 方法会暂停执行并等待任务完成。但是等待的线程不会被阻塞，也就是说这个过程是异步的（Asynchronous）。其等待的对象是 Task<T> 或者 Task 类型。一个 Task 对象代表一份承诺（Promise）在未来（Future）要完成的工作，因此在有些编程语言里，对应的类型也被称为 Future 或者 Promise。这个承诺可以是一个长时间的 I/O 操作，也可以是一个密集计算操作。在代码里，我们可以传递这个承诺，可以将其保存在一个变量里，也可以从一个方法中返回，或者以参数的形式传递给其他方法，还可以合并两个承诺形成一个新的承诺。程序使用 await 关键字来等待任务完成并获取结果，也就是说是类型可以被等待，而不是返回这个类型实例的方法可以被等待。像代码清单 7-14 中第 31 行的 Task 实例并不是因为 AsyncAwaitVersion 方法被 async 关键字标注了才可以被等待，而是因为它返回 Task 实例才使其可以被等待。即使方法没有被 async 关键字修饰，只要其返回 Task 实例的对象，就可以被等待。

观察代码清单 7-14，其中第 18 ~ 25 行被注释的代码的作用与第 12 ~ 16 行的循环相同，但在实际运行过程中会发现，第 12 ~ 16 行在循环里直接使用 await 等待异步任务的执行效率与单线程执行效率差不多，但第 18 ~ 25 行将 await 移到循环外面后效率则大大提高，与代码清单 7-1 所示的多任务并行执行的效率相近。

7.5.2　使用状态机实现 async 方法

分析代码清单 7-15 中第 4 ~ 11 行的异步方法 GetPriceAsync，我们可以将代码分成几块：第 6 行等待异步获取股价的结果；第 7 ~ 8 行异步获取汇率；第 9 ~ 10 行返回汇率换算后的股价。

这 3 个代码块可以用状态机（State Machine）来实现相近的功能，即将每一个步骤看成是状态机里的一个状态。GetPriceAsync 方法在执行过程中依次在这几个状态间切换。

代码清单 7-15　async 实现机制示例代码

```
// 源码位置: 第 7 章 /AsyncInternal.cs
01 public class AsyncInternal
02 {
03     private decimal? _rate;
04     public async Task<decimal> GetPriceAsync(string stock)
05     {
06         var usdPrice = await GetUsdPrice(stock);
07         if (!_rate.HasValue)
08             _rate = await GetRate("USD");
09         var cnyPrice = usdPrice * _rate.Value;
10         return cnyPrice * 100; // 购买一手的价格
```

```
11        }
12
13        public async Task<decimal> GetUsdPrice(string stock)
14        {
15            // ... 获取美股价格 ...
16            return 123;
17        }
18
19        public async Task<decimal> GetRate(string currency)
20        {
21            // ... 获取货币汇率 ...
22            return 7;
23        }
24   }
```

代码清单 7-16 所示代码是代码清单 7-15 采用状态机的实现伪代码，其采用 .NET 类库的 Task.ContinueWith 方法和 TaskCompletionSource<T> 类型将异步方法结果整合到状态机中。针对代码清单 7-15 中的 GetPriceAsync 方法，代码清单 7-16 为其创建了一个新类型 AsyncInternal_StateMachine。GetPriceAsync 方法的参数是这个新类型的构造方法的参数，即隐含的 this 对象和函数定义的参数，如第 14 行。为了展现状态机中的所有状态，第 3 行定义了嵌套枚举类型 State，表示状态机中执行的 3 个步骤和方法调用最开始的 Start 状态。

GetPriceAsync 方法由第 20 行的 Start 方法实现，当前最新的状态保存 _state 全局变量中，Start 方法则通过 if…else if…else 代码块检查 _state 的值来判断当前的递归调用执行到了哪个步骤。_state 的默认值是 state.start。当异步方法开始运行时，_state 的值传入第 2 个状态 state.step1。

代码清单 7-16 的第 24 ~ 29 行对应代码清单 7-15 的第 6 行，第 24 行首先调用 GetUsdPrice 异步方法获得其返回的 Task 对象。这时任务可能还没有执行完成，因此在第 28 行使用 ContinueWith 方法注册任务执行完毕后的回调方法。这里回调方法还是 Start 方法，这样就形成一个递归循环调用。每次调用 Start 方法之前都需要更新下一步的状态，即第 27 行。

第 30 ~ 51 行对应代码清单 7-15 的第 7 ~ 8 行，else if 块的前半部分用于判断前面代码块 Task 对象的状态。如果异步任务被用户取消或者有未处理异常，则终止进一步递归，并且将这些情况通过 TaskCompletionSource<decimal> 实例的方法通知到外部调用者。当 Start 方法被第二次调用时，说明 _getUsdPriceTask 任务已经执行完毕。第 38 行从 Result 属性中读取任务执行结果。由于代码清单 7-15 的第 8 行也是一个 await 语句，因此在第 43 行再次用 ContinueWith 方法执行异步等待，并进入第 3 个 state.step2 状态，最后完成整个方法的执行。

代码清单 7-16　async 实现机制的状态机伪代码

```
01 public class AsyncInternal_StateMachine
02 {
03     enum State { Start, Step1, Step2, Step3 };
04     private decimal? _rate;
05     private readonly AsyncInternal @this;
06     private readonly string _stock;
07     private readonly TaskCompletionSource<decimal> _tcs =
08         new TaskCompletionSource<decimal>();
09     private State _state = State.Start;
10     private Task<decimal> _getUsdPriceTask;
11     private Task<decimal> _getRateTask;
12     private decimal _usdPrice;
13
14     public AsyncInternal_StateMachine(AsyncInternal @this, string stock)
15     {
16         this.@this = @this;
17         _stock = stock;
18     }
19
20     public void Start()
21     {
22         try
23         {
24             if (_state == State.Start)
25             {
26                 _getUsdPriceTask = @this.GetUsdPrice(_stock);
27                 _state = State.Step1;
28                 _getUsdPriceTask.ContinueWith(_ => Start());
29             }
30             else if (_state == State.Step1)
31             {
32                 if (_getUsdPriceTask.Status == TaskStatus.Canceled)
33                     _tcs.SetCanceled();
34                 else if (_getUsdPriceTask.Status == TaskStatus.Faulted)
35                 _tcs.SetException(_getUsdPriceTask.Exception.InnerException);
36                 else
37                 {
38                     _usdPrice = _getUsdPriceTask.Result;
39                     if (!@this._rate.HasValue)
40                     {
41                         _getRateTask = @this.GetRate("USD");
42                         _state = State.Step2;
43                         _getRateTask.ContinueWith(_ => Start());
44                     }
45                     else
46                     {
```

```
47                              _state = State.Step3;
48                              Start();
49                          }
50                      }
51                  }
52              else if (_state == State.Step2)
53              {
54                  if (_getRateTask.Status == TaskStatus.Canceled)
55                      _tcs.SetCanceled();
56                  else if (_getRateTask.Status == TaskStatus.Faulted)
57                      _tcs.SetException(_getRateTask.Exception.InnerException);
58                  else
59                  {
60                      @this._rate = _getRateTask.Result;
61                      _state = State.Step3;
62                      Start();
63                  }
64              }
65              else if (_state == State.Step3)
66              {
67                  var cnyPrice = _usdPrice * @this._rate.Value;
68                  _tcs.SetResult(cnyPrice * 100);
69              }
70          }
71          catch (Exception e)
72          {
73              _tcs.SetException(e);
74          }
75      }
76
77      public Task<decimal> Task => _tcs.Task;
78
79      // AsyncInternal 的 GetPriceAsync 被重写成下面的形式
80      // public static Task<decimal> GetPriceAsync(string stock)
81      // {
82      //     var stateMachine = new AsyncInternal_StateMachine(this, stock);
83      //     stateMachine.Start();
84      //     return stateMachine.Task;
85      // }
86 }
```

代码清单 7-15 第 4 行的 GetPriceAsync 方法的工作已经由 AsyncInternal_StateMachine 完成。为了能让外部程序调用这个方法，它需要在保留函数声明的前提下被重写，并创建 AsyncInternal_StateMachine 实例来调用 Start 方法。代码清单 7-16 所示第 79 ~ 85 行就是使用 AsyncInternal_StateMachine 类型重写 GetPriceAsync 后的伪码。

7.5.3　async 方法实现机制

async 方法的实现存在几个问题。

❑ 多次在堆（Heap）上进行内存分配操作：代码清单 7-16 中的第 82 行创建状态机时执行一次堆分配，第 7 行的实例化 TaskCompletionSource 字段执行一次堆分配，TaskCompletionSource 字段内部的 Task 属性要执行一次堆分配来创建相应的 Task 实例，第 43 行 ContinueWith 方法中调用的回调委托也需要执行一次堆分配来保存委托对象。

❑ 缺少性能优化：如果被等待的任务已经完成，需要避免 ContinueWith 方法的调用。

❑ 无法扩展：Task 类和其子类绑定得太紧，无法支持等待其他类型的对象。

实际上，编译器生成的代码也是采用状态机实现的。

1）首先为异步方法创建对应的状态机代码，使之与原始逻辑相同。

2）使用 AsyncTaskMethodBuilder<T> 类型管理状态机里的状态迁移和持有已完成的任务。

3）如果需要等待异步任务的执行结果，使用 TaskAwaiter<T> 来封装 Task 对象并调用异步任务完成后的回调方法。

4）MoveNextRunner 在正确的执行环境调用 IAsyncStateMachine.MoveNext 方法，以便执行状态迁移。

代码清单 7-17 是编译器实际为代码清单 7-15 生成的 IL 代码反编译结果。在调试（Debug）版中生成的状态机的定义是引用类型；而在发布（Release）版中生成的状态机的定义是结构体类型，也就是值类型。为了尽量提高性能，生成的代码中使用到的类型除了 MoveNextRunner 是引用类型以外，其他都是结构体类型。

对于每个 async 方法，编译器为其生成格式为"< 方法名 >d__1"的状态机类型，如代码清单 7-17 的第 4 行 <GetPriceAsync>d__1 类型就是编译器为 GetPriceAsync 方法生成的状态机类型。而且，第 3 行标注了 CompilerGenerated 特性，编译器特意加了一些无法用作变量命名的字符（< 和 >），以便规避程序员定义同名类型。

与代码清单 7-16 相似，代码清单 7-17 中的编译器也对 GetPriceAsync 方法进行了重写，并在第 100 行创建状态机实例 stateMachine（实例类型就是编译器生成的状态机类型）。第 104 行将初始状态设置为 –1，并在第 106 行对 stateMachine 按引用传值调用 AsyncTaskMethodBuilder<T>.Start。按引用传值，状态机实例可实现性能优化，状态机结构体一般很大，因为发布版里这个类型是结构体，按引用传值避免了结构体的重复复制。

代码清单 7-17 编译器为 async 方法重写生成的代码

```
01 internal decimal? _rate;
02
03 [CompilerGenerated]
04 private sealed class <GetPriceAsync>d__1 : IAsyncStateMachine
05 {
06     public int <>1__state;
07     public AsyncTaskMethodBuilder<decimal> <>t__builder;
08     public string stock;
09     public AsyncInternal <>4__this;
10     private decimal <usdPrice>5__1;
11     private decimal <cnyPrice>5__2;
12     private decimal <>s__3;
13     private decimal <>s__4;
14     private TaskAwaiter<decimal> <>u__1;
15
16     public <GetPriceAsync>d__1() { }
17
18     private void MoveNext()
19     {
20         int num = <>1__state;
21         try
22         {
23             TaskAwaiter<decimal> awaiter;
24             AsyncInternal.<GetPriceAsync>d__1 d__;
25             TaskAwaiter<decimal> awaiter2;
26             if (num == 0)
27             {
28                 awaiter = <>u__1;
29                 <>u__1 = new TaskAwaiter<decimal>();
30                 <>1__state = num = -1;
31             }
32             else if (num == 1)
33             {
34                 awaiter2 = <>u__1;
35                 <>u__1 = new TaskAwaiter<decimal>();
36                 <>1__state = num = -1;
37                 goto TR_0006;
38             }
39             else
40             {
41                 awaiter = <>4__this.GetUsdPrice(this.stock).GetAwaiter();
42                 if (!awaiter.IsCompleted)
43                 {
44                     <>1__state = num = 0;
45                     <>u__1 = awaiter;
46                     d__ = this;
47                     <>t__builder.AwaitUnsafeOnCompleted<TaskAwaiter<decimal>,
48                         AsyncInternal.<GetPriceAsync>d__1>(ref awaiter, ref d__);
49                     return;
50                 }
```

```
51                }
52                <>s__3 = awaiter.GetResult();
53                <usdPrice>5__1 = <>s__3;
54                if (<>4__this._rate != null)
55                {
56                    goto TR_0005;
57                }
58                else
59                {
60                    awaiter2 = <>4__this.GetRate("USD").GetAwaiter();
61                    if (awaiter2.IsCompleted)
62                    {
63                        goto TR_0006;
64                    }
65                    else
66                    {
67                        <>1__state = num = 1;
68                        <>u__1 = awaiter2;
69                        d__ = this;
70                        <>t__builder.AwaitUnsafeOnCompleted<TaskAwaiter<decimal>,
71                            AsyncInternal.<GetPriceAsync>d__1>(ref awaiter2, ref d__);
72                    }
73                }
74            return;
75        TR_0005:
76            <cnyPrice>5__2 = <usdPrice>5__1 * <>4__this._rate.Value;
77            decimal result = <cnyPrice>5__2 * 100M;
78            <>1__state = -2;
79            <>t__builder.SetResult(result);
80            return;
81        TR_0006:
82            <>s__4 = awaiter2.GetResult();
83            <>4__this._rate = new decimal?(<>s__4);
84            goto TR_0005;
85        }
86        catch (Exception exception)
87        {
88            <>1__state = -2;
89            <>t__builder.SetException(exception);
90        }
91    }
92
93    [DebuggerHidden]
94    private void SetStateMachine(IAsyncStateMachine stateMachine) { }
95 }
96
97 [AsyncStateMachine(typeof(<GetPriceAsync>d__1)), DebuggerStepThrough]
98 public Task<decimal> GetPriceAsync(string stock)
99 {
100    <GetPriceAsync>d__1 stateMachine = new <GetPriceAsync>d__1 {
101        <>4__this = this,
102        stock = stock,
```

```
103              <>t__builder = AsyncTaskMethodBuilder<decimal>.Create(),
104              <>1__state = -1
105          };
106      stateMachine.<>t__builder.Start<<GetPriceAsync>d__1>(ref stateMachine);
107      return stateMachine.<>t__builder.Task;
108  }
```

代码清单 7-17 所示代码也考虑到性能优化和异常处理的情况，如在第 42 行和第 61 行分别使用 awaiter 对象的 IsCompleted 属性判断 GetUsdPrice 和 GetRate 两个异步方法是否已经完成。如果已经完成，就直接跳转到取值计算的代码，即第 76 行。只有 IsCompleted 的值为 false，才会调用 AwaitUnsafeOnCompleted 方法创建回调方法，如第 47 行和第 70 行。

如果异步方法取消执行，那 awaiter.GetResult 抛出 TaskCanceledException。如果执行失败，则会抛出相应异常。状态机的 MoveNext 方法使用 try…catch 块来包裹方法的整体代码逻辑，当有异常抛出的时候，会被 try…catch 块捕捉并使用 AsyncTaskMethodBuilder 结构体的 SetException 方法将 Task 实例状态置为失败，然后将异常与 Task 实例关联。

如果要等待的异步方法尚未执行完毕，则与代码清单 7-16 的第 43 行类似，会异步等待任务完毕后再执行 await 语句后面的同步代码。AsyncTaskMethodBuilder[⊖]的 AwaitUnsafeOnCompleted 用来注册相应的回调方法。图 7-12 演示了 AsyncTaskMethodBuilder 的内部工作逻辑。

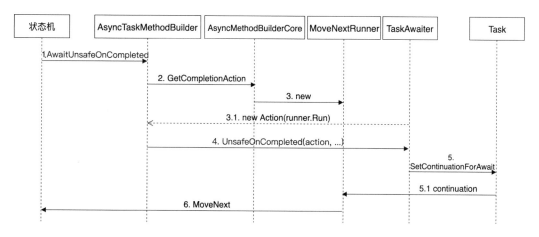

图 7-12　编译器生成的 async 状态机时序

⊖　源码请读者参考链接 https://referencesource.microsoft.com/#mscorlib/system/runtime/compilerservices/ AsyncMethodBuilder.cs,535。

下面是对一些主要步骤的解析。

1）首先 async 方法的状态机类型调用 AsyncTaskMethodBuilder 实例的 AwaitUnsafe-OnCompleted 方法，将 async 方法的 TaskAwaiter 实例和状态机实例本身作为参数传递。

2）AwaitUnsafeOnCompleted 进一步调用 GetCompletionAction 方法初始化异步方法的回调方法。

3）Builder 实例先获取当前的执行上下文（Execution Context），用上下文和状态机实例构建 MoveNextRunner 实例，并将新实例的 Run 方法作为异步任务完成后的回调方法，在捕获的执行上下文中向前移动状态机的状态。

4）Builder 实例调用 TaskAwaiter.UnsafeOnCompleted 方法，并将返回的 Action 实例回调委托传入。

5）TaskAwaiter 方法调用 SetContinuationForAwait 方法为被等待的异步方法注册回调委托，也就是第 4 步中 Action 实例的 continuation 变量在任务完成时会被回调。

6）实际上，continuation 变量是 MoveNextRunner 的 Run 方法。当异步任务完成时执行该方法，并调用状态机的 MoveNext 修改状态机的后续状态及执行后续操作。

7.5.4　扩展 async 方法

在 C# 里，async 方法的编译器处理是可扩展的。async 方法的实现途径如下。

1）在项目源码里，通过 System.Runtime.CompilerServices 命名空间自定义 Async-MethodBuilder 类型。

2）自定义 TaskAwaiter 类型。

3）自定义类 Task 类型，即可以在 async 方法的函数声明中返回自定义的类 Task 类型。

自定义扩展 async 方法的应用场景很少，对于有兴趣的读者，这是一个加深理解 C# 编译器对 async 方法实现机制的很好的方式。但限于篇幅，本书就不展开介绍了。本书附带代码针对上面的几种扩展均有示例，请读者参阅：第 7 章 \AsyncInternal.cs。

7.5.5　async 方法执行上下文

在 async 方法执行之前，方法中的所有代码通常都是在一个线程里执行的。而线程通常会使用线程本地存储保存一些信息，例如安全相关的信息、区域设置相关的数据等。当几个方法在同一个线程中执行的时候，这些方法都共享线程的数据。但是在 async 方法里，一个方法的代码会分成几块，可能会由不同的线程执行，那么就无法在线程本地存储数据了。

上下文类型 ExecutionContext 用于在多个线程切换时保存数据。Task.Run 和 ThreadPool.QueueUserWorkItem 方法会自动保存线程的上下文，如 Task.Run 方法会从启动线程创建上下文实例，并附在 Task 实例上。当需要在 Task 上执行回调委托时，其使用保存的上下文数据并通过 ExecutionContext.Run 方法执行。为了在多个异步任务之间使用数据，我们需要使用 AsyncLocal 类型将数据保存在上下文中。代码清单 7-18 中的第 7 行和第 8 行分别启动了两个任务，其中第 8 行的任务将在第 7 行的任务运行结束后继续执行，由于 Task.Run 会自动保存上下文，因此两个任务都能正确访问到共享的数据。程序的运行结果参见图 7-13 所示的前两行输出。

代码清单 7-18　Task.Run 方法自动保存执行上下文

```
// 源码位置: 第 7 章 /ExecutionContextDemo.cs
01 public static Task ExecutionContextSyncDemo()
02 {
03     var al = new AsyncLocal<int>();
04     al.Value = 42;
05
06     return Task
07         .Run(() => Console.WriteLine($"Task run: {al.Value}"))
08         .ContinueWith(_ => Console.WriteLine($"ContinueWith: {al.Value}"));
09 }
```

```
MacBook-Pro-2:第7章 shiyimin$ dotnet ExecutionContextDemo.exe
Task run: 42
ContinueWith: 42
第一次 await: 42
UnsafeOnCompleted: 0
第二次 await: 42
```

图 7-13　使用上下文保存任务之间的数据

但不是所有方法都会自动保存和恢复上下文，比如 TaskAwaiter 类型的 UnsafeOnComplete 和 AsyncMethodBuilder 的 AwaitUnsafeOnComplete 方法就不会保存上下文环境，这是 .NET 框架故意设计的。代码清单 7-19 中，第 6 行和第 14 行的 await 语句会自动保存和恢复上下文，但是第 10 行的 UnsafeOnCompleted 方法因为不会做自动处理，导致任务无法访问到第 3 行的共享数据变量 al。图 7-13 所示的后 3 行输出是其运行结果。

代码清单 7-19　TaskAwait.UnsafeOnCompleted 方法不保存上下文环境

```
// 源码位置: 第 7 章 /ExecutionContextDemo.cs
01 public static async Task ExecutionContextAsyncDemo()
```

```
02  {
03      var al = new AsyncLocal<int>();
04      al.Value = 42;
05
06      await Task.Delay(100);
07      Console.WriteLine($" 第一次 await: {al.Value}");
08
09      var task = Task.Yield();
10      task.GetAwaiter().UnsafeOnCompleted(() =>
11          Console.WriteLine($"UnsafeOnCompleted: {al.Value}")
12      );
13
14      await task;
15
16      Console.WriteLine($" 第二次 await: {al.Value}");
17  }
```

7.6　函数式编程

实际上，C# 是一种多范式的编程语言。C# 除了具有面向对象编程和动态语言编程的特性外，还支持函数式编程范式。函数式编程主要强调两个概念。

❑ 函数是一种数据类型：即函数与其他数据类型一样，处于平等地位，可以赋值给其他变量，也可以作为参数传入另一个函数，或者作为别的函数的返回值。

❑ 不修改状态：函数式编程只是返回新的值，不修改变量。这是因为函数式编程强调没有"副作用"。函数的功能就是返回一个新的值，不得修改外部变量的值。

函数式编程最大的优点就是易于实现并发编程。因为其不修改状态，所以在并行编程中不需要使用锁来同步线程。

7.6.1　函数式编程简介

函数式编程的核心概念是没有"副作用"。只要函数的输入参数是一样的，调用函数的计算结果保证也是一样的。这样，我们可以把函数当作值在程序内部任意传递，可以分配到任意的核上运算。虽然 C# 7.0 的支持模式匹配被大家广泛认为是支持函数式编程范式的起点，但实际上 C# 3.0 的 LINQ 就已经提供对函数式编程的支持了。

代码清单 7-20 演示了函数式编程的几个概念以及容易混淆的点。为了支持函数式编程范式，将函数作为"第一等公民"支持，C# 引入了本地方法的概念，即实现在一个方法里定义局部方法，并将其赋值给一个变量。如第 3 行的 add 变量可以作为参数传入其他方法。C# 还提供了 using static 关键字，以便使用其他类型的静态方法，如第 1 行引入

Console 类型的所有静态方法，第 6 行将 Console.WriteLine 方法当作一个变量（实际上是在方法的基础上新建了一个委托变量）传给 ForEach 方法。

代码清单 7-20　函数式编程基础概念

```
// 源码位置: 第7章\FunctionalProgrammingBasic.cs
01 using static System.Console;
02 // ...
03 int add(int a, int b) => a + b;
04 var array = new List<int>() { 1, 2, 3 };
05 var sum = array.Aggregate(add);
06 array.ForEach(WriteLine);
07 WriteLine($"{sum}");
```

add 是一个无"副作用"的方法，只要传入的两个参数 a 和 b 是相同的，就能得到相同的结果。它也不修改外部状态，执行完后进程里的其他全局变量和状态并没有发生变更。

WriteLine 方法则不是一个无"副作用"的方法，每次调用它时，终端都会有一些新的输出，在程序运行后外部状态实际上是被修改过的。为了支持并行调用，其内部使用了锁机制来控制线程之间的竞争输出。在大部分编程场景中，程序里所有方法都无"副作用"是不大现实的，例如写入文件、写入数据库等操作均是带有副作用的方法，需要用锁机制来保护。

函数式编程更像是用数学的方式来表达程序。在数学中，函数是两个集合间的映射关系，即给定一个数集 A（输入参数集），假设其中的元素为 x，对 A 中的元素 x 施加对应法则 f，记作 $f(x)$，得到另一数集 B（输出结果集），假设 B 中的元素为 y，则 y 与 x 之间的关系可以表示为 $y=f(x)$。

代码清单 7-20 中所示的 add 方法就是输入集合（a, b）映射到结果集合（sum）的对应法则，输入集合的元素个数不一定与输出集合的元素个数相同，如图 7-14 所示。

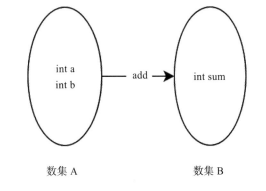

图 7-14　函数是将输入集合映射到输出集合的过程

7.6.2　高阶方法

高阶方法（Higher-order functions，HOF）可接收其他方法作为参数，或者将方法作为返回结果。LINQ 中很多方法是高阶方法，如 Where 方法接收一个过滤方法作为参数，用来在遍历集合时过滤掉不符合要求的元素。

　　有时我们需要一个方法来创建其他方法，这个方法也是一个高阶方法。代码清单 7-20 中使用 add 方法对集合中的元素求和，但如果想给每个元素加上一个数字，又想复用 add 方法，就有点困难了。这是因为 add 方法接收两个参数，但是无论是 ForEach 方法还是 Select 方法都只接收一个参数。解决方案一种是定义一个临时方法，将要加的数字硬编码在方法里，如代码清单 7-21 第 4 行的 addOne 方法，其通过硬编码实现了针对数组 array 的每个元素都加 1。

　　但很明显 addOne 的思路并没有可扩展性，如果要给元素加 2，就需要再定义一个方法 addTwo。而代码清单 7-21 第 8 行的高阶方法 addNum 就可以很好地解决这个问题。其将要加的数字作为参数 i 传入，然后返回另一个方法。这个方法是在传递给 ForEach、Select 等方法并遍历数组元素时调用的，因为它的声明原型接收一个参数 n，所以可以接收 ForEach、Select 传递过来的元素。在遍历过程中，参数 n 接收的是传递过来的元素，而 i 则是预先设置要累加的数字。addNum 更直观的用法可以参见第 10 行。

代码清单 7-21　返回方法的高阶方法

```
// 源码位置：第 7 章\FunctionalProgrammingBasic.cs
01 int add(int a, int b) => a + b;
02 var array = new List<int>() { 1, 2, 3 };
03
04 Func<int, int> addOne = n => add(1, n);
05 array.Select(addOne).ToList().ForEach(WriteLine);
06 WriteLine(addOne(5));
07
08 Func<int, int> addNum(int i) => n => add(i, n);
09 array.Select(addNum(1)).ToList().ForEach(WriteLine);
10 WriteLine(addNum(1)(5));
```

7.6.3　偏函数应用

　　偏函数（Partial Function）就是通过使用默认值来减少函数参数个数的方法，比如方法有 N 个参数，可以先创建一个接收 $N–1$ 个参数的封装方法，然后使用一个默认参数值调用原来的方法，实际上代码清单 7-21 中的 addOne 和 addNum 都是偏函数。

　　addOne 和 addNum 是定制性的偏函数。我们可以通过泛型构建一个通用的方法来简化偏函数的创建。如代码清单 7-22 第 7 行定义的 Bind3rdArg 方法，其将包含 3 个参数的任意方法转换成接收两个参数，第 3 个参数使用默认值。观察该方法的定义，发现 T1、T2 和 T3 是原始方法的 3 个参数的类型的泛型形式，而 R 是原始方法的返回类型。第 8 行使用 this 关键字将 Bind3rdArg 定义成扩展方法，以便附在原始方法上创建新的偏函数。

如第 18 行创建的新的偏函数，其让原始方法 Distance 的第 3 个参数使用默认值 0，从而把计算 3D 空间距离的方法转换成计算 2D 空间距离的方法。

Bind3rdArg 的第 1 个参数 func 是一个委托，因此需要将 Distance 方法赋值给一个委托变量，这样 distance3D 才能使用 Bind3rdArg 扩展方法的语义，否则编译器会输出一个编译警告。

代码清单 7-22 还演示了一个小技巧，使用 using 关键字给引入的类型重新命名，使得方法定义里的参数类型更加直观，如第 12 行的 Distance 方法定义。

代码清单 7-22　创建偏函数

```
// 源码位置：第 7 章 \FunctionalProgrammingBasic.cs
01 using X = System.Double;
02 using Y = System.Double;
03 using Z = System.Double;
04
05 public static class PartialFunctionExtensions
06 {
07     public static Func<T1, T2, R> Bind3rdArg<T1, T2, T3, R>(
08         this Func<T1, T2, T3, R> func, T3 t3)
09             => (t1, t2) => func(t1, t2, t3);
10 }
11
12 static double Distance(X x, Y y, Z z)
13 {
14     return Math.Sqrt(x * x + y * y + z * z);
15 }
16
17 Func<X, Y, Z, double> distance3D = Distance;
18 var distance2D = distance3D.Bind3rdArg(0);
19 WriteLine($"{distance2D(1, 2)}");
```

7.6.4　柯里化方法

柯里化方法（Curry Function）与偏函数很类似，只不过后者是减少原始方法的参数个数，前者则完全不需要参数，可以看作是后者的极致情形。

柯里化方法和偏函数都是通过采用不同的参数指定默认值来创建新的方法，以适用于不同的场景。笔者个人感觉柯里化方法使用弹性更大一些。如代码清单 7-23 中第 1 ~ 3 行创建了一个接收 3 个参数的通用柯里化方法 Curry。注意，第 1 行的方法的返回类型与代码清单 7-22 中 Bind3rdArg 方法返回类型的区别。如果要使用偏函数给第 1 个参数或者第 3 个参数指定默认值创建方法的话，需要分别定义 Bind1stArg 和 Bind3rdArg 两个方法。而使用柯里化方法，我们可以随心所欲地指定默认参数，如代码清单 7-23 中的第 6

行，只要在 Curry 方法的基础上创建一个新的方法即可。

代码清单 7-23　柯里化方法定义示例

```
// 源码位置：第 7 章 \FunctionalProgrammingBasic.cs
01 public static Func<T1, Func<T2, Func<T3, R>>>
02     Curry<T1, T2, T3, R>(this Func<T1, T2, T3, R> func)
03         => t1 => t2 => t3 => func(t1, t2, t3);
04
05 var curried = distance3D.Curry();
06 Func<X, Y, double> distance2D_c = (x, y) => curried(x)(y)(0);
07 WriteLine($"{distance2D_c(1, 2)}");
```

7.6.5　数据封装

在主流的面向对象的编程语言中，null 是一个很常见的语言构造元素。在 C# 里，null 是引用类型的默认值，表示一个字段没有值，或者代表不传值给方法的参数等。null 是一个非常有用的语法构造元素。

但是 null 引用的发明者 Tony Hoare 却说，null 引用的发明是他犯的一个价值几十亿美金的错误！这是因为引入 null 值以后，程序员经常忽视检查 null 值，造成 NullReferenceException 等异常，特别是在程序发布或者上线之后，追踪空值引用的 bug 耗费程序员不少的精力。本节我们来探讨一下在函数式编程里 null 值和错误处理。

在很多函数式编程语言里，如 F# 和 Scala 都建议采用 Option/Some/None 的模式来处理数据。C# 中的一个开源库 LanguageExt 提供了类似的类型，以便程序员更好地使用函数式编程。其最核心的库是 LanguageExt.Core。我们可以使用 nuget 包管理器安装它。

代码清单 7-24 所示是一个简化的交易所下单程序。当用户下达一个买入指令时，交易所需要先检查用户的余额是否足够，然后再将相应的余额从可用资金中扣除，并增加到下单资金总额中，最后执行撮合。在向数据库查询用户余额时，很有可能出现用户不存在，甚至数据库临时不在线等问题，得不到用户的余额。在面向对象的编程中，我们习惯返回 null 值。

代码清单 7-24　使用 Option<T> 封装应用类型数据

```
// 源码位置：第 7 章 \LanguageExtDemo\LanguageExtDemo\Program.cs
01 using LanguageExt;
02 using static LanguageExt.Prelude;
03
04 static Dictionary<string, Balance> s_UserBalances = /* ... */
05
06 static void Buy(string user, int amount)
07 {
```

```
08        var result = FindBalance(user);
09        match(result,
10            Some: b =>
11            {
12                b.Available -= amount;
13                b.Frozen += amount;
14            },
15            None: () => Console.WriteLine("未找到！"));
16
17        //FindBalance(user)
18        //    .Some(b =>
19        //    {
20        //        b.Available -= amount;
21        //        b.Frozen += amount;
22        //    })
23        //    .None(() => Console.WriteLine("未找到！"));
24 }
25
26 static Option<Balance> FindBalance(string user)
27 {
28        string key = user ?? string.Empty;
29
30        return s_UserBalances.ContainsKey(key) ?
31            Some(s_UserBalances[key]) : None;
32 }
```

在 C# 中使用 Option/Some/None 模式，首先需引入 LanguageExt 命名空间，并使用
static 引用引入 LanguageExt.Prelude 所有的静态成员。将查询余额定义成返回 Option<T>
类型的方法，如代码清单 7-24 第 26 行的 FindBalance。使用 Some<T> 类型封装成功返
回的结果，如第 30 ~ 31 行查询到用户余额后使用 Some 方法返回结果。如果用户不存
在，则返回 None 静态属性，表示没有值。Some 方法和 None 属性都是类型 LanguageExt.
Prelude 中的静态成员。

第 9 行通过 match 方法使用返回 Option 实例的方法。match 方法分别对可能的值进
行处理，如果 FindBalance 方法找到了用户余额，则通过第 2 个参数 Some 的方法来处理
用户余额，如第 10 ~ 14 行，即扣减用户的余额。如果没有找到用户余额，则通过第 3
个参数 None 的方法来处理。相对于返回 null 值，Option/Some/None 模式的好处是，与
null 值对应的 None 是一个对象，而保存实际返回结果的 Some<T> 也是一个对象。但是，
Some<T> 与其封装的 T 类型的实例并不是同一个类型，因此也就不能直接使用 T 类型的
成员，需要通过 match 方法来处理，进而强制在代码里处理 None 值。

第 10 行和第 15 行还使用了一个小技巧——虽然在调用 match 方法时传入了其所需的
3 个参数，但在代码里还是指明了 Some: 和 None: 两个参数名，使得代码更加清晰、可读。

match 方法也是 LanguageExt.Prelude 的静态成员，Option<T> 类型包含了功能一样的 Match 成员方法，这些成员方法的使用方式也是一样的，且同时支持流畅式 API 调用，如第 17 ~ 23 行对 FindBalance 返回结果的处理和第 9 ~ 15 行的处理是一样的。LanguageExt 的 Option 实现支持 async/await 关键字，并用在异步编程中。

7.6.6　错误处理

程序中有很大一部分代码是用来做错误处理的，C 语言采用错误码的方式报错，C#、Java 等语言采用异常的方式报告错误。错误码问题容易被程序员忽略。而异常的使用在函数式编程中也有不少争议。一个主要的争议点是异常会破坏程序正常的流程。比如，try…catch…代码块之所以要附加一个 finally 块，是因为抛出异常后破坏了程序正常释放资源的流程，需要额外的代码来处理异常流程下的资源释放问题。

7.6.5 节演示了使用 Option 模式处理 null 值问题。函数式编程中也有一个模式用来执行错误处理，这就是 Either/Left/Right 模式。LanguageExt 库也提供了对它们的支持。在 Either 模式中，Left 类型主要是用来报告错误的，Right 类型则用来封装正常流程执行结束后的结果。因为 Right 和 Left 都是独立的类型，与 Option 模式的 Some 和 None 类似，所以当一个方法返回 Either 类型的结果时，通过 match 方法强制程序员处理异常情况。

代码清单 7-25 所示是一个简单的除法运算，当除数 y 是零的时候，一般 C# 代码通过异常的方式报告错误，如果调用者没有在 try… catch 块中处理这个异常的话，异常就会在堆栈中一直向下寻找处理代码。如果找不到，进程会异常退出。而使用 Either/Left/Right 模式，首先函数的返回类型被定义为 Either<string, int>，第 1 个类型参数代表方法执行过程中可能会发生的错误信息，而第 2 个类型参数是类型封装方法的正常执行结果。

如除零错误在第 20 行通过 Left 方法将错误消息封装进 Left 类型的实例中，正常的执行结果则在第 22 行通过 Right 方法将创建的 Right 实例返回。

调用 Divide 方法的代码则将其返回结果通过 Match 方法处理，如第 6 行和第 11 行，如果方法正常调用，那么第 7 行执行 Right（参数对应的委托方法处理返回结果），否则调用第 8 行的 Left（参数的委托方法执行错误处理）。

代码清单 7-25　Either/Left/Right 模式使用示例

```
// 源码位置：第 7 章 \LanguageExtDemo\LanguageExtDemo\Program.cs
01 using LanguageExt;
02 using static LanguageExt.Prelude;
03 // ... 省略部分代码 ...
04 static void EitherDemo()
```

```
05  {
06      Divide(6, 3).Match(
07          Right: value => Console.WriteLine($"结果：{value}"),
08          Left: error => Console.WriteLine($"发生错误：{error}")
09      );
10
11      Divide(6, 0).Match(
12          Right: value => Console.WriteLine($"结果：{value}"),
13          Left: error => Console.WriteLine($"发生错误：{error}")
14      );
15  }
16
17  static Either<string, int> Divide(int x, int y)
18  {
19      if (y == 0)
20          return Left("不能除 0！");
21      else
22          return Right(x / y);
23  }
```

7.6.7　模式匹配

F# 和 Scala 这些函数式编程语言中提供了强大的模式匹配功能。为了更好地支持函数式编程这种范式，自 C#7.0 开始添加更多的复杂模式匹配功能。实际上，自 C#1.0 开始就通过 is 和 as 关键字提供了一些基础模式匹配功能，以便判断或转换对象的类型。

1. C# 7.x 的模式匹配

C# 7.0 的模式匹配功能主要是通过扩展 switch/case 语句实现的。C# 7.x 中主要支持类型模式匹配、var 和 case 监视（case guard）等几种模式。代码清单 7-26 采用一个将任意对象转换成日期实例的方法演示模式匹配强大的功能。

代码清单 7-26　C# 7.x 模式匹配示例

```
// 源码位置：第 7 章 \LanguageExtDemo\LanguageExtDemo\Program.cs
01  static Either<string, DateTime> ToDateTime(object value)
02  {
03      switch (value)
04      {
05          case null: // null 模式
06              return Left($"{nameof(value)}为空！");
07          case DateTime dt:  // 类型模式
08              return dt;
09          case long ticks when ticks >= 0: // case guard
10              return new DateTime(ticks);
11          case long ticks when ticks < 0:
12              return Left($"{value} 不能小于 0");
13          case string @string when DateTime.TryParse(@string, out DateTime dt):
```

```
14              return dt;
15          case int[] date when date.Length == 3 &&
16              date[0] > 0 && date[1] > 0 && date[2] > 0:
17              return new DateTime(date[0], date[1], date[2]);
18          case var _: // var 模式
19              return Left($" 不支持的参数类型：{value.GetType()}");
20      }
21  }
```

第 7 行的类型匹配模式可以在一行代码里完成类型匹配并将成功匹配的结果保存到变量中。以前的 C# 版本需要 is 和 as 两个关键字才能完成这个过程。

第 9 行使用 case 监视匹配：只有 value 的类型为 long，且其值大于等于 0 才会匹配。相同类型的匹配可以通过 case 监视匹配来区分，如第 9 行和第 10 行都匹配了 long 类型，但是可通过值区分出执行路径。

第 13 行演示了 case 监视的语法糖技巧：先判断类型，再判断日期字符串是否成功解析，解析成功的话获取最终的结果并返回。

第 15 行演示了更为复杂的模式匹配和技巧：通过判断数组的长度和具体数组的元素值，将一个数组实例转换成日期实例。

最后第 18 行的 var 模式是类型模式匹配的异化，其类型与原始类型匹配，后面可以附带一个变量定义。在很多情况下，var 模式与 default 语句的功能相同，因此这里使用 "_" 来丢弃匹配的结果。关于二者的区别，在微软的官方文档有很好的论述，请读者参阅文档：https://docs.microsoft.com/en-us/dotnet/csharp/pattern-matching#var-declarations-in-case-expressions。

2. C# 8.0 的模式匹配

在 C#7.x 的基础上，C# 8.0 添加了以下几个更复杂的模式匹配功能。

（1）switch 表达式

switch 表达式去掉了 switch 语句中的 case、break 和 default 等关键字，可以将模式匹配的计算结果直接赋值给变量，如代码清单 7-27 所示代码使用 switch 表达式创建了一个计算图形面积的方法——直接通过判断 shape 的类型来计算和返回相应的面积。

代码清单 7-27　switch 表达式示例

```
01 static double GetArea(this Shape shape) => shape switch
02 {
03     Rectangle rectangle => rectangle.Height * rectangle.Width,
04     Circle circle => Math.PI * circle.Radius * circle.Radius,
05     null => throw new ArgumentNullException(nameof(shape)),
06     var unknownShape => throw new NotImplementedException()
07 };
```

（2）位置模式

位置模式（Position Pattern）使用类似元组的语义进行匹配，其可以对任意类型的实例通过解构方法（Deconstruct）进行匹配。不过，最常用的还是针对元组的匹配。代码清单 7-28 所示是针对元组对象的匹配，可以根据元组不同位置的元素值进行匹配，使用"_"来匹配其他位置上的任意值。

代码清单 7-28　基于位置进行模式匹配

```
// 源码位置：第 7 章 \LanguageExtDemo\LanguageExtDemo\Program.cs
01 var 订单状态 = (OrderState.Ordered, ActionState.CancelOrder, 3);
02 var finalState = 订单状态 switch
03 {
04     (OrderState.Ordered, ActionState.CancelOrder, _)
05         => OrderState.Canceled,
06     (OrderState.Canceled, ActionState.CancelOrderCancellation, _)
07         => OrderState.Ordered,
08     (OrderState.Delivered, ActionState.Return, int days)
09         when days < 30 => OrderState.Returned,
10     (_, ActionState.Order, _) => OrderState.Ordered,
11     (var state, _, _) => state
12 };
```

（3）属性模式

属性模式（Property Pattern）匹配与位置匹配类似，可以根据类型的属性和字段值来匹配。这种模式首先进行类型匹配，然后在类型名称后面使用 {…} 针对具体的属性执行额外的匹配。属性匹配也可以与 case 监视一起使用进行更细化的过滤。属性模式匹配的示例代码如代码清单 7-29 所示。

代码清单 7-29　属性模式匹配

```
01 static double GetArea(this Shape shape) => shape switch
02 {
03     Rectangle { Width: 0 } => 0,
04     Rectangle { Height: 0 } => 0,
05     Circle { Radius: 0 } circle => circle.Radius,
06     Rectangle rectangle => rectangle.Height * rectangle.Width,
07     Circle circle => Math.PI * circle.Radius * circle.Radius,
08     _ => throw new ArgumentException()
09 };
```

（4）递归模式匹配（Recursive Pattern Matching）

所有的模式匹配规则都可以结合在一起递归使用。代码清单 7-30 所示代码就结合了上文提到的属性匹配、位置匹配等多种模式。

代码清单 7-30　递归模式匹配

```
01 var message = complexType switch
02 {
03     { ShipmentStatus: Shipment.State.Ordered } => "下单成功！",
04     { Address: { Province: "SH" } } => "在上海居住！",
05     { Address: { Zip: null } } => "请输入邮编！",
06     { ShipmentStatus: Shipment.State.Delivered, Name: (var firstName, _) }
07         => $"{firstName}先生／女士请查收快递！",
08     null => throw new ArgumentNullException(),
09     _ => "不支持的订单状态！"
10 };
```

7.7　本章小结

　　并行编程的领域非常广泛。多核可以同时执行代码，一些在单核上常用的算法使用并行编程并不能大幅提升效率。在实际应用中，读者可先查阅相应算法的并行版本，并执行实际的压力测试后再决定是否采用并行技术。

第**8**章

分布式编程

提高程序性能通常有两种手段，一种是垂直扩展（Scale Up），一种是水平扩展（Scale Out），前面章节探讨的多线程编程和并行编程属于垂直扩展，即通过配置更高性能的机器来实现程序性能的提升。随着机器硬件性能的提升越来越困难，更多的应用开发者采用水平扩展来实现程序性能的提升，即分布式编程。

8.1 C# 对分布式编程的支持

在分布式编程中，系统被划分成多个模块。各模块按照逻辑关系部署在不同的机器上，而模块之间的联系和调用关系则使用 Web 服务技术。随着分布式编程技术的不断演化和发展，C# 和 .NET 框架提供了多种远程调用技术（Remote Procedure Call，RPC）。为了统一这些不同的远程调用技术，.NET 封装了 WCF（Windows Communication Framework）。出于我们对架构简洁、复用现有技术的考虑，分布式系统中对外开放的接口越来越多地采用 RESTful API 架构。而分布式系统内部的模块间调用则视开发团队的喜好来决定。在本节中，笔者依次介绍 .NET 从 1.0 以来使用比较广泛的 Web 服务技术。

8.1.1　Web 服务技术

从 .NET 1.0 开始就将 Web 服务技术作为主打的远程调用技术，但由于其接口实现较为复杂，且围绕其周边定义了很多新的标准，如今已经很少有系统将其作为首选的接口技术了。Web 服务技术主要由 SOAP、WSDL 和 UDDI 等协议组成。

❑ SOAP（Simple Object Access Protocol，简单对象访问协议）定义了封装 Web 服务接口调用的消息格式。

❑ WSDL（Web Services Description Language，Web 服务描述语言）协议使用 XML 语言定义了 Web 服务接口的格式，如 Web 服务提供了哪些对外的接口、各接口的参数个数、各接口的类型、返回数据类型等信息。

❑ UDDI（Universal Description Discovery and Integration，通用描述、发现和集成）协议作为 Web 服务接口的注册中心，可帮客户端方便地发现可使用的 Web 服务接口。

图 8-1 演示了 Web 服务技术几个组成协议之间的关系，首先 Web 服务接口提供方，即服务器端将自己的接口信息使用 WSDL 描述。一般接口描述由编译器或者 WSDL 生成工具自动从源码中生成，然后在 UDDI 注册中心注册此接口。

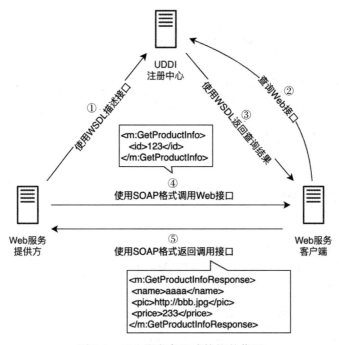

图 8-1　Web 服务各组成协议的作用

Web 服务的客户端通过 UDDI 注册中心发现该 Web 服务接口。UDDI 注册中心将 WSDL 格式的消息返给客户端，客户端则根据返回的 WSDL 描述，通过代码生成或者反射等工具自动生成调用 Web 接口的代码。

最后，客户端和服务器端就可以直接调用 Web 接口了。所有过程中，不论是注册 Web 接口，还是发现 Web 接口，或者调用 Web 接口，都是采用 SOAP 格式的消息来封装接口调用的。

8.1.2 Remoting 技术

Web 服务技术依赖于 XML 格式的 SOAP 和 HTTP，适用于不同机构间的系统对接，但这种方式对于内部之间的系统对接来说效率就显得低了。由于内部系统的开发人员之间沟通相对方便，系统调用可以用更底层、更高效的 TCP，而数据也可以使用二进制格式而不是 XML 格式传输，因此从 .NET 发行开始就提供了扩展性和应用范围更广的 Remoting 技术。

.NET Remoting 的设计初衷是提供一个扩展性高的远程调用框架。客户端和服务器端通过 Channel 来发送和接收消息，而消息由多个 Sink 组成的 Sink 链来处理。由于 .NET Remoting 是高度可扩展的，因此 .NET 上 Web 服务技术也可以用 Remoting 技术实现。图 8-2 所示是 .NET Remoting 技术的架构。

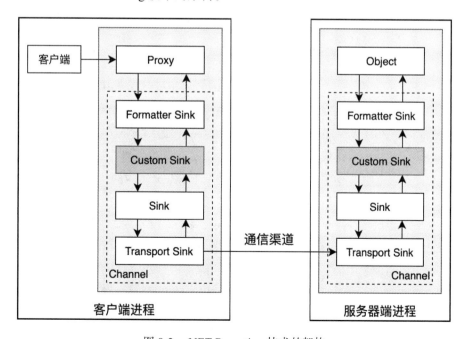

图 8-2　.NET Remoting 技术的架构

首先服务器端要传递给客户端的对象都支持序列化。可序列化对象包括两种：一种是按值传递（Marshal by Value）；一种是按引用传递（Marshal by Reference）。两种对象的使用方式类似方法间调用时的参数传递。

只要按值传递的对象在类型上加上 Serializable 特性，Remoting 框架就会自动根据程序的配置使用序列化技术，如选择是采用二进制还是文本格式序列化对象。

若按引用传递，则可以将对象的引用虚拟地从服务器端传递到客户端，客户端通过这个引用访问对象的成员，如调用成员方法等。按引用传递的对象类型必须继承自 MarshalByRefObject 类型。图 8-2 中所示的服务器对象就是按引用传递的，Remoting 技术会自动在客户端为其生成一个代理（Proxy）对象。这个代理对象负责将客户端访问对象成员的操作转换成远程调用。

当客户端调用服务器端的方法时，首先通过代理对象发起调用，然后将传入的参数通过 FormatterSink 对象执行序列化操作，如 BinaryFormatter 和 SoapFormatter 等。程序员也可以插拔自定义的 Sink 实现二次处理，例如执行数据压缩、加密等操作。最后将要发送的数据通过 Transport Sink 类型进行处理。其根据配置创建 HttpChannel、TcpChannel 等对象来将数据发送到服务器端。服务器端正好反过来处理。

Remoting 技术是一个具有很好扩展性的框架。其包含的一些关键性处理代码是 .NET 框架提供的，但序列化方面的代码存在一些安全隐患（例如可以被用来远程执行恶意代码），而且需要一些运行时的支持，因此在 .NET 3.0 版本之后就逐步被淘汰了。

8.1.3　RESTful API

随着接入互联网设备的多样化，服务器端的趋势是只暴露 API 接口，对数据的展现和处理交给设备端的应用程序，如手机 App 应用、单页面应用（Singlel Page Application，SPA）等。前面介绍的 Web 服务由于其实现较为复杂，并且添加了一些新的协议，导致逐步被废弃。现代主流的分布式系统均采用 RESTful 架构来提供对外接口。

RESTful API 之所以流行，主要是因为其是基于 HTTP 实现的，API 接口通过 URI 格式对外暴露，且数据传输采用 JSON 格式，这些都是当下广泛应用的技术，同时不同编程语言和框架对它们的支持度良好，便于采用不同技术的系统实现集成。

ASP.NET 框架提供了对 RESTful API 的内置支持，这是基于 OWIN（.NET 开放 Web 接口）规范实现的。之前的 ASP.NET 框架与 IIS 绑定得过紧，导致 ASP.NET 应用必须部署在 Windows 服务器上。而 OWIN 规范允许将 Web 服务器和宿主程序解耦，这样既可以将 ASP.NET Core 应用部署在 IIS 上，也可以部署在一个独立的命令行程序里，还可以部署在 Apache 等服务器上，这样就允许在 Linux 等服务器上部署 ASP.NET Core 应用，从

而大大扩展了 .NET 的应用范围。

创建 ASP.NET Core Web API 应用的方法包括两种：一种是通过 Visual Studio 的项目模板，依次点击"新建"→ .NET Core →"应用"→ API，创建一个新的 Web API 工程；另一种是使用 dotnet 命令创建，比如执行下面的命令即可创建 Web API 工程。

```
dotnet new webapi
```

工程模板中的源码自带 Web API 的例子代码。代码清单 8-1 所示是一个简单的 API 示例，示例中对外暴露的 API 只需要包含在从 ControllerBase 继承的控制器（Controller）类型中。这个类型需要标注 ApiController 特性，并使用 Route 特性来自定义 API 对外暴露的 URI 格式。该 API 示例中使用了默认配置。

每个 API 是控制器类型里的一个方法，如 Get 方法。其使用 HttpGet 特性标注说明它可以通过 HTTP 的 Get 方法访问，而返回值是普通的 .NET 类型。在实际调用过程中，ASP.NET Core 会自动将其序列化成 JSON 等格式。

在工程根文件夹里使用命令 dotnet run 启动工程。默认情况下，通过 HTTP 访问的端口号是 5000，通过 HTTPS 访问的端口号是 5001。以 HTTP 访问时，ASP.NET Core 会自动重定向到 HTTPS。

代码清单 8-1　ASP.NET Web API 简单示例

```
// 源码位置：第 8 章 \demoapi\demoapi\Controllers\SequetialController.cs
01 [ApiController]
02 [Route("[controller]")]
03 public class SequentialController : ControllerBase
04 {
05     [HttpGet]
06     public int[] Get()
07     {
08         return new int[] { 1, 2, 3 };
09     }
10 }
```

8.1.4 gRPC

gRPC 是谷歌公司开发的用来在服务间高效通信的协议。顾名思义，其也是一个远程过程调用的工具。在 gRPC 里，信息交换使用 HTTP 2，而现在大部分网站应用仍然基于 HTTP 1.1。API 和客户端传输的数据使用 Protocol Buffer 定义的二进制格式。数据交换既可以是标准的请求＋响应的模式，也可以使用 HTTP 2 的流式传输的特性持续交换。也就是说，gRPC 能实现 REST、WebSocket 等多种通信模式，使其变成前者的替代品。微软也在今年正式在 .NET 添加了对 gRPC 的支持。

　　与很多基于反射的序列化库不同，gRPC 仍然采用传统 RPC 中的 IDL（Interface Description Language，接口描述语言）文件来指导持续序列化和反序列化对象。使用 gRPC 时，首先需要用 IDL 文件描述接口、接口的输入参数和输出数据类型。然后在实际接口调用时，程序根据 IDL 文件中描述的格式将对象序列化成 Protocol Buffer 格式。图 8-3 演示了客户端和服务器端使用 gRPC 进行通信的过程。

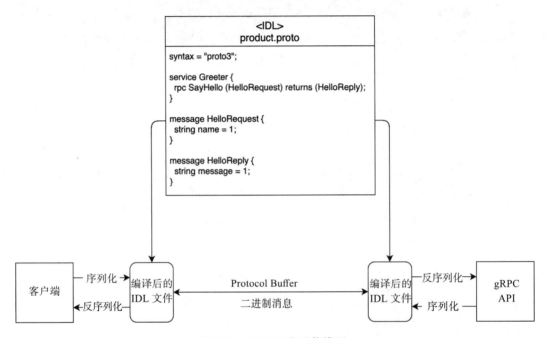

图 8-3　gRPC 双方通信模型

　　gRPC 使用二进制格式，这使其可以在网络上更高效的传输。而且相对于文本数据，程序处理二进制格式的数据会更方便和高效。同时，二进制格式的数据也更便于客户端和服务器端之间进行双向通信。比如说，从 gPRC 接口返回的数组既可以作为一个消息整体返回，也可以被连续性地流式处理——一个一个连续地向客户端发送数组元素。REST 架构可能需要以多次分页的方式获取数组里的元素。相对于基于文本格式的 REST 架构，gRPC 显然能获得更好的程序体验。

1. Protocol Buffer

　　默认情况下，gRPC 使用 Protocol Buffer 来序列化对象。不过，gRPC 也可以根据配置并使用 JSON 等方式执行序列化。使用 Protocol Buffer 的第一步是将接口和要序列化的对象的结构定义在一个 proto 文件中。

　　在 proto 文件里先使用 service 关键字定义一个接口，然后在接口中使用 rpc 关键字定义里面的方法，指明方法的请求和响应类型。gRPC 中可以定义 4 种方法。

1）简单的 gRPC 方法，即接收客户端发来的一个请求对象并返回响应对象，类似一个普通的方法调用，例如：

```
rpc GetFeature(Point) returns (Feature) {}
```

2）服务器端流式 gRPC 方法，即客户端发送一个请求，然后得到一个消息流，可以连续地读取数据。方法定义中的响应类型前面有 stream 关键字时，就属于这种方法。

```
rpc ListFeatures(Rectangle) returns (stream Feature) {}
```

3）客户端流式 gRPC 方法，即客户端通过一个流持续向服务器端发送消息。当客户端写入消息完毕后，等待服务器端的响应。方法定义中的请求类型前面有 stream 关键字时，就属于这种方法。

```
rpc RecordRoute(stream Point) returns (RouteSummary) {}
```

4）双向流式 gRPC 方法，即双方都使用流式发送请求和返回响应。两个流的操作是独立的，客户端和服务器端使用任意的方式读写数据。下面就是一个双向流式 gRPC 方法的例子。

```
rpc RouteChat(stream RouteNote) returns (stream RouteNote) {}
```

方法中使用的接口和数据类型也需要在 proto 文件中定义，如代码清单 8-2 定义了一个 Point 结构——由两个整型字段组成。

代码清单 8-2 在 proto 文件中定义接口和数据类型

```
01 syntax = "proto3";
02
03 package routeguide;
04
05 service RouteGuide {
06   rpc GetFeature(Point) returns (Feature) {}
07
08   rpc ListFeatures(Rectangle) returns (stream Feature) {}
09
10   rpc RecordRoute(stream Point) returns (RouteSummary) {}
11
12   rpc RouteChat(stream RouteNote) returns (stream RouteNote) {}
13 }
14
15 message Point {
16   int32 latitude = 1;
17   int32 longitude = 2;
18 }
```

2. 生成代码

在 proto 文件中定义好双方通信的接口和数据类型后，下一步就是根据 proto 中的服务定义生成代码，以便客户端和服务器端代码可以引用它们，实现互相通信。gRPC 通过 protoc 命令来为服务定义生成不同编程语言版本的源码。不同语言的源码由相应的插件来生成。要生成 C# 源码，需要使用 C# 插件。但从 C#1.17 开始，gRPC 提供了 Grpc.Tools NuGet 包，其可以与 .NET 的编译体系工具 MsBuild 集成，在编译 C# 工程时自动在 proto 文件中生成源码。

在工程里直接引入 Grpc.Tools 包就可以在编译时集成代码生成功能，如代码清单 8-3 中第 11 行的包引用指令。由于生成的代码会用到一些 gRPC 类库中的基础类型，因此需要同时引入一些依赖包，分别是 Google.Protobuf 和 Grpc 包，如第 8 和第 9 行。如果只是用客户端的类型，那么引入 Grpc.Net.Client 包就可以。

代码清单 8-3　在 C# 工程中引入 Grpc.Tools 工具

```
01 <Project Sdk="Microsoft.NET.Sdk">
02   <PropertyGroup>
03     <OutputType>Exe</OutputType>
04     <TargetFramework>netcoreapp3.1</TargetFramework>
05   </PropertyGroup>
06
07   <ItemGroup>
08     <PackageReference Include="Google.Protobuf" Version="3.11.4" />
09     <!-- <PackageReference Include="Grpc" Version="2.28.0" /> -->
10     <PackageReference Include="Grpc.Net.Client" Version="2.28.0" />
11     <PackageReference Include="Grpc.Tools" Version="2.28.1">
12       <PrivateAssets>all</PrivateAssets>
13     </PackageReference>
14   </ItemGroup>
15
16   <ItemGroup>
17     <Protobuf Include="..\gRPCserver\Api.proto" GrpcServices="Client" />
18   </ItemGroup>
19 </Project>
```

引入依赖包之后，我们需要使用 Protobuf 标签将 proto 文件添加进工程，以便 Grpc. Tools 工具包正确识别服务定义文件。在 Visual Studio 里启动编译，或者使用 dotnet build 命令编译工程后，在工程的 obj/Debug/TARGET_FRAMEWORK 目录下保存生成的代码，例如目标框架是 netcoreapp3.1，那么文件夹路径就是 obj/Debug/netcoreapp3.1，同时生成两个文件。

❑ RouteGuide.cs 文件包含所有处理请求和响应数据类型的序列化代码。

❏ RouteGuideGrpc..cs 文件包含生成的客户端和服务器端类型定义，其中包括一个抽象类 RouteGuide.RouteGuideBase（服务器端的 RPC 接口实现需要从其继承）和一个 RouteGuide.RouteGuideClient（用来访问远程的 RouteGuide 实例）。

3. 实现服务器端接口

首先创建一个类型 RouteGuideImpl 来实现服务器端接口，这个类型继承自前面生成的类型 RouteGuide.RouteGuideBase。相关代码如下：

```
public class RouteGuideImpl : RouteGuide.RouteGuideBase
```

代码清单 8-4 里的 GetFeature 方法就是一个简单的 RPC 方法，其从客户端接收一个 Point 类型的数据，并根据这个点的位置查询数据库，返回一个 Feature 类型的查询结果。除了客户端传递 Point 参数以外，GetFeature 方法的第 2 个参数 context 是 gRPC 基础类库传给 gRPC 方法的额外信息。截至本书完成时，这个参数只是一个占位符，没有任何数据。另外，为了支持异步调用，GetFeature 方法的返回类型是 Task 封装的结果。

代码清单 8-4　gRPC 接口中简单的 RPC 方法实现

```
01 public override Task<Feature> GetFeature(
02     Point request, ServerCallContext context)
03 {
04     return Task.FromResult(CheckFeature(request));
05 }
```

服务器端流式 API 可以向客户端连续发送返回结果，因此代码清单 8-5 中 ListFeatures 方法的返回类型是 Task，也就是说它不是通过方法的返回值获得结果，而是需要监听响应流。ListFeatures 方法除了定义客户端调用的请求参数 request 和占位参数 context 以外，还定义了另外一个参数 responseStream，也就是将 proto 文件中 ListFeatures 方法定义的返回结果作为参数传递进来。通过这个参数，ListFeatures 方法可以连续向客户端发送数据。

第 7 行的 foreach 语句演示了向客户端发送连续数据的方法——通过 Write 方法不断地把查询结果写入响应流。

代码清单 8-5　gRPC 服务器端流式 API 实现

```
01 public override async Task ListFeatures(
02     Rectangle request, IServerStreamWriter<Feature> responseStream,
03     ServerCallContext context)
04 {
05     var responses = features.FindAll(
06         (feature) => feature.Exists() && request.Contains(feature.Location));
07     foreach (var response in responses)
```

```
08    {
09        await responseStream.WriteAsync(response);
10    }
11 }
```

代码清单 8-2 中，proto 文件 RecordRoute 是一个可以接收从客户端发送过来的连续请求的 API。在实现时，代码清单 8-6 所示代码通过第一个参数 requestStream 来读取客户端发来的连续请求。其类型是 IAsyncStreamReader<Point>，表示从流中读取的数据是 Point 类型。Protocol Buffers 会自动执行反序列化操作。

由于服务器端不知道客户端发送的请求数据的大小，所以 RecordRoute 方法使用 while 循环，不断地调用 requestStream 的 MoveNext 方法从流中读取下一个请求数据。Current 字段表示读取出来的请求数据。当数据读完时，MoveNext 方法返回 false，以便跳出循环。

代码清单 8-6   gRPC 客户端流式 API 的实现

```
01 public override async Task<RouteSummary> RecordRoute(
02     IAsyncStreamReader<Point> requestStream, ServerCallContext context)
03 {
04     int pointCount = 0;
05     int featureCount = 0;
06     int distance = 0;
07     Point previous = null;
08     var stopwatch = new Stopwatch();
09     stopwatch.Start();
10
11     while (await requestStream.MoveNext())
12     {
13         var point = requestStream.Current;
14         pointCount++;
15         if (CheckFeature(point).Exists())
16         {
17             featureCount++;
18         }
19         if (previous != null)
20         {
21             distance += (int) previous.GetDistance(point);
22         }
23         previous = point;
24     }
25
26     stopwatch.Stop();
27
28     return new RouteSummary
29     {
30         PointCount = pointCount,
31         FeatureCount = featureCount,
```

```
32          Distance = distance,
33          ElapsedTime = (int)(stopwatch.ElapsedMilliseconds / 1000)
34      };
35 }
```

对于支持双向流式处理的 API，其是将前面两种流式 API 的处理方式综合使用，如代码清单 8-7 中客户端的流式请求通过参数 requestStream 获取，用 while 循环不断调用 MoveNext 方法读取请求。服务器端则循环调用 reponseStream 的 Write 方法向客户端发送流式响应。不论是读取客户端请求，还是发送响应，双向流式处理的 API 都支持异步编程范式。

代码清单 8-7　gRPC 双向流式 API 实现

```
01 public override async Task RouteChat(
02     IAsyncStreamReader<RouteNote> requestStream,
03     IServerStreamWriter<RouteNote> responseStream,
04     ServerCallContext context)
05 {
06     while (await requestStream.MoveNext())
07     {
08         var note = requestStream.Current;
09         List<RouteNote> prevNotes = AddNoteForLocation(note.Location, note);
10         foreach (var prevNote in prevNotes)
11         {
12             await responseStream.WriteAsync(prevNote);
13         }
14     }
15 }
```

4. 启动服务器端

接口实现之后，我们需要启动 gRPC 服务器，以便客户端能够调用它们。启动服务器端既可以是直接在一个宿主程序（如命令行程序）里启动服务器，也可以是在 ASP.NET Core 网站里集成 gRPC 接口服务。

代码清单 8-8 里使用 Grpc.Core.Server 类型构建和启动服务器端，首先在第 5 行创建一个 Server 实例，第 6 行对 RPC 接口实现 RouteGuideImpl 实例化，并将 RPC 接口添加到 Server 对象的 Services 集合中。这样，外部客户端就可以访问 RPC 接口了。RouteGuide.BindService 是由 Grpc.Tools 生成的代码，用来将 RPC 接口的 proto 定义和具体实现绑定起来。

第 7 行指定服务器端监听的 IP 地址、端口号以及是否采用 HTTPS，第 10 行调用 Server 的 Start 方法启动服务器。当程序要退出时，通过 ShutdownAsync 方法关闭服务器。

代码清单 8-8　在命令行程序里启动 gRPC 服务器

```
01 const int Port = 50052;
02
03 var features = RouteGuideUtil.LoadFeatures();
04
05 Server server = new Server
06 {
07     Services = { RouteGuide.BindService(new RouteGuideImpl(features)) },
08     Ports = { new ServerPort("localhost", Port, ServerCredentials.Insecure) }
09 };
10 server.Start();
11
12 Console.WriteLine("RouteGuide server listening on port " + Port);
13 Console.WriteLine("Press any key to stop the server...");
14 Console.ReadKey();
15
16 server.ShutdownAsync().Wait();
```

要在 ASP.NET Core 网站寄宿 gRPC 服务的话，需要先引入 Grpc.AspNetCore 包。默认情况下，gRPC 要求使用 HTTPS 进行通信。如果没有 HTTPS 证书的话，建议读者在学习阶段使用 HTTP 来体验 gRPC 服务。而且 gRPC 要求基于 HTTP 2，而默认的 ASP.NET Core 工程里使用的是 HTTP 1.1。要强制 gRPC 使用 HTTP 2，首先需要修改 ASP.NET Core 工程里的 Program.cs 中的 CreateHostBuilder 方法，添加代码清单 8-9 中第 5 ～ 10 行的配置，表示程序监听端口 5000，并使用 HTTP 2。

代码清单 8-9　在 ASP.NET Core 中启用 HTTP 2

```
01 public static IHostBuilder CreateHostBuilder(string[] args) =>
02     Host.CreateDefaultBuilder(args)
03         .ConfigureWebHostDefaults(webBuilder =>
04         {
05             webBuilder.ConfigureKestrel(options =>
06             {
07                 // Setup a HTTP/2 endpoint without TLS.
08                 options.ListenLocalhost(5000, o => o.Protocols =
09                     HttpProtocols.Http2);
10             });
11             webBuilder.UseStartup<Startup>();
12         });
```

修改 ASP.NET Core 网站使用 HTTP 2 之后，修改 Startup 类型，并在配置服务器的时候，添加 gRPC 服务支持就可以了。如代码清单 8-10 中的第 4 行启用了对 gRPC 的支持，而第 16 行通过调用 MapGrpcService 将 gRPC 服务对外暴露。

如果没有 HTTPS 证书的话，为了避免 ASP.NET Core 自动将普通的 HTTP 请求重定向成 HTTPS 请求，因此在第 9 行对 UseHttpsRedirection 调用进行注释。

代码清单 8-10 在 ASP.NET Core 的 Startup 中启用 gRPC 支持

```
// 源码位置：第 8 章 \gRPCdemo\gRPCserver\Program.cs
01 public void ConfigureServices(IServiceCollection services)
02 {
03     // services.AddControllers();
04     services.AddGrpc();
05 }
06
07 public void Configure(IApplicationBuilder app, IWebHostEnvironment env)
08 {
09     // app.UseHttpsRedirection();
10
11     app.UseRouting();
12
13     app.UseEndpoints(endpoints =>
14     {
15         // endpoints.MapControllers();
16         endpoints.MapGrpcService<GreeterService>();
17     });
18 }
```

5. 客户端调用 gRPC 接口

为了调用 gRPC 接口，我们需要创建能够访问接口的客户端对象。首先要创建客户端与服务器端通信的 Channel 对象。创建该对象有两种方法：第一种方法如代码清单 8-11 的第 4 行，直接通过 URL 创建，由于 URL 使用的是 HTTP，因此在第 2 行通过 SetSwitch 方法启用，并允许使用非加密的 HTTP 2，否则在运行时会抛出异常。第二种方法是直接通过 Channel 类的构造方法创建，在参数中指明使用非加密的传输协议。

构建好 Channel 对象并将其用作通信通道后，基于它创建 RouteGuide.RouteGuideClient 对象来调用 gRPC 接口。RouteGuideClient 类型是由 Grpc.Tools 通过 proto 定义文件生成的代码。当不再使用 gRPC 接口时，调用 ShutdownAsync 方法销毁通道。

代码清单 8-11 创建 gRPC 客户端

```
01 // 直接通过 URL 创建客户端
02 AppContext.SetSwitch(
03     "System.Net.Http.SocketsHttpHandler.Http2UnencryptedSupport", true);
04 using var channel = GrpcChannel.ForAddress("http://localhost:5000");
05 var client = new RouteGuide.RouteGuideClient(channel);
06 // 或者通过 Channel 构造方法来直接构建 gRPC 接口
07 Channel channel = new Channel("127.0.0.1:50052",ChannelCredentials.Insecure);
08 var client = new RouteGuide.RouteGuideClient(channel);
09 // 使用 Client 对象调用 gRPC 服务
```

```
10 channel.ShutdownAsync().Wait();
```

有了 Client 对象后，我们就可以像使用本地类型和方法那样调用 gRPC 接口了。代码清单 8-12 就是直接使用 Client 对象调用远程的 GetFeature 方法。Grpc.Tools 会自动根据 proto 文件定义生成同步调用和异步调用两个版本的远程接口方法。读者可以根据需要使用对应的版本。

代码清单 8-12　调用简单的 gRPC 接口

```
01 Point request = new Point { Latitude = 409146138, Longitude = -746188906 };
02 Feature feature = await client.GetFeatureAsync(request);
```

客户端访问流式响应的 gRPC 接口时，也是在一个循环中不断调用 MoveNext 方法移动读取数据的游标，并通过 Current 字段访问读取到的数据。不过，与服务器端的方法定义中只是返回一个 Task 不同，客户端的 ListFeatures 方法返回的类型是 AsyncServerStreamingCall。这个类型支持 IDisposable 接口，因此最好在 using 语句中使用该返回值。返回值中包含一个成员字段 ResponseStream，通过它就可以持续读取服务器端返回的数据。

代码清单 8-13 中第 1 行首先调用远程的 ListFeatures 方法获得响应流，接着在第 3 行使用 while 循环遍历 ResponseStream 流中的数据。由于数据在网络上传输需要一段时间，因此使用 await 执行异步读取。如果流中有数据并读取到的话，通过 Current 字段获得反序列化后的消息并使用。

代码清单 8-13　调用流式响应的 gRPC 接口

```
01 using (var call = client.ListFeatures(request))
02 {
03     while (await call.ResponseStream.MoveNext())
04     {
05         Feature feature = call.ResponseStream.Current;
06         Console.WriteLine("Received " + feature.ToString());
07     }
08 }
```

客户端持续向服务器端发送连续请求数据时，先调用 gRPC 接口获得返回的 AsyncClientStreamingCall 对象。该对象的成员字段 RequestStream 可以用来向服务器端持续发送请求。

代码清单 8-14 中第 1 行首先调用远程的 RecordRoute 方法获得请求流，第 3 ~ 6 行使用循环持续调用 RequestStream 流中的 WriteAsync 方法写入请求。当请求写入完毕后，第 7 行使用 RequestStream.CompleteAsync 方法告诉服务器端，最后在第 9 行等待 gRPC
接口调用的返回结果。

代码清单 8-14　调用接受客户端发送持续流请求的 gRPC 接口

```
01 using (var call = client.RecordRoute())
02 {
03     foreach (var point in points)
04     {
05         await call.RequestStream.WriteAsync(point);
06     }
07     await call.RequestStream.CompleteAsync();
08
09     RouteSummary summary = await call.ResponseAsync;
10 }
```

调用支持请求和响应都是流式处理的接口，这种接口的返回类型是 AsyncDuplex-
StreamingCall，其中 RequestStream 和 ResponseStream 两个字段分别用来写入请求和读取
响应，如代码清单 8-15 所示。

代码清单 8-15　调用支持流式请求和响应的 gRPC 接口

```
01 using (var call = client.RouteChat())
02 {
03     var responseReaderTask = Task.Run(async () =>
04     {
05         while (await call.ResponseStream.MoveNext())
06         {
07             var note = call.ResponseStream.Current;
08             Console.WriteLine("Received " + note);
09         }
10     });
11
12     foreach (RouteNote request in requests)
13     {
14         await call.RequestStream.WriteAsync(request);
15     }
16     await call.RequestStream.CompleteAsync();
17     await responseReaderTask;
18 }
```

8.2　分布式系统举例

本节通过构建一个简单的交易所系统来探讨构建分布式系统的方法。交易所系统的
目的是允许用户下单，将所有用户的订单按照一定的规则进行撮合，撮合成功的话，更

新双方的余额并广播最新的市场情况。本书实现的交易所系统中使用价格优先、时间优先的策略进行撮合。

为了能方便地水平扩展交易所系统，笔者将系统分成几个模块，而且模块之间使用消息队列进行通信。这样，各模块可以视系统压力情况实施水平扩展。

8.2.1　消息队列

支持高并发的分布式系统常常会用到消息队列，通过消息队列将用户的请求缓存起来，然后再进行异步处理，以缓解系统的压力。消息队列除了可以提高系统吞吐量以外，还可以实现系统间各模块通信，便于系统解耦。当短时间内的请求陡增时，通过调整消息队列的长度可以控制请求量，实现流量削峰。

比如对于将用户订单写入数据库的操作，Web 服务器可以实施水平扩展，但是数据库服务器很难实施水平扩展，这样当多个 Web 服务器都尝试执行数据库写入操作时，数据库服务器的负载压力将会很大。常用的解决方案就是加一个消息队列。

如图 8-4 所示，左边是不使用消息队列的系统，数据库服务器执行完写入操作后将结果返给前面的 Web 服务器。当负载增加，数据库服务器无法及时处理请求时，一些 Web 服务器就只能被动等待，日积月累将导致整个系统性能下降，无法达到通过水平扩展提升性能的目的。

右边是采用消息队列的系统。Web 服务器不是与数据库服务器直接打交道，而是将写入操作封装成一个消息添加到消息队列中。这样，Web 服务器不需要等待写入操作完成就可以提前返回，响应其他用户的请求。而数据库服务器可以从消息队列中依次读取消息，执行处理。处理结果也可以放到消息队列中，由 Web 服务器在稍晚的时候读取结果。

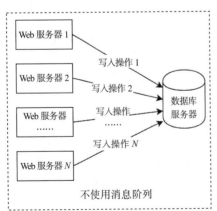
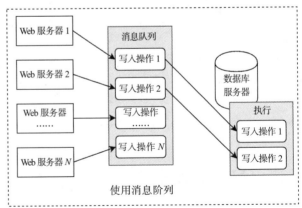

图 8-4　分布式系统中使用消息队列

除了提高系统的吞吐量，消息队列还可以用在服务器临时不可用时的恢复解决方案中。如图 8-4 所示，数据库服务器临时不可用，并不影响 Web 服务器将写入操作消息提交到消息队列中。因此，数据服务器的不可用对 Web 服务器是无感的，等数据库服务器重启后可以再次异步从消息队列中读取未处理的消息，这样就提高了整个系统的健壮性。

8.2.2　ZeroMQ

市面上有很多消息队列组件，示例代码中使用的是 ZeroMQ。ZeroMQ 是使用 C 语言编写的高速消息队列。其有一个 C# 的移植版 NetMQ，也就是示例交易所系统采用的版本。ZeroMQ 支持几种消息收发模式。其使用方式类似于 Socket（套接字）编程，因此在使用它的类型时，可以看到很多带 Socket 后缀的类型。当然，ZeroMQ 功能要比套接字的读写强大很多。

1. 请求 / 响应模式

这是 ZeroMQ 中最简单的模式。在这个模式中双方通过 RequestSocket 和 Response-Socket 配对通信。RequestSocket 不一定非要和 ResponseSocket 配对，也可以与其他类型的 Socket 配对，但这两者一起使用时就形成了请求 / 响应模式。这种模式与 Web 请求类似，即客户端发送一个请求然后等待一个响应。

1）端 A 使用 RequestSocket 发送一个请求消息。

2）端 B 通过 ResponseSocket 读取请求消息并发送响应消息。注意，读取消息的是 ResponseSocket，而不是 RequestSocket。

3）端 A 通过 RequestSocket 读取端 B 发来的响应消息。

请求 / 响应模式是阻塞、同步的。如果读取消息的顺序有误，将导致一个异常被抛出。也就是说，RequestSocket 会一直阻塞，直到接收到一个响应消息。相应地，ResponseSocket 也会在没有接收到消息前一直阻塞。

代码清单 8-16　ZeroMQ 的请求 / 响应模式示例

```
// 源码位置：第 8 章 \NetMQDemos\reqrep
01 using NetMQ;
02 using NetMQ.Sockets;
03
04 // …… 服务器端 ……
05 using (var server = new ResponseSocket())
06 {
07     server.Bind("tcp://*:5555");
08     while (true)
09     {
10         var message = server.ReceiveFrameString();
```

```
11              Console.WriteLine("Received {0}", message);
12              Thread.Sleep(100);
13              Console.WriteLine("Sending World");
14              server.SendFrame("World");
15          }
16  }
17
18  // …… 客户端 ……
19  using (var client = new RequestSocket())
20  {
21      client.Connect("tcp://localhost:5555");
22      for (int i = 0; i < 10; i++)
23      {
24          Console.WriteLine("Sending Hello");
25          client.SendFrame("Hello");
26          var message = client.ReceiveFrameString();
27          Console.WriteLine("Received {0}", message);
28      }
29  }
```

代码清单 8-16 是请求 / 响应模式的基本实现，首先第 5 行服务器端先创建 ResponseSocket 实例，并在第 7 行绑定到端口 5555，然后开始循环监听请求。由于监听是阻塞的，因此服务器端进程没有接收到消息时会一直停在第 10 行。一旦接收到消息，服务器端进行处理，并通过 ResponseSocket 的 SendFrame 方法发送响应消息。

客户端在第 19 行创建一个 RequestSocket 对象，并使用 Connect 方法连接到服务器端，同时使用 SendFrame 方法发送请求，并通过 ReceiveFrame 方法接收请求。由于这里我们已经知道服务器端发送的响应消息是字符串类型，因此使用了快捷方法 ReceiveFrameString 直接接收字符串，免去了将消息里的字节转换成字符的操作。

2. 单发布 / 多订阅模式

发布 / 订阅模式是很常见的消息传递模式。消息的发送者（即发布者）不是直接将消息发送给消息的接收者（即订阅者），而是先将消息归类到几种主题。发布者不管主题是否有相应的订阅者，而是将消息按主题提交到消息队列中。订阅者根据主题订阅消息。不管是否有发布者，当消息队列中有相应主题的消息时，消息队列会自动将消息推送给订阅者。

ZeroMQ 采用的是按主题前缀匹配方式。如果订阅了 topic 主题的消息，那么主题是 topic、topic/subtopic、topical 这些消息都可以订阅到，但是主题是 top、TOPIC 的消息则不会被订阅，因此要订阅所有主题，只要订阅空主题就可以了。ZeroMQ 发布 / 订阅消息模式如图 8-5 所示。

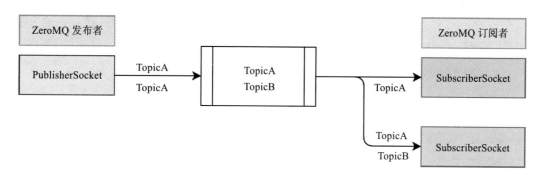

图 8-5　ZeroMQ 发布 / 订阅消息模式

　　ZeroMQ 要求发布者将消息主题放在消息的第一帧，也就是放在实际的消息之前。如代码清单 8-17 中的第 9 行先使用 SendMoreFrame 方法将消息主题放在最前面，然后再通过 SendFrame 方法将实际的消息打包存放到消息队列中。

代码清单 8-17　ZeroMQ 发布 / 订阅消息模式

```
01  // 源码位置：第 8 章 \NetMQDemos\pubsub
02  // …… 发布者 ……
03  using (var pubSocket = new PublisherSocket())
04  {
05      pubSocket.Options.SendHighWatermark = 1000;
06      pubSocket.Bind("tcp://*:12345");
07      var msg = "TopicA 消息 -1";
08      Console.WriteLine(" 发送消息主题：{0}", msg);
09      pubSocket.SendMoreFrame("TopicA").SendFrame(msg);
10  }
11  // …… 订阅者 ……
12  using (var subSocket = new SubscriberSocket())
13  {
14      subSocket.Options.ReceiveHighWatermark = 1000;
15      subSocket.Connect("tcp://localhost:12345");
16      subSocket.Subscribe("TopicA");
17      while (true)
18      {
19          string messageTopicReceived = subSocket.ReceiveFrameString();
20          string messageReceived = subSocket.ReceiveFrameString();
21          Console.WriteLine(messageReceived);
22      }
23  }
```

　　代码清单 8-17 中的第 3 行创建了 PublisherSocket 实例，服务器端的 Socket 需要先调用 Bind 方法监听端口，然后使用 SendFrame 等方法发布消息。第 12 行是在客户端创建 SubscriberSocket。客户端的 Socket 一般调用 Connect 方法连接到服务器端，连接成功后调用 Subscribe 方法订阅感兴趣的主题,最后使用循环语句接收消息队列中推送来的主题消息并处理。

在 ZeroMQ 发布 / 订阅消息模式中,发布者只需要对指定主题的消息发布一次,多个订阅者都能收到相同的备份。这些是由消息队列保证的,不需要发布者进行额外处理。

代码清单 8-17 中第 5 行和第 14 行分别使用 SendHighWaterMark 和 ReceiveHigh-WaterMark 选项限制了消息队列中存储的消息数量,即没有订阅者接收或者处理消息时,消息队列中最多可以容纳的消息数量,默认值是 1000,如果设置为 0 则表示没有限制。

除了设置消息限额以外,ZeroMQ 发布 / 订阅消息模式中还存在订阅者来不及处理消息和订阅者加入后之前发布的消息如何处理等问题。这些问题在不同消息队列产品中有不同的处理逻辑,本书限于篇幅就不再展开,请读者参阅自己选用的消息队列产品文档来了解。

3. 推送 / 拉取模式

推送 / 拉取模式可以将消息负载均衡到多个接收端,形成一个流水线工作模式。推送端(PushSocket)会将消息平均发送到接收端(PullSocket)。这个模式与请求 / 响应模式类似,不同的是推送端并不期望有任何响应,且接收端处理消息的结果并不是发送给推送端,而是继续推向下游接收端,形成处理消息的流水线。

推送 / 拉取模式有点像大数据处理中的 Map/Reduce 过程,或者说任务分配方将消息平均分配给多个接收端——工作进程,然后工作进程根据需要动态调整。每个工作进程将自己的计算结果再次推送给下游的收集进程进行汇总。收集进程在有的文档中也被称作 Sink。

图 8-6 是典型的推送 / 拉取模式。任务分配方同时连接工作进程和最下游的收集进程,在发送任务前先通知收集进程开始收集,以确保收集进程不会丢失工作进程发送的结果。然后,任务分配方通过 PushSocket 不断地推送消息。工作进程通过 PullSocket 接收到消息后处理,再使用 PushSocket 向下游(即收集进程)推送消息,最后汇总计算结果。

代码清单 8-18 中,生产者也就是任务分配方在第 3 行和第 4 行通过创建两个 PushSocket 进程,分别连接到工作进程和收集进程。连接好之后,在第 7 行向收集进程发送一个消息,通知其准备收集。示例代码中,这个消息是任意一个数据。在实际应用中,读者可以根据需要发送不同类型的消息。最后第 10 ~ 15 行的循环中将消息发送出去。注意,第 14 行发送消息时,任务分配方并不需要自己划分各工作进程的任务数量,也不需要关心目前到底有多少工作进程,只要将消息放到消息队列中,由消息队列来执行负载均衡即可。

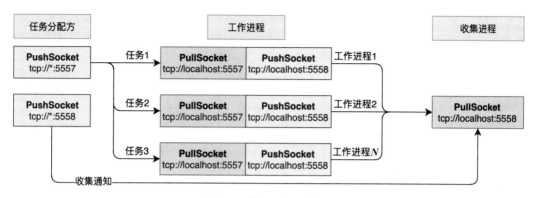

图 8-6　推送 / 拉取模式

工作进程同样启动了两个 Socket，不同的是其在第 20 行创建 PullSocket 实例来对接上游生产者的消息，在第 21 行创建 PushSocket 实例来向下游的收集进程推送计算结果。然后在第 23 ~ 29 行的循环中进行工作处理。当第 25 行接收到上游发来的消息后，执行一些计算，并在第 28 行通过 PushSocket 的 SendFrame 方法推送计算结果。

收集进程是流水线的最后一环，其不需要再与下游对接，因此只创建了一个 PullSocket 实例来接收上游发来的消息。示例程序中有两个上游。一个是任务分配方，它会发送一个消息给收集进程，通知流水线工作开始。第 34 行的收集进程通过 ReceiveFrameString 方法监听这个消息。另一个就是各工作进程，示例程序中硬编码了工作进程的数量。如果要动态支持工作进程数，可以由每个工作进程在启动和退出时向收集进程发一个特殊的消息，以便收集进程跟踪当前工作进程的数量。第 40 行的收集进程通过 ReceiveFrameString 方法接收工作进程发来的临时结果并进行汇总。

代码清单 8-18　推送 / 拉取模式示例

```
01 // 源码位置: 第 8 章 \NetMQDemos\pushpull
02 // …… 生产者 ……
03 using (var sender = new PushSocket("@tcp://*:5557"))
04 using (var sink = new PushSocket(">tcp://localhost:5558"))
05 {
06     // 省略其他代码
07     sink.SendFrame("0");
08     Random rand = new Random(0);
09     int totalMs = 0;
10     for (int taskNumber = 0; taskNumber < 100; taskNumber++)
11     {
12         int workload = rand.Next(0, 100);
13         totalMs += workload * 2;
14         sender.SendFrame(workload.ToString());
15     }
```

```
16          Console.WriteLine(" 期望结果 : {0}", totalMs);
17          Console.ReadLine();
18 }
19 // …… 工作进程 ……
20 using (var receiver = new PullSocket(">tcp://localhost:5557"))
21 using (var sender = new PushSocket(">tcp://localhost:5558"))
22 {
23      while (true)
24      {
25          string workload = receiver.ReceiveFrameString();
26          int value = int.Parse(workload);
27          Thread.Sleep(value);
28          sender.SendFrame((value * 2).ToString());
29      }
30 }
31 // …… 收集进程 ……
32 using (var receiver = new PullSocket("@tcp://localhost:5558"))
33 {
34      var startOfBatchTrigger = receiver.ReceiveFrameString();
35      Console.WriteLine(" 接收到任务分配方发送的消息后开始通知! ");
36
37      var sum = 0;
38      for (int taskNumber = 0; taskNumber < 100; taskNumber++)
39      {
40          var msg = receiver.ReceiveFrameString();
41          var value = int.Parse(msg);
42          sum += value;
43      }
44
45      Console.WriteLine(" 结果: {0}", sum);
46      Console.ReadLine();
47 }
```

要体验代码清单 8-18 中各模块组成的系统，读者可以参考示例代码中的"第 8 章 \NetMQDemos\pushpull"的 README.md 文件来启动各程序。为了简便，示例代码将地址硬编码为 localhost，有兴趣的读者可以修改成局域网 IP 地址，然后在多台机器上启动各进程。你会发现无论是将各进程放在本机执行，还是部署在多台机器上执行，代码都是一样的，这样极大地简化了分布式系统的开发。

4. 路由 / 分发模式

推送 / 拉取模式是上游向下游单向推送消息，形成流水线工作模式。当需要上下游双向通信，且实现负载均衡时，我们可以使用路由 / 分发模式。在这个模式中，每个下游工作节点都有一个标识地址（或者说 ID）。这个标识地址是任意的，我们可以简单地将其想象成哈希表里的键，并利用它在哈希表中定位到客户端的 Socket。上游节点也就是路由端使用 RouterSocket 根据下游节点标识地址分发消息。下游节点使用 DealerSocket 来收取消息。值得一提的是，RouterSocket 不一定只与 DealerSocket 配对，也可以与 ResponseSocket 等配对。这在 ZeroMQ 的官方文档中有详尽的描述，本书限于篇幅不再展开。

　　ZeroMQ 的路由 / 分发模式如图 8-7 所示。在 ZeroMQ 路由 / 分发模式中，传递的消息一般是多段消息（Multipart Message）。消息的第一段用来标识下游节点的 ID，第二段或者其他段消息才是真实要传递给下游节点的数据，如图 8-8 所示。

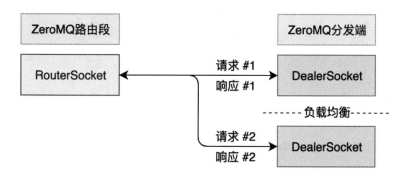

图 8-7　路由 / 分发模式

图 8-8　ZeroMQ 的消息格式

　　消息格式是程序员在程序中自己指定的。在路由端，程序员需要编码指明消息标识，以便 ZeroMQ 正确地路由到对应的下游节点。但下游节点回复消息时，不需要编码指定消息标识，ZeroMQ 会自动添加。

　　代码清单 8-19 中路由端在第 3 行创建 RouterSocket 实例并绑定到对应的端口后，先暂停执行，等待下游节点启动完成后在第 17 ~ 22 行的循环中分发消息。第 20 行在每个分发的消息上使用 SendMoreFrame 方法添加消息标识。示例代码中的消息只有两个标识：BTC 和 ETH。第 21 行使用 SendFrame 方法将具体的数据添加到消息上。这样，一个消息被分成两段，第一段是消息标识，第二段是具体的数据。

为了让下游节点知道任务什么时候分发完成，第 24 ~ 27 行分别给两个下游节点发送一个特殊的 END 指令。

下游节点首先在第 31 行创建 DealerSocket 实例，然后在第 33 行使用该实例的 Options.Identity 属性在消息队列中公布自己的标识，这样只有符合该标识的消息才会被转发到该下游节点，最后在第 34 行连接到路由端。

每一个下游节点通过第 39 ~ 53 行的循环不停地接收消息处理任务，直到接收到带 END 指令的消息才会在第 45 行退出循环。对于每个处理完毕的任务，下游节点通过多段消息回复给路由端。前面的示例中都是采用 SendFrame 等方法回复消息，这里在第 49 ~ 51 行通过构建 NetMQMessage 方法来拼装多段消息，其中第 50 行附加了一个空段消息（类似分隔符），第 51 行添加的另外一段消息才是真正的响应消息。第 52 行的 SendMultipartMessage 方法发送这个多段消息。虽然这里看起来下游节点拼装的消息只有两段，但是 DealerSocker 会自动将消息标识作为前缀附加在消息上。

为了在路由端接收下游节点返回的结果响应消息，第 6 ~ 12 行启动了异步任务，采用独立的线程接收。因为下游发送来的是多段消息，所以第 8 行调用方法 ReceiveMultipartMessage 来接收（不能使用 ReceiveFrame 这种只接收单段消息的方法）。由于消息标识已经被自动附加，因此接收到的消息实际是三段（第 1 段是消息标识，如第 9 行；第 2 段是空段消息；第 3 段才是真正的响应数据，如第 10 行）。

代码清单 8-19　ZeroMQ 的路由 / 分发示例

```
01 // 源码位置：第 8 章 \NetMQDemos\routerdealer
02 // …… 路由端 ……
03 using (var server = new RouterSocket())
04 {
05     server.Bind("tcp://*:5555");
06     Task.Factory.StartNew(() => {
07         while (true) {
08             var msg = server.ReceiveMultipartMessage();
09             var id = msg[0].ConvertToString(Encoding.Unicode);
10             var response = msg[2].ConvertToString(Encoding.Unicode);
11             Console.WriteLine($"ROUTER 端接收到 {ID} 的响应消息: {response}");
12         }
13     });
14     Console.WriteLine("ROUTER 服务器已启动，当 DEALER 启动后按任意键开始! ");
15     Console.ReadLine();
16     var random = new Random(DateTime.Now.Millisecond);
17     for (int i = 0; i < 10; ++i)
18     {
19         var quote = random.Next(3) > 0 ? "BTC" : "ETH";
```

```
20              server.SendMoreFrame(Encoding.Unicode.GetBytes(quote));
21              server.SendFrame($" 下达 [{quote}-XRP] 的买卖单! ");
22          }
23
24      server.SendMoreFrame(Encoding.Unicode.GetBytes("BTC"));
25      server.SendFrame("END");
26      server.SendMoreFrame(Encoding.Unicode.GetBytes("ETH"));
27      server.SendFrame("END");
28 }
29 // …… 分发端 / 下游节点 ……
30 var quote = args[0];
31 using (var worker = new DealerSocket())
32 {
33      worker.Options.Identity = Encoding.Unicode.GetBytes(quote);
34      worker.Connect("tcp://localhost:5555");
35
36      int total = 0;
37      bool end = false;
38
39      while (!end)
40      {
41          string request = worker.ReceiveFrameString();
42          Console.WriteLine($" 接收到买卖单: {quote}-{request}! ");
43
44          if (request == "END")
45              end = true;
46          else
47              total++;
48
49          var replyMsg = new NetMQMessage();
50          replyMsg.AppendEmptyFrame();
51          replyMsg.Append(Encoding.Unicode.GetBytes($" 买卖单: {quote}-
                {request} 处理完成! "));
52          worker.SendMultipartMessage(replyMsg);
53      }
54 }
```

　　本节的示例是路由 / 分发的一个简化版本，更常用的模式如图 8-9 所示，即多个客户端先将请求发给负责统一分发处理的中介方（Broker），然后由中介方分发到下游的工作节点，最后将工作节点回复的处理结果分发到对应的请求方。NetMQ 自身有响应的示例，有兴趣的读者自行参阅：https://github.com/NetMQ/Samples/tree/master/src/Load%20Balancing%20Pattern/Extended%20Request%20Reply。

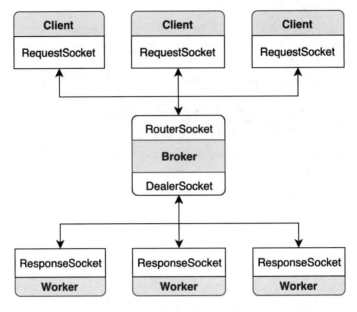

图 8-9　ZeroMQ 常用路由 / 分发模式

8.2.3　系统架构

首先将交易所系统解耦，示例交易所是一个数字货币交易所，允许用户交易比特币（BTC）、以太坊（ETH）等数字货币，而且根据不同计价币划分成多个交易对，例如用户要用比特币或以太坊交易瑞波币（XRP），可以通过 XRP-BTC 或 XRP-ETH 两个交易对下单。

我们可以将整个下单过程分为几个步骤。

1）用户选择交易对，下达买单或者卖单。

2）系统接收到订单后，判断用户是否有足额的余额，如果余额不够的话则拒绝下单，否则根据用户的买卖方向冻结用户余额，如用户使用 0.000025 比特币购买一个瑞波币的价格购买 1000 个瑞波币，就需要在用户账户上冻结至少 0.025 个比特币的余额，还要根据系统手续费的设置冻结相应的手续费。

3）当系统判断用户有足够余额下单时，需要将订单保存在数据库中，并在数据库中冻结用户余额。

4）撮合引擎加载订单并找到其反向订单进行撮合。

5）撮合成功的话，修改双方订单状态、双方的余额信息，并将最新的成交信息通知到 K 线引擎，以便 K 线引擎及时更新。如果撮合不成功，那么将这个订单加入订单簿，等待其他用户下达反向订单。

基于这些步骤，我们将系统分解成几个模块。每个模块负责其中的一个步骤，模块间使用消息队列异步传递消息，这样每个模块可以根据系统实际运行的情况独立更新，而不会影响到其他模块的运作。

图 8-10 是根据前面的步骤对交易所系统的模块划分的，其中 API 模块负责接收用户的订单，并响应用户查询订单状态、获取订单簿列表等。Account 模块负责在用户下单时检查用户余额。MySQLdb 模块是采用 MySQL 数据库来保存用户的订单、余额等信息。Engine 模块是撮合引擎，负责撮合订单。Bookeeper 模块接收撮合结果，更新数据库中的订单状态和用户余额，并将最新的交易结果广播，通知前台的 K 线页面及时更新。

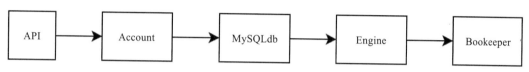

图 8-10　交易所基本分布式架构

8.2.4　交易所各模块

基于目前的知识和架构设计，本节讨论交易所系统各个模块的设计。限于篇幅，本节只讨论几个关键模块。

1. API 模块

API 模块是整个系统对外的接口。为了减轻系统的压力以及支持更多的客户端设备，交易所系统只采用 RESTful API 的方式对外提供服务，后续可以视需要升级到 gRPC 接口服务。客户端采用胖客户端的实现思路，尽量将一些负载放在客户端实现。

一个交易所系统对外提供的服务很多，我们来看最典型的限价单下单接口。限价单即当用户下单时，其会指定下单的交易对、下单价格和交易数量，如果没有与之匹配的订单，则订单一直有效，直到用户撤回或者系统根据预定的配置自动取消。虽然用户下达限价单后，一般是期望订单撮合成功并在客户端看到结果，但实际代码层面的操作可以分成两步。

1）客户端向交易所系统提交用户订单，交易所系统将订单存储在数据库中，并向客户端返回订单 ID。

2）客户端拿到订单 ID 后再次向交易所系统查询订单的撮合情况。

这样处理的结果是用户的订单并不一定总是撮合成功的；如果用户下单后直接返回订单撮合状态，交易所系统必须等到订单流转到撮合交易引擎模块之后才能做出回复，这一方面延长了客户端等待的时间，另一方面造成扩展性差。分模块的方案可以将 API 模块的下单接口和订单查询接口分到不同的服务器端进行处理，以便更好地均衡系统的负载；同时将下单和撮合情况分开，允许系统在保存订单后就直接返回，提高了效率。

　　整个下单逻辑如图 8-11 所示。

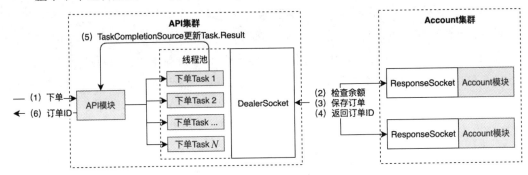

图 8-11　交易所分模块下单过程

　　1）用户从客户端下达限价单，系统采用异步编程的方式将下单封装成 Task 实例缓存在 API 进程内，由线程池调度执行。

　　2）各个下单任务通过 DealerSocket 将订单发送给 Account 模块，然后检查余额。因为交易所系统必须知道订单是否能够下达和是否成功保存，所以 Account 模块使用 ResponseSocket 与 API 模块连接。对于每个订单，API 模块必须等到 Account 模块的回复，才能向客户端发送请求响应。

　　3）如果用户的余额检查通过，则保存订单。向数据库保存订单的操作可以在 Account 模块中完成。示例代码将其分到另一个 MySQLdb 模块中处理。关于具体的性能影响，笔者并没有做具体的压力测试，有兴趣的读者可以自行研究。

　　4）无论订单有无成功保存或者因余额不足而拒绝下单，Account 模块都需要发送一个响应给上游的 API 模块。

　　5）API 模块将每个订单封装成 Task 实例处理时，可以让宝贵的 CPU 资源响应其他用户的请求。当订单在系统的其他模块中流转时，客户端还在等待 API 模块回复下单后的状态。一旦 DealerSocket 获得 Account 模块的回复，就使用 TaskCompletionSource 类型更新 Task 实例的 Resut 字段。

　　6）API 模块异步等待后面撮合的结果并返给客户端。这个过程通过 await 语句等待 Task 实例实现。

　　API 模块下单的核心逻辑如代码清单 8-20 所示。

代码清单 8-20　API 模块下单的核心逻辑

```
01  internal void Start()
02  {
03      m_dealerSocket = new DealerSocket();
04      m_dealerSocket.ReceiveReady += OnReceiveReady;
05      m_dealerSocket.Connect(m_serviceAddress);
06
07      m_poller = new NetMQPoller();
08      m_poller.Add(m_dealerSocket);
09
10      Task.Factory.StartNew(() => m_poller.Run(),
11          TaskCreationOptions.LongRunning);
12  }
13
14  internal Task<NetMQMessage> SendAndReceiveAsync(NetMQMessage message)
15  {
16      NetMQMessage duplicteMessage = new NetMQMessage(message);
17      var task = new Task<Task<NetMQMessage>>(() =>
18          {
19              var taskCompletionSource =
20                  new TaskCompletionSource<NetMQMessage>();
21              duplicteMessage.PushEmptyFrame();
22
23              var requestid = Guid.NewGuid();
24              duplicteMessage.Push(requestid.ToByteArray());
25              m_requests.AddOrUpdate(requestid, taskCompletionSource,
26                  (key, oldvalue) => taskCompletionSource);
27              m_dealerSocket.SendMultipartMessage(duplicteMessage);
28
29              return taskCompletionSource.Task;
30          });
31      task.Start(m_poller);
32      return task.Result;
33  }
34
35  private void OnReceiveReady(object sender, NetMQSocketEventArgs e)
36  {
37      NetMQMessage message = m_dealerSocket.ReceiveMultipartMessage();
38      var requestIdData = message.Pop().ToByteArray();
39      var requestId = new Guid(requestIdData);
40      message.Pop();
41
42      TaskCompletionSource<NetMQMessage> taskCompletionSource;
43      if (m_requests.TryGetValue(requestId, out taskCompletionSource))
44      {
45          taskCompletionSource.SetResult(message);
46          m_requests.Remove(requestId,
47              out TaskCompletionSource<NetMQMessage> value);
48      }
49  }
```

代码清单 8-20 中第 1 行的 Start 方法用来在 API 模块启动时构建 DealerSocket 等通道。这里使用 NetMQPoller 在多路通道轮询监听 DealerSocket 的回复。

当 API 模块接收到用户下单请求时，调用 SendAndReceiveAsync 向下游的 Account 节点发送查询余额消息并保存订单。由于 API 模块使用 Task 实例来异步等待消息回复，所以需要将表示下单任务的 Task 实例与 ZeroMQ 的响应消息映射，以便收到回复后能够正确地找到相应的 Task 实例并更新结果。

SendAndReceiveAsync 方法首先在第 16 行将 API 模块要发送给下游的原始消息封装为一个多段消息，然后在第 24 行调用 Push 方法添加一个新消息段，保存指派的消息 ID，并将该 ID 和 Task 实例映射，以便在收到下游消息回复时可以通过回复消息的 ID 找回映射关系。由于方法是在多线程环境中调用，因此 m_requests 字典对象使用 ConcurrentDictionary 类型。第 27 行将消息发送出去，然后在第 29 行将表示下单任务的 Task 实例返回。

NetMQPoller 轮询到下游回复的消息后，会触发对应接收消息的 Socket 的 ReceiveReady 事件，因此当 DealerSocket 接收到回复消息后，在第 38 ～ 39 行从回复消息里拿到消息 ID，并将回复的数据在第 45 行调用 TaskCompletionSource 的 SetResult 方法设置 Task 实例的结果，以便 API 模块得到返回结果，并回复客户端下单结果。

2. Engine 模块

订单被 API 模块接收并转发到下游的 Account 模块之后，Account 模块负责检查余额。余额检查通过后，Account 模块将订单发送给 MySQLdb 模块。MySQLdb 模块负责将订单保存在数据库中，然后将订单 ID 回复给上游，并将新订单推送到下游的撮合引擎。中间可以夹杂 ZeroMQ 的其他模式来实现负载均衡。API → Account → MySQLdb 模块都需要采用请求 / 响应的模式，确保每个请求都能得到响应。

然而到了订单模块，就不需要保证上游推送来的请求都给出响应了。因为订单已经存储在数据库中，撮合结果已更新到数据库，客户端可以通过查询订单状态来了解撮合结果，所以上游和订单模块的消息传递模式就可以采用推送 / 拉取模式。这样，系统也可以随着业务的发展，根据交易对划分订单撮合模块实现水平扩展。

订单撮合模块采用的是内存撮合方式，首先接收上游推送来的新订单，然后将撮合结果推送到下游的 Bookeeper 模块，并完成撮合结果存储和广播的工作。用户发出的取消订单的请求需要传递到两个模块，分别是数据库模块和撮合引擎模块。处理方案既可以是同时发送到两个模块由它们分别处理，也可以继续采用通知传递到撮合模块，由撮合模块按正常的订单撮合流程通知下游的 Bookeeper 模块，由 Bookeeper 模块根据发来的订单状态针对性地更新。本书的示例代码使用的是第二个方案。

　　图 8-12 是撮合模块和下游的 Bookeeper 模块的消息传递过程。其中，撮合模块使用
PullSocket 接收上游推送的订单，上游不需要关心撮合结果，因此不需要强响应的通信模
式。而上游推送的取消订单消息是需要做出回应的。为了能够支持后续的撮合模块按交
易对水平扩展架构，撮合模块使用 RouterSocket 来接收并回复取消订单消息。

　　最后 Bookeeper 模块被动接收上游撮合模块推送的撮合结果，并将结果向客户端广
播。由于客户端有多种，因此采用发布 / 订阅消息模式广播。而且由于要推送的消息除了
包括最新的价格，还有最新未成交的订单——挂单，因此采用主题推送模式。

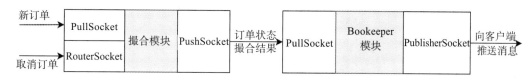

图 8-12　交易所订单撮合流程

3. 用户身份校验

　　对外 API 需要解决用户鉴权问题，传统 ASP.NET 网站使用 Cookie 和 Session 机制来
鉴别 Web 请求的用户身份。API 系统无法使用这种机制，目前比较流行的 API 鉴权机制
使用的是 OAuth 2.0 协议。

　　OAuth 2.0 的工作机制类似于车票机制。当客户端输入有效的身份识别信息后（如用
户名和密码），服务器端向客户端回复一个令牌（Token）。后续客户端调用需要身份信息的
接口时，只需要在请求中附上令牌即可。就好比我们乘车时向售票处提供身份证（即用户
名和密码）换取车票（即令牌），后续乘车时只需要向检票员出示车票（令牌）即可乘车了。

　　ASP.NET Core 使用 IdentityServer 给 API 接口添加 OAuth 2.0 协议的支持。其发送给
客户端的令牌也是有格式的，并不是一串无意义的字符串，而是采用 JWT 令牌格式。关
于 JWT 的格式，有兴趣的读者参阅官网：https://jwt.io/。官网首页指出可以将 JWT 令牌
解码成容易理解的 JSON 格式。如图 8-13 所示，左边是编码后的 JWT 令牌，右边是解码
后的信息。可以看到，JWT 令牌分成三部分：第一部分是令牌头；第二部分是可以放在
令牌中的数据，如用户名、手机号等信息（这些信息可以配置，以便只检查令牌数据就能
得到用户的一些基本信息）；第三部分是校验码。

　　要启用 OAuth 2.0 协议的支持，需要引入 IdentityServer4.AccessTokenValidation、
IdentityServer4.AspNetIdentity 和 IdentityServer4 三个 Nuget 包。在 ASP.NET Core 工程的
Startup 类型里启用对 OAuth 2.0 身份验证支持。对于需要鉴权的接口，在接口方法或者
整个接口类型上标注 Authorize 特性就可以使用 OAuth 2.0 对客户端鉴权了。

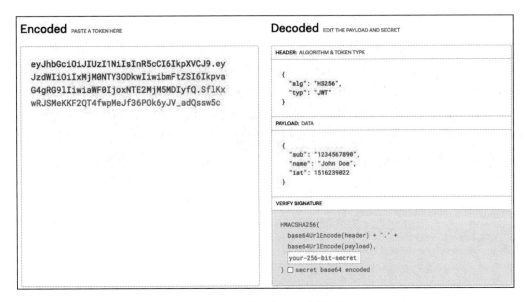

图 8-13　解码 JWT 令牌

8.2.5　测试交易所系统

对于像交易所这样的系统，除了要求高性能以外，功能正常是最基础的要求。功能测试简单说起来分为单元测试、集成测试和系统测试。单元测试可以是针对类型中的一个方法设计测试用例，集成测试是针对一个模块进行测试，而系统测试是测试整个系统，如示例中的分布式交易所系统。

为了保证系统在不断迭代中功能正常，不会出现发生过的 bug，最好的办法是尽量将测试过程自动化，这就要解决几个问题。

1）集成测试只测试一个单独的模块，需要将它与其他模块隔离开进行测试。这可以通过将依赖接口化，并采用依赖注入和接口模拟（Mock）的方式来解决。如交易所系统是禁止自成交的，也就是说一个用户下达的相同金额的买卖双向订单是不允许成交的，因此在测试用户能否正常下单并撮合成功的用例中，就需要避免撮合模块对用户模块的依赖。

2）各个自动化测试用例的结果需要互相隔离，即前面执行的测试用例的结果不能影响后面的测试用例。以交易所系统为例，如果用户余额是 100 个 BTC，而前面的测试用例下单消耗了 50 个 BTC，后面的测试用例在运行时应该可以下单 75 个 BTC。也就是说，用户余额应该初始化成 100 个 BTC，而不是第一个用例执行完之后剩下的 50 个 BTC。这是因为在自动化测试过程中，两个用例不一定按照编写测试代码假设的顺序执行，有可能是按照测试场景随机组合执行的，有可能前后顺序不一样，甚至有可能其中一个用例根本没有执行。

3）要对整个交易所系统进行测试，需要在各个模块之间进行同步处理。如在我们的设计里，只要订单保存到数据库中，API 模块就认为下单成功并回复给客户端。要验证交易所系统是否正常撮合用户订单，必须走完整个流程，这就涉及多个进程之间同步的问题。

1. 模拟用户身份

模拟用户身份有很多种方式，比如搭建一个只应用在测试环境中的 OAuth 2.0 验证体系，或者将用户鉴权的相关功能抽象成一个接口，再通过模拟（Mock）技术来伪造接口实现。这些方法实现较为复杂，笔者采用了更简便的方案。该方案结合预编译技术，可以实现在测试代码中直接指定用户 ID。

如果想在测试用代码中直接指定 API 模块中各方法对应的用户 ID，需要在源码中添加支持。但是，这种支持代码只应该在测试用版本中出现，在生产代码中需要去除它们，以防其被别有用心的黑客利用。预编译就非常适用于这种场景。

代码清单 8-21 中第 9 ～ 12 行使用 #if 预编译指令，并根据编译器或者编译环境是否定义了 UNITTEST 宏来选择性地加入用来硬编码用户 ID 的代码。如果开启了 UNITTEST 宏，测试代码只需要设置第 3 行的 _uid 字段，则所有从 BaseController 类型继承的 API 接口在测试过程中就能获取用户 ID。当 UNITTEST 宏没有定义时，第 10 ～ 11 行的代码也就不会加入最终的生产代码，第 3 行的 _uid 字段也可以用 #if 预编译指令选择性地加入。如果需要检查 _uid 字段是否被生产代码所使用，只需要将其用 #if 指令包围，然后去掉 UNITTEST 宏编译一次，查看编译错误就可以找到所有直接读写 _uid 字段的生产代码了。这也是预编译指令的一个技巧和优势，可以帮程序员提前发现编码错误。

代码清单 8-21　在交易所系统源码中使用预编译添加对测试的支持

```
01 public class BaseController : Controller
02 {
03     public uint? _uid;
04
05     protected uint LoginUid => GetLogonUid();
06
07     private uint GetLogonUid()
08     {
09 #if UNITTEST
10         if (_uid.HasValue)
11             return _uid.Value;
12 #endif
13         var items = from c in User.Claims select new { c.Type, c.Value };
```

```
14          var subClaim = User.Claims.Single(
15              c => string.Compare(c.Type, "sub", true) == 0);
16          var subValue = subClaim.Value;
17          var uid = uint.Parse(subValue);
18          return uid;
19      }
20 }
```

代码清单 8-22 是直接读写 _uid 字段的测试代码。第 3 ~ 4 行使用测试环境中买家的用户 ID 下达买单指令，然后在第 5 ~ 6 行使用卖家的用户 ID 下达卖单指令，这样就完成了一个复杂的多用户测试场景。

代码清单 8-22　在测试代码中硬编码用户 ID

```
01 var controller = new MarketController();
02 controller.SetMemcache(s_Memcache);
03 controller._uid = TestConstants.DEFAULT_BID_USER_ID;
04 var bidRes = await controller.BuyLimit("BTC/USDT", bidprice, bidvolume);
05 controller._uid = TestConstants.DEFAULT_ASK_USER_ID;
06 var askRes = await controller.SellLimit("BTC/USDT", bidprice, bidvolume);
```

2. 用例隔离

为了避免用例之间对数据的相互影响，测试代码的解决方案是每个用例执行之前初始化数据库，在用例执行完毕后，无论成功与否均清空数据库，以保证每个用户的执行环境与开发时的预设环境相同。在测试前后，我们需要处理数据库环境，如代码清单 8-23 所示。

代码清单 8-23　在测试前后处理数据库环境

```
01 [ClassInitialize]
02 public static void 启动消息队列各个节点 (TestContext context)
03 {
04     InitializeConfiguration();
05     // …… 省略其他代码
06     try
07     {
08         Bit.Art.MySqlDb.Program.Setup();
09         var services = new ServiceCollection();
10         services.AddDbContext<ExchangeDb>(options =>
11             options.UseMySql(GetConnectionString("ExchangeDb")),
12                 ServiceLifetime.Transient);
13         // …… 省略其他代码
14     }
15     catch
16     {
17         using (var db = Bit.Art.MySqlDb.Program.
```

```
18                   GlobalServiceProvider.GetRequiredService<ExchangeDb>())
19               {
20                   db.Database.ExecuteSqlCommand(
21                       "DELETE FROM exchangedb.orders WHERE Id <> ''; " +
22                       "DELETE FROM exchangedb.accountbalances WHERE Id <> '';");
23               }
24           }
25  }
26
27  [TestInitialize]
28  public async Task TestInitialize()
29  {
30      using (var db = Bit.Art.MySqlDb.Program.
31          GlobalServiceProvider.GetRequiredService<ExchangeDb>())
32      {
33          DbInitializer.Intialize(db);
34      }
35      await s_Memcache.FlushDb();
36      Bit.Art.Account.Program.LoadDataToCache(s_Memcache);
37  }
38
39  [TestCleanup]
40  public void TestCleanup()
41  {
42      // …… 省略其他代码
43      using (var db = Bit.Art.MySqlDb.Program.
44          GlobalServiceProvider.GetRequiredService<ExchangeDb>())
45      {
46          db.Database.ExecuteSqlCommand(
47              "DELETE FROM exchangedb.orders WHERE Id <> ''; " +
48              "DELETE FROM exchangedb.accountbalances WHERE Id <> '';");
49      }
50  }
```

代码清单 8-23 是每个测试用例类型中的测试用例初始化和扫尾代码。第 2 行 "启动消息队列各个节点" 这个方法标注了 ClassInitialize 特性，说明其是在批量执行测试代码之前的初始化方法。这个方法使用测试用例工程内配置文件的数据库连接字符串设置，以便将测试的影响限定在测试环境中，避免影响生产环境。

第 28 行的 TestInitialize 方法在每个测试用例启动前执行，作用是在用例启动前用第 33 行的代码初始化数据库和缓存系统。

第 40 行的 TestCleanup 方法则在每个测试用例执行完毕后，无论成功与否，通过第 46 ~ 48 行的 DELETE 语句清空数据库，保证测试用例的运行环境是干净的。

3. 简化分布式系统测试

交易所系统采用的是分布式架构。每个模块是单独的进程，既可以部署在本机，也

可以部署在不同的机器上实现分布式集群。要测试一笔订单是否能撮合成功，测试用例
需要协调进程，过程非常复杂。笔者使用了几个技巧来简化分布式系统的测试。

1）在 .NET 中，.exe 和 .dll 文件都是装配件（Assembly），只是操作系统根据后缀名
应用不同的启动策略。对于 .NET 来说，加载过程都是一样的。这个特点允许在工程里引
用 .NET 的 .exe 文件作为依赖项，也就是说将 .NET 的 .exe 装配件当作普通的 .dll 装配件
使用，这样就将多进程测试变成单进程测试。

2）系统中各模块大部分采用异步的方式接收和处理消息。既然所有模块都在一个进
程（测试用例进程）中运行，那么可以使用线程同步的方式精确控制模块之间的通信。

3）为了方便测试而在源码中引入的代码使用预编译指令选择性地引入。

首先在测试用例工程中引入各模块，以便在测试代码中直接使用模块中的类型。接
下来在启动任意测试用例之前，启动交易所系统的各模块，以便测试能够顺利执行，如
代码清单 8-24 中的第 5 ~ 9 行启动交易所系统的子模块。但是，各模块的启动速度不一，
因此第 11 ~ 15 行使用线程同步 AutoResetEvent 方式等待各模块启动完成。为了防止无
限等待，示例中使用 1 秒超时的设置，这样可以及时发现模块启动时间引发的性能问题。

代码清单 8-24　在测试用例进程中启动交易所系统各模块

```
01 [ClassInitialize]
02 public static void 启动消息队列各个节点 (TestContext context)
03 {
04     // …… 省略其他代码 ……
05     Bit.Art.Broker.Program.StartEngine();
06     Bit.Art.Account.Program.StartEngine(s_Memcache);
07     Bit.Art.Bookeeper.Program.StartEngine(s_Memcache);
08     Bit.Art.Engine.Program.StartEngine(s_Memcache, 500, 100000);
09     Bit.Art.MySqlDb.Program.StartEngine();
10     // 等待 1 秒，确保所有节点都启动了
11     Bit.Art.Broker.Program.s_autoResetEventForTest.WaitOne(1000);
12     Bit.Art.Account.Program.s_autoResetEventForTest.WaitOne(1000);
13     Bit.Art.Bookeeper.Program.s_autoResetEventForTest.WaitOne(1000);
14     Bit.Art.Engine.Program.s_autoResetEventForTest.WaitOne(1000);
15     Bit.Art.MySqlDb.Program.s_autoResetEventForTest.WaitOne(1000);
16 }
```

为了通知测试代码引擎启动完毕，生产代码为测试代码定义了 AutoResetEvent 实例
的变量 s_autoResetEventForTest。当然，这个变量只用作测试，因此需要通过预编译选
择性地引入。每个模块启动完成后，调用 AutoResetEvent 实例的 Set 方法通知测试代码，
以便进行后续的测试操作，如代码清单 8-25 中的第 8 ~ 10 行。如果引擎没有成功启动，
也需要通知测试代码，第 16 ~ 18 行就是用来执行这个通知的。

代码清单 8-25　在生产代码中添加对测试的支持

```
01 public Task[] Start(
02     Memcache memcache, int ringBufferSize, int depth, int orderCapacity)
03 {
04     try
05     {
06         // …… 省略启动代码 ……
07
08 #if UNITTEST
09         Program.s_autoResetEventForTest.Set();
10 #endif
11
12         return tasks.ToArray();
13     }
14     catch (Exception e)
15     {
16 #if UNITTEST
17         Program.s_autoResetEventForTest.Set();
18 #endif
19         return null;
20     }
21 }
```

综合前面的知识，我们来看一个限价单匹配的测试用例。首先在测试执行之前，交易所系统各模块已经启动，这是由代码清单 8-24 中的"启动消息队列各个节点"方法完成的。而且数据库也是恢复到初始状态。为了方便测试，测试环境的数据库硬编码了两个用户：买家和卖家。他们的初始余额是各有 1000 个 BTC 和 1000 个 USDT。

测试代码的逻辑是分别以买家和卖家的身份下单，等待交易所完成撮合，再验证数据的正确性。首先验证两笔订单是否保存到数据库中，其次验证订单的状态是否是成功撮合，最后验证买家和卖家双方的余额是否正确更新，同时还要考虑手续费。

代码清单 8-26 中的第 7、8 行模拟买家身份下达使用 1001 个 USDT 比 1 个 BTC 的价格购买 1 个 BTC 的买单。然后在第 9 ~ 10 行模拟卖家身份下达使用 1001 个 USDT 比 1 个 BTC 的价格售出 1 个 BTC 的卖单。因为买卖双方的价格一致，且买单和卖单的 BTC 数量一致，那么两笔订单应该可以成功撮合。

撮合需要一段时间，第 14 ~ 15 行使用线程同步技术等待撮合流程结束。由于测试代码下达了两笔订单，因此交易所系统的最后一个模块 Bookeeper 会收到两个消息通知，同步的代码也会被触发两次，测试用例执行了两次等待。从这两行代码中也可以看出，我们的测试方案甚至可以精准验证每个模块的运行逻辑。

当 Bookeeper 模块发出两次通知后，测试代码就知道撮合过程结束了。然后在第 17 ~ 21 行以买家身份查询自己的未成交订单列表，通过验证列表为空的方式知道订单撮合成功。因为逻辑类似，且限于篇幅，所以代码清单 8-26 删掉了验证卖家的未成交订单列表的代码。实际开发过程中，建议读者进行更完善的验证。

第 23 ~ 45 行查询测试数据库，确定订单的确保存到数据库中，而且相应的字段也随着撮合逻辑的完成得到更新；同时验证买家和卖家的余额信息在数据库中也得到正确更新，这是一个交易所系统最核心的功能。示例交易所系统将撮合手续费硬编码成 0.1%，后续读者可根据需要扩展成更复杂的手续费收取逻辑。这里，第 37 行和第 44 行分别验证卖家只收到 99.9% 的费用，买家付出 100.1% 的费用。

代码清单 8-26　对交易所各模块执行订单撮合测试

```
01 [TestMethod]
02 public async Task 限价单匹配 ()
03 {
04     decimal bidprice = 1001m, bidvolume = 1m;
05     var controller = new MarketController();
06     controller.SetMemcache(s_Memcache);
07     controller._uid = TestConstants.DEFAULT_BID_USER_ID;
08     var bidRes = await controller.BuyLimit("BTC/USDT", bidprice, bidvolume);
09     controller._uid = TestConstants.DEFAULT_ASK_USER_ID;
10     var askRes = await controller.SellLimit("BTC/USDT", bidprice, bidvolume);
11
12     Assert.IsTrue(Guid.TryParse(bidRes.Result, out Guid bidid));
13     Assert.IsTrue(Guid.TryParse(askRes.Result, out Guid askid));
14     Bit.Art.Bookeeper.Program.s_filledAutoEventForTest.WaitOne(1000);
15     Bit.Art.Bookeeper.Program.s_filledAutoEventForTest.WaitOne(1000);
16
17     controller._uid = TestConstants.DEFAULT_BID_USER_ID;
18     var openOrdersResponse = await controller.GetOpenOrders("BTC/USDT");
19     Assert.IsTrue(openOrdersResponse.Success);
20     var actual = openOrdersResponse.Result;
21     Assert.AreEqual(0, actual.Length);
22
23     using (var db = GlobalServiceProvider.GetRequiredService<ExchangeDb>())
24     {
25         var order = db.Orders.SingleOrDefault(o => o.Id == askid);
26         Assert.IsNotNull(order);
27         Assert.AreEqual(0, order.VolumeRemaining);
28         Assert.AreEqual(bidvolume, order.Volume);
29
30         // ... 省略其他验证代码 ...
31
32         var balance = db.AccountBalances.Single(a =>
33             a.AccountId == TestConstants.DEFAULT_ASK_USER_ID &&
34             a.Currency == "USDT");
35         Assert.AreEqual(0, balance.Pending);
36         Assert.AreEqual(
```

```
37                  DbInitializer.INIT_USDT_BALANCE + 1001m*0.999m,balance.Balance);
38
39          balance = db.AccountBalances.Single(
40              a => a.AccountId == TestConstants.DEFAULT_BID_USER_ID &&
41              a.Currency == "USDT");
42          Assert.AreEqual(0, balance.Pending);、
43          Assert.AreEqual(
44              DbInitializer.INIT_USDT_BALANCE - 1001m*1.001m,balance.Balance);
45          // ... 省略其他验证代码 ...
46      }
47
48      controller._uid = TestConstants.DEFAULT_ASK_USER_ID;
49      var apiBalancesRes = await controller.GetBalance();
50      var apiBalances = apiBalancesRes.Result;
51      var apiBalance = apiBalances.Single(b => b.Coin == "USDT");
52      Assert.AreEqual(0, apiBalance.Pending);
53      Assert.AreEqual(
54          DbInitializer.INIT_USDT_BALANCE + 1001m*0.999m, apiBalance.Balance);
55      // ... 省略其他验证代码 ...
56 }
```

除了验证数据库中的用户余额，交易所系统还需要验证查询用户余额的接口是否工作正常，因此第 48 行后面的测试用例分别模拟卖家和买家身份查询余额，再次验证查询的余额是否正确。这里不会因为系统中添加 Redis 等内存数据库的缓存而出现数据库和缓存不一致的情况。

8.3　本章小结

随着云计算的普及和计算成本的降低，越来越多的企业构建系统时采用分布式架构。随着分布式架构和 SOA 架构的流行，而且为了降低分布式系统的运维和升级成本，微服务概念得到广泛关注。本书限于篇幅不再对其展开讨论。关于微服务架构，微软官方发布了一个采用微服务架构的电子商城应用示例，并基于它发行了电子书，对微服务架构、Docker 容器、Kubernetes 等应用做了详细的论述。有兴趣的读者可参阅：

❑ .NET Microservices: Architecture for Containerized .NET Applications：https://docs.microsoft.com/en-us/dotnet/architecture/microservices/。

❑ 微服务架构的电子商城示例程序源码：https://github.com/dotnet-architecture/eShopOnContainers。

推荐阅读

软件架构：架构模式、特征及实践指南

[美] Mark Richards 等　译者：杨洋 等　书号：978-7-111-68219-6　定价：129.00 元

　　畅销书《卓有成效的程序员》作者的全新力作，从现代角度，全面系统地阐释软件架构的模式、工具及权衡分析等。

　　本书全面概述了软件架构的方方面面，涉及架构特征、架构模式、组件识别、图表化和展示架构、演进架构，以及许多其他主题。本书分为三部分。第 1 部分介绍关于组件化、模块化、耦合和度量软件复杂度的基本概念和术语。第 2 部分详细介绍各种架构风格：分层架构风格、管道架构风格、微内核架构风格、基于服务的架构风格、事件驱动的架构风格、基于空间的架构风格、编制驱动的面向服务的架构、微服务架构。第 3 部分介绍成为一个成功的软件架构师所必需的关键技巧和软技能。

推荐阅读

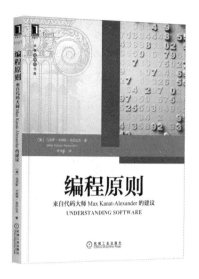

编程原则：来自代码大师Max Kanat-Alexander的建议

[美] 马克斯·卡纳特–亚历山大 译者：李光毅 书号：978-7-111-68491-6 定价：79.00元

Google 代码健康技术主管、编程大师 Max Kanat-Alexander 又一力作，聚焦于适用于所有程序开发人员的原则，从新的角度来看待软件开发过程，帮助你在工作中避免复杂，拥抱简约。

本书涵盖了编程的许多领域，从如何编写简单的代码到对编程的深刻见解，再到在软件开发中如何止损！你将发现与软件复杂性有关的问题、其根源，以及如何使用简单性来开发优秀的软件。你会检查以前从未做过的调试，并知道如何在团队工作中获得快乐。

推荐阅读